1+X 职业技能等级证书培训考核配套教材
职业教育增材制造技术专业系列教材

增材制造模型设计（初中级）

北京赛育达科教有限责任公司　组　编
主　编　殷　铭　车明浪　耿东川　章　青
副主编　刘　琼　杨书婕　崔长军　劳佳锋
　　　　陈玲芝　周　强
参　编　孙　静　申军伟　李文超　李　续
　　　　王　一　张　丹　丁双喜　谭延宏
　　　　徐立华　季业益

机械工业出版社
CHINA MACHINE PRESS

本书是1+X增材制造模型设计职业技能等级证书标准的课证融通教材，内容对应增材制造模型设计初中级部分。本书从增材制造模型设计应用能力要求出发，依据产品开发流程设计任务，主要内容包括工程图识读、零件数字化建模、部件数字化装配、产品外形曲面设计、三维扫描前处理、零件三维扫描、点云和面片处理、实体和曲面逆向建模、精度与质量分析、制件前处理等，旨在培养学生完成增材制造模型结构设计、数据采集与处理、逆向设计、模型可视化与数字化检测等工作任务的能力。

本书采用“校企合作”模式，以最常用的NX 10、Geomagic Design X 2016软件为平台，通过和行业企业合作开发课程内容，学习项目来自企业生产活动内容、职业技能大赛载体和1+X职业技能鉴定题库，覆盖软件的基本操作、主要功能和实际项目操作过程。全书项目案例具有典型性、实用性和指导性，以理论知识为基础，实践操作为主线，深入浅出、通俗易懂，方便零基础的读者从入门到掌握增材制造模型设计的初中级能力部分的知识和技能，通过系统学习达到1+X增材制造模型设计职业技能等级设计部分的考核要求。

本书适用于职业院校机械设计制造类、机电设备类、汽车制造类等相关专业课程学习，以及开展岗课赛证、书证融通、进行模块化教学及考核评价使用，也适用于从事增材制造工作的技术人员参考。

为便于教学，本书配套有电子课件、教学视频、习题答案、培训资料等教学资源，凡选择本书作为教材的教师可登录www.cmpedu.com网站，注册、免费下载。

图书在版编目（CIP）数据

增材制造模型设计：初中级/殷铭等主编.—北京：机械工业出版社，2022.11
1+X职业技能等级证书培训考核配套教材
ISBN 978-7-111-71741-6

Ⅰ.①增… Ⅱ.①殷… Ⅲ.①快速成型技术－职业技能－鉴定－教材 Ⅳ.①TB4

中国版本图书馆CIP数据核字（2022）第183227号

机械工业出版社（北京市百万庄大街22号 邮政编码100037）
策划编辑：黎 艳 责任编辑：黎 艳
责任校对：郑 婕 陈 越 封面设计：张 静
责任印制：李昂
北京中科印刷有限公司印刷
2023年1月第1版第1次印刷
210mm×285mm·12.25印张·385千字
标准书号：ISBN 978-7-111-71741-6
定价：49.00元

电话服务
客服电话：010-88361066
010-88379833
010-68326294

网络服务
机 工 官 网：www.cmpbook.com
机 工 官 博：weibo.com/cmp1952
金 书 网：www.golden-book.com
机工教育服务网：www.cmpedu.com

前　言

增材制造技术被列入“十四五”战略性新型产业的科技前沿技术，是推动智能制造的关键技术。产业发展靠人才，人才培养靠教育。为了更好地发挥职业教育作用，服务国家战略，根据国务院出台的《国家职业教育改革实施方案》(简称职教20条)，教育部启动了“学历证书＋若干职业技能等级证书”(简称1+X证书)制度试点工作，以期更好地对接行业企业对技术技能型人才需求，不断提升技术技能型人才培养质量，为产业转型升级储备高素质复合型技术技能人才。

增材制造模型设计职业技能等级证书主要面向增材制造模型设计领域的产品设计与制造、设备制造与维修、行业应用、技术服务和衍生服务等企业的产品设计、增材制造工艺设计、增材制造设备操作、质量与生产管理等岗位，持证人员可从事三维建模、数据处理、产品优化设计、增材制造工艺制订、3D打印件制作、产品质量分析检测等工作，也可从事增材制造技术推广、实验实训和3D打印教育科普等工作。

为支持增材制造模型设计职业技能等级证书培训与考核，由北京赛育达科教有限责任公司组织，相关院校和企业的技术专家参与，共同开发了系列教材。该系列教材的特点是针对证书标准和考核要求，采取“项目引领、任务驱动”设计内容结构，通过知识点、案例、实际操作的有机结合，强化学生对增材制造技术的理解，培养学生的实际应用和实践能力。

本书具有以下特色：

1. 紧扣证书标准要求，以“流程”为脉络设计任务

内容对应增材制造模型设计初中级证书部分，在编写过程中，从增材制造模型设计应用能力要求出发，依据产品开发流程设计任务，强化技术应用，使学生可在较短的时间内获得增材制造模型设计初中级证书部分的应用能力。

2. 精选技能大赛赛题及企业经典案例，设计思路具有代表性

内容由企业实际工作项目、职业技能大赛项目和考核题库项目构成，以常用的Siemens NX 10、Geomagic Design X 2016软件为平台，通过和行业企业合作开发课程内容，学习项目来自企业生产活动内容、职业技能大赛载体和1+X职业技能鉴定题库，覆盖软件的基本操作、主要功能和实际项目应用过程。

3. 校企合作，共同开发立体化教材

在本书开发过程中，得到苏州工业职业技术学院中国特色高水平专业群建设项目支持，得到了北京赛育达科教有限公司、西门子工业软件(上海)有限公司、3D Systems公司、安徽三维天下科技股份公司、苏州中瑞科技有限公司等企业提供项目案例、应用经验和技术支持工作。

4. 构建综合育人人才培养体系

精选融入科研精神、劳模精神、工匠精神、职业素养、创新意识等元素内容，引导读者坚定技能报国理想信念，传承工匠精神，提升学生综合技能和职业素养。

5. 数字化资源丰富，方便学生学习

本书附有多媒体教学课件，配有设备操作、案例实施方面的微课视频，以及案例和作业练习的数据模型，以方便学生自主学习和练习。

本书编者团队具有丰富的职业教学经验和增材制造技术知识积累，由殷铭、车明浪、耿东川、章青主编。

由于编者水平有限，书中不妥之处在所难免，恳请专家和广大读者批评指正。

编　者

二维码索引

序号	名称	二维码	页码	序号	名称	二维码	页码
1	学习资料：视图与公差		2	10	学习资料：部件装配实例		38
2	学习资料：NX 软件基本操作		2	11	学习资料：格式转换与输入输出		38
3	操作视频：绘制五角星草图		2	12	操作视频：端盖建模		38
4	操作视频：摄像头支架建模		2	13	操作视频：连杆建模		38
5	其他资源：其他模型		2	14	操作视频：心轴建模		38
6	其他资源：草图作业		2	15	操作视频：壳体建模		38
7	其他资源：建模作业		2	16	操作视频：平键建模		38
8	学习资料：NX 软件基础命令		38	17	操作视频：装配体		38
9	学习资料：零件建模实例		38	18	操作视频：爆炸图		38

（续）

（续）

序号	名称	二维码	页码	序号	名称	二维码	页码
37	学习资料：扫描操作过程		118	46	学习资料：精度对比与质量分析		132
38	学习资料：点云和面片处理		118	47	操作视频：主体部分设计		132
39	操作视频：标定		118	48	操作视频：凹槽部分设计		132
40	操作视频：喷粉		118	49	操作视频：凸台部分设计		132
41	操作视频：扫描		118	50	操作视频：精度分析与生成报告		132
42	操作视频：点云处理		118	51	其他资源：鼠标作业（下载）		132
43	操作视频：面片处理		118	52	学习资料：连杆前处理流程		154
44	其他资源：铣刀盘点云作业（下载）		118	53	学习资料：连杆逆向建模		154
45	学习资料：机械零件逆向设计		132	54	学习资料：连杆 FDM 打印前处理		154

（续）

目 录

项目一

识读摄像头支架工程图

软件设备：NX10

项目载体：五角星草图和摄像头支架零件图（图 1-1 和图 1-2）

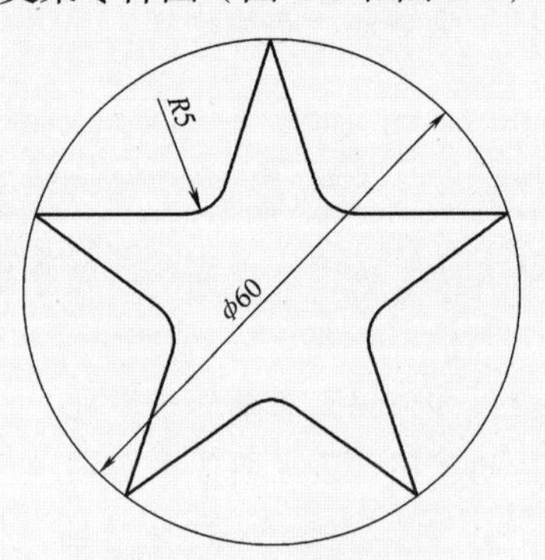

图 1-1　五角星草图

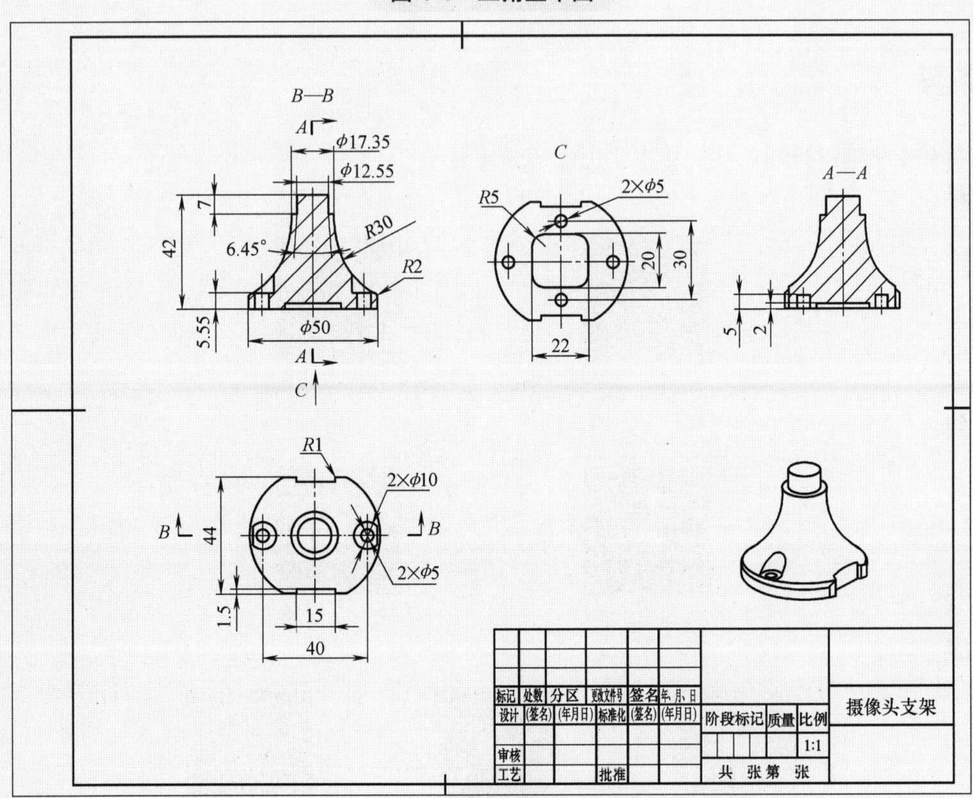

图 1-2　摄像头支架零件图

〖学习目标〗

能力目标：

（1）能识读产品工程图样；

（2）能使用 NX 软件完成草图的绘制和简单建模。

知识目标：

（1）了解三视图投影的概念和形成原理；

（2）熟练掌握公差与配合的标注方法；

（3）了解工程图几何公差的含义。

技能目标：

（1）能准确分析简单三视图；

（2）能根据零件确定三视图；

（3）能使用常用实体建模、编辑等命令进行实体建模。

素养目标：

（1）培养辩证思维能力；

（2）鼓励善于观察事物多样性；

（3）培养以团队合作能力为主的人际交流、协调分析、领导组织等能力。

职业思考：

（1）通过三视图的学习，学生应该如何树立正确的世界观、人生观、价值观？

（2）作为一名理工科学生，人生的蓝图是否也要像工程图一样板板正正？

〖数字资源〗

1+X 增材制造模型设计职业技能数字化设计部分培训

学习资料：

视图与公差

NX 软件基本操作

操作视频：

绘制五角星草图

摄像头支架建模

其他资源：

其他模型

草图作业

建模作业

〖基础知识〗

1. 三视图

三面投影体系由三个相互垂直的平面 V、H、W 构成，如图 1-3 所示。其中，V 面称为正立投影面，简称正面；H 面称为水平投影面，简称水平面；W 面称为侧立投影面，简称侧面；OX 轴是正面与水平面的交线，OY 轴是水平面与侧面的交线，OZ 轴是正面与侧面的交线，这三条交线称为投影轴；$O=V \cap H \cap W$，称为三面投影体系的原点。通常将三面投影体系简称为三面体系。

（1）投影的形成　将物体置于三面体系中，再用正投影法将物体分别向 V、H、W 投影面进行投射，即得到物体的三个投影，如图 1-4 所示。将物体在 V 面的投影称为正面投影；在 H 面的投影称为水平投影；在 W 面的投影称为侧面投影。投影中物体的可见轮廓用粗实线表示，不可见轮廓用虚线表示。

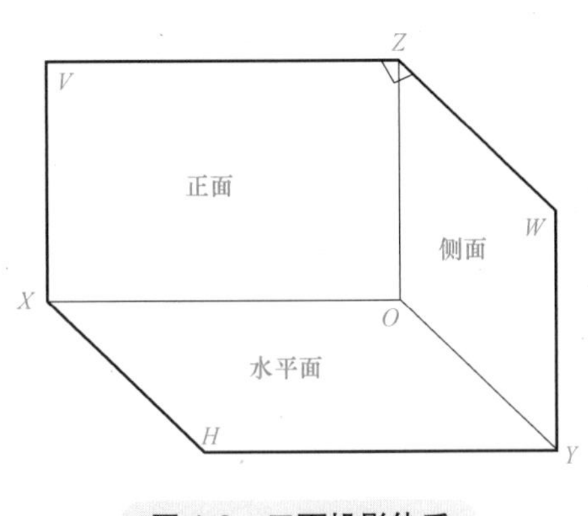

图 1-3　三面投影体系

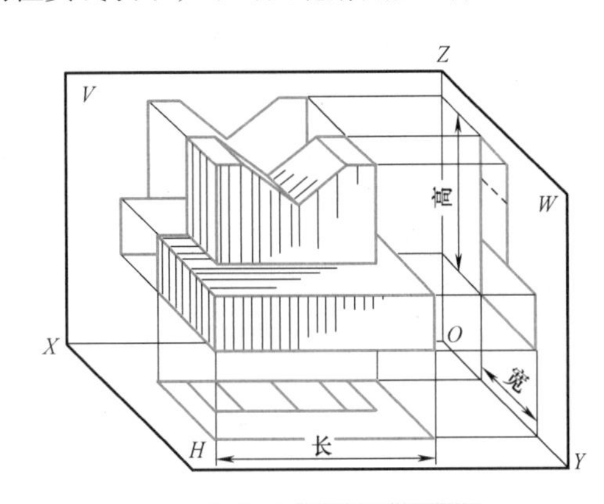

图 1-4　三面投影的形成

（2）投影面的展开　将物体从三面体系中移开，令正立投影面 V 保持不动，水平投影面 H 绕 OX 轴向下旋转 90°，侧立投影面 W 绕 OZ 轴向右旋转 90°，如图 1-5 所示，使 V、H、W 三个投影面展开在同一平面内，如图 1-5 所示。

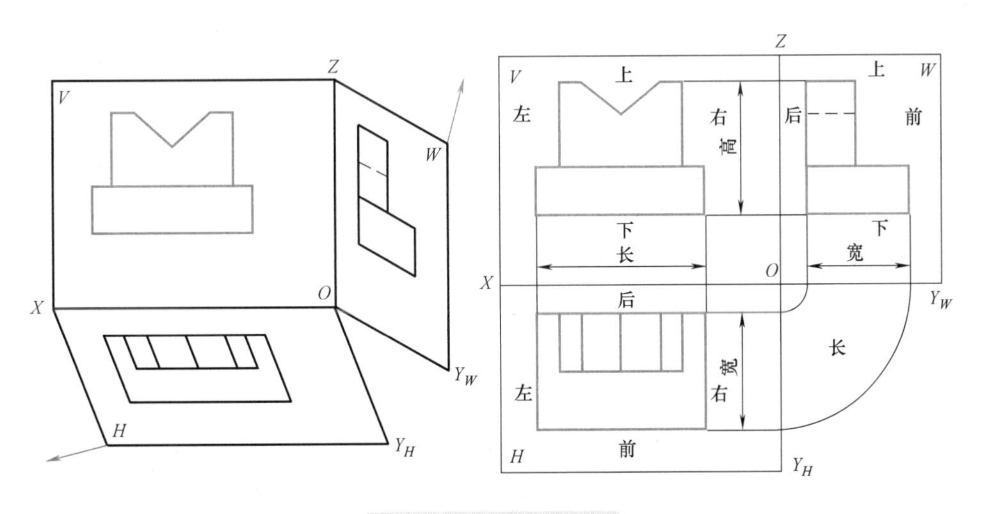

图 1-5　投影面的展开

（3）三视图的概念　物体的正面投影、水平投影、侧面投影分别称为主视图、俯视图、左视图，它是人们正视、俯视、左视物体时所见到的投影。由于物体的形状只和它的视图，如主视图、俯视图、左视图有关，而与投影面的大小及各视图与投影轴的距离无关，因此在画物体三视图时不画投影面边框及投影轴，如图 1-6 所示。

2. 基本几何体

机器上的零件有各种各样的结构和形状，不管它们的形状如何复杂，都可以看成是由一些简单的基本几何体组合起来的。如图 1-7a 所示，顶尖可看成是圆锥和圆台的组合；图 1-7b 所示的螺栓可看成是圆台、圆柱和六棱柱的组合；图 1-7c 所示的手柄可看成是圆柱、圆环和球的组合等。

基本几何体是由一定数量的表面围成的。常见的基本几何体有：棱柱、棱锥、圆柱、圆锥、球、圆环等，如图 1-8 所示。根据这些几何体的表面几何性质，基本几何体可分为平面立体和曲面立体两大类。

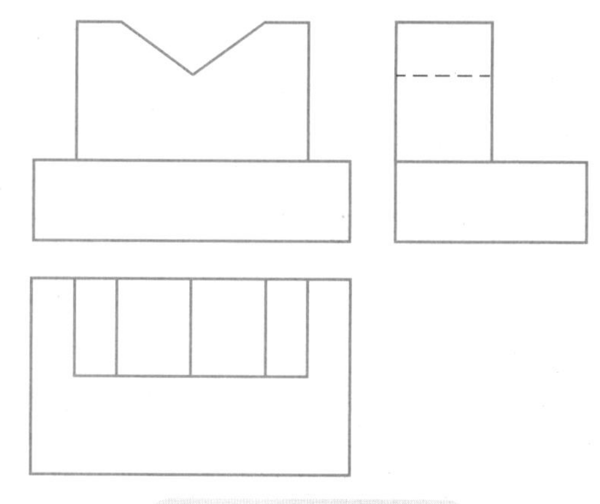

图 1-6　物体的三视图

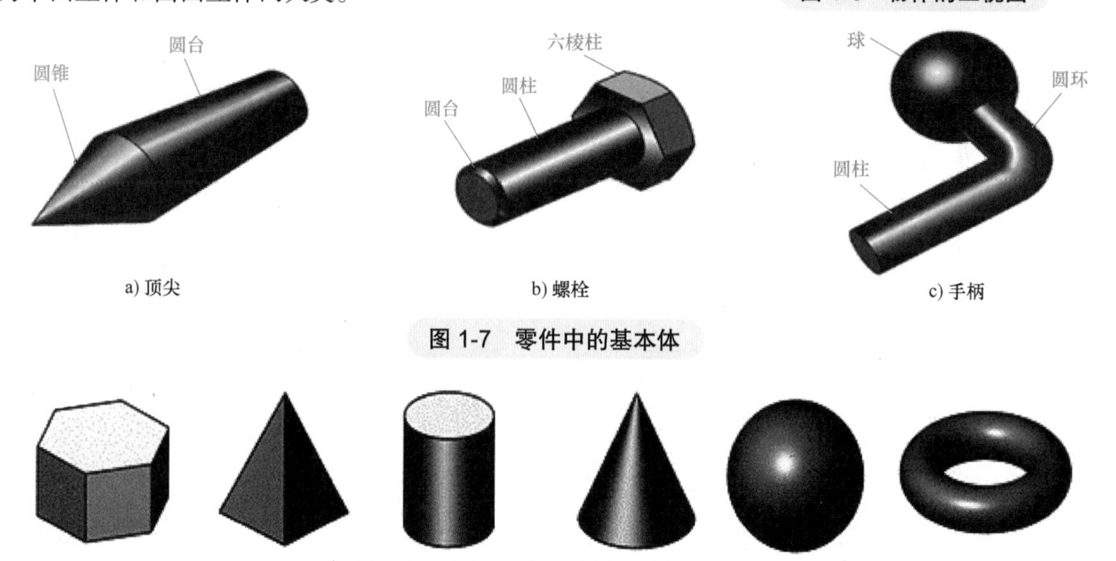

图 1-7　零件中的基本体

图 1-8　常见的平面立体和曲面立体

3. 极限与配合

（1）互换性的概念　在制造业中，如果汽车的零件坏了，买个新的换上即可使用，这是因为这些零件具有互换性。所谓零件的互换性，就是从一批相同的零件中任取一件，不经修配就能装配使用，并能保证使用性能要求，零部件的这种性质称为互换性。零部件具有互换性，不但给装配、修理机器带来方便，还可由专用设备生产，提高产品数量和提升质量，同时降低产品的成本。要满足零件的互换性，就要求有配合关系的尺寸在一个允许的范围内变动，并且在制造方面又是经济合理的。公差配合制度是实现互换性的重要基础。

（2）极限与配合的概念　在零件加工过程中，受各种因素的影响，零件的尺寸会存在误差。为了保证互换性，必须将零件尺寸的加工误差限制在一定的范围内，规定加工尺寸的可变动量，这种允许尺寸的变动量称为公差。

（3）孔、轴的公差带代号　由基本偏差与公差等级代号组成，并且要用同一号字母和数字书写。例如 ϕ50H8 的含义是：公称尺寸为 ϕ50mm，公差等级为 8 级，基本偏差为 H 的孔的公差带。即

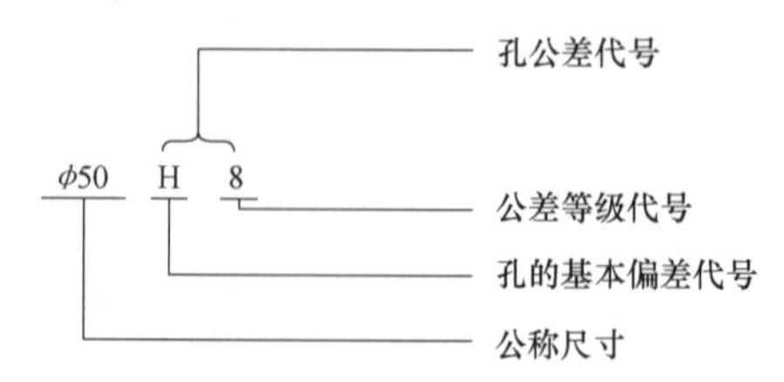

又如 ϕ50f7 的含义是：公称尺寸为 ϕ50mm，公差等级为 8 级，基本偏差为 f 的轴的公差带。即

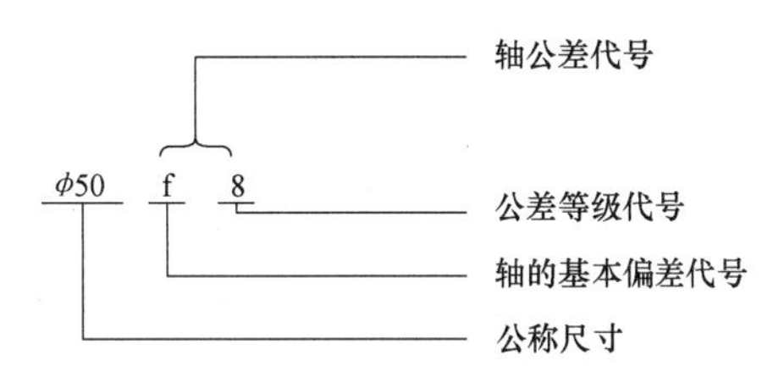

（4）基准制的含义　优先选用基孔制配合，因为一般加工孔比加工轴困难，采用基孔制配合可以减少加工孔所需用的定尺寸刀具和量具的规格，从而获得好的经济效益。基轴制配合通常仅用于结构设计要求不适宜采用基孔制配合，或者采用基轴制配合具有明显经济效益的场合。例如，当同一轴与几个具有不同公差带的孔配合，或冷拉制成不再进行切削加工的轴再与孔配合时，采用基轴制配合。

在零件与标准件配合时，应按标准件所用的基准制来确定，如滚动轴承的内圈与轴的配合为基孔制配合；而滚动轴承的外圈与机体孔的配合则为基轴制配合。

（5）公差等级的选择　由于公差等级越高，加工成本就越高，所以在保证零件使用要求的条件下，应尽量选择比较低的公差等级，即标准公差等级数较大，公差值较大，以减少零件的制造成本。由于加工孔比较难，故当标准公差等级高于 IT8 时，在公称尺寸至 500mm 的配合中，应选择孔的标准公差等级比轴低一级（如孔为 8 级，轴为 7 级）来加工孔。标准公差等级低时，轴、孔的配合可选相同的标准公差等级。

通常，IT01 ～ IT4 用于块规和量规；IT5 ～ IT12 用于配合尺寸；IT13 ～ IT18 用于非配合尺寸。表 1-1 列举了标准公差等级 IT5 ～ IT12 的应用场合，可供选择时参考。

表 1-1　标准公差等级 IT5 ～ IT12 的应用场合

公差等级	应用场合
IT5	用于发动机、仪器仪表、机床中特别重要的配合，如发动机中活塞与活塞销外径的配合；精密仪器中轴和轴承的配合；高速精密机械的轴颈和机床主轴与高精度滚动轴承的配合
IT6、IT7	广泛用于机械制造中的重要配合，如机床和减速器中齿轮和轴，带轮、凸轮和轴，与滚动轴承相配合的轴及座孔，通常轴颈选用 IT6，与之相配的孔选用 IT7
IT8、IT9	用于农业机械、矿山机械、冶金机械、运输机械的重要配合，精密机械中的次要配合。如机床中的操纵件和轴，轴套外径与孔，拖拉机中齿轮和轴
IT10	用于重型机械、农业机械的次要配合，如轴承端盖和座孔的配合
IT11	用于间隙较大的配合，如农业机械，机车车厢部件及冲压加工的配合零件
IT12	用于间隙很大，基本上无配合要求的部位，如机床制造中扳手孔与扳手座的连接

4. 极限与配合的标注

零件图中极限与配合的标注如图 1-9 所示，图 1-9a 采用在公称尺寸后面标注公差带代号的形式；图 1-9b 采用在公称尺寸后面标注极限偏差的形式；图 1-9c 采用两者同时注出的形式。

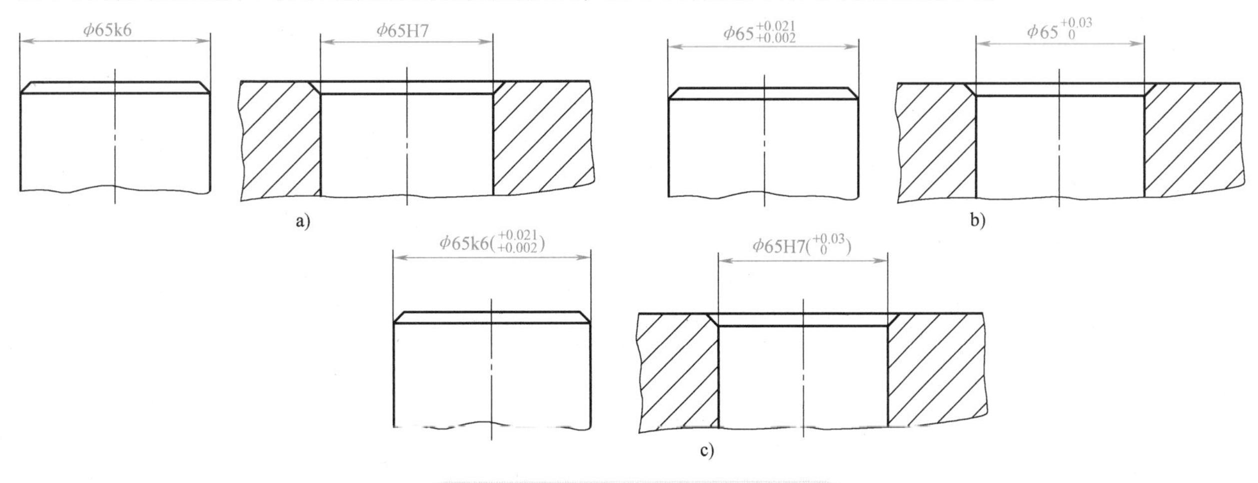

图 1-9　零件图中极限与配合的标注

装配图中极限与配合的标注由两个相互结合的孔和轴的公差带的代号组成，用分数形式表示，分子为孔的公差带代号，分母为轴的公差带代号，标注方法如图 1-10 所示。

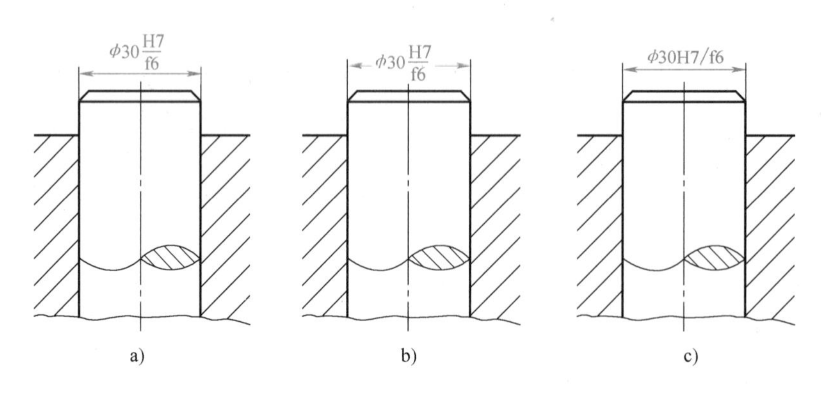

图 1-10　装配图中尺寸公差的标注方法

任务一　学习 NX 软件界面与基本操作

1. NX 10 软件的启动

启动 NX 10，有以下 3 种方法：

1）双击桌面上的 NX 10 快捷方式图标，即可启动；

2）单击桌面左下方【开始】按钮，在弹出的菜单中选择【NX 10】文件夹下的 NX 10 软件启动；

3）在 NX 10 安装目录的子目录 NXII 下，双击 ugraf.exe 图标 ugraf，即可启动。

NX 10 启动界面，如图 1-11 所示。

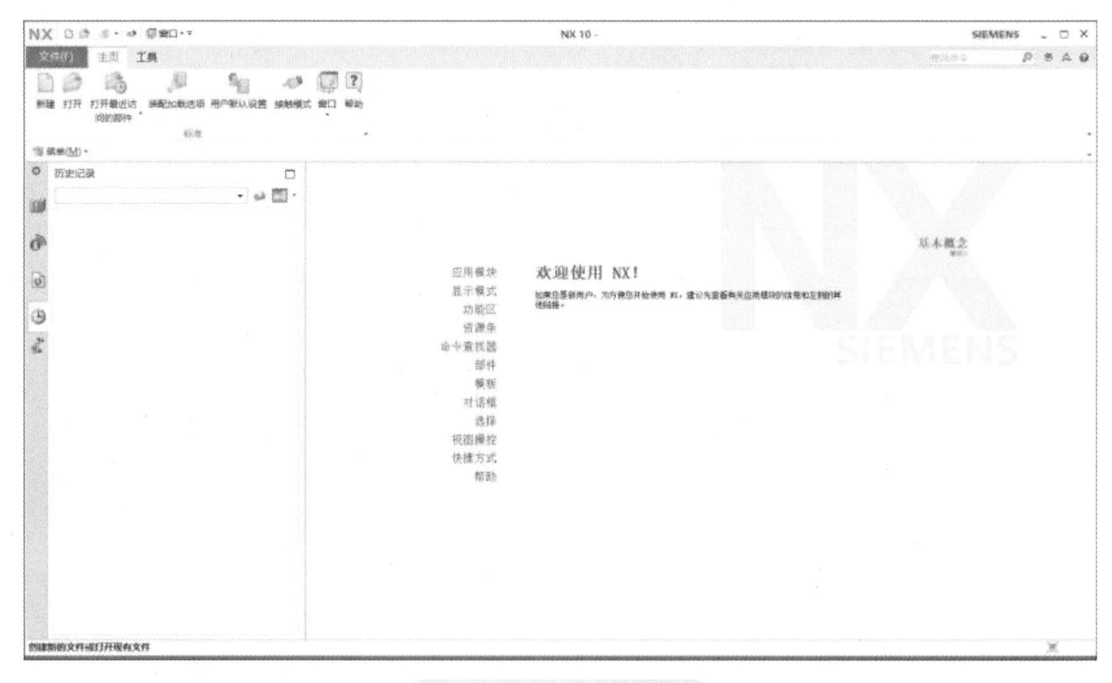

图 1-11　NX 10 启动界面

2. 文件管理操作

文件管理操作包括新建文件、打开文件、保存文件、关闭文件、导入文件和导出文件等。文件管理基本操作的命令可以从功能区的【文件】选项卡中找到。

（1）新建文件

执行方法：

1）选择功能区的【文件】→【新建】命令。

2）在【快速访问】工具栏，单击【新建】按钮。

打开图 1-12 所示的【新建】对话框，有 10 个选项卡，分别用于创建模型文件、图纸⊖文件、仿真文件、加工文件、检测文件和机电概念设计文件等。

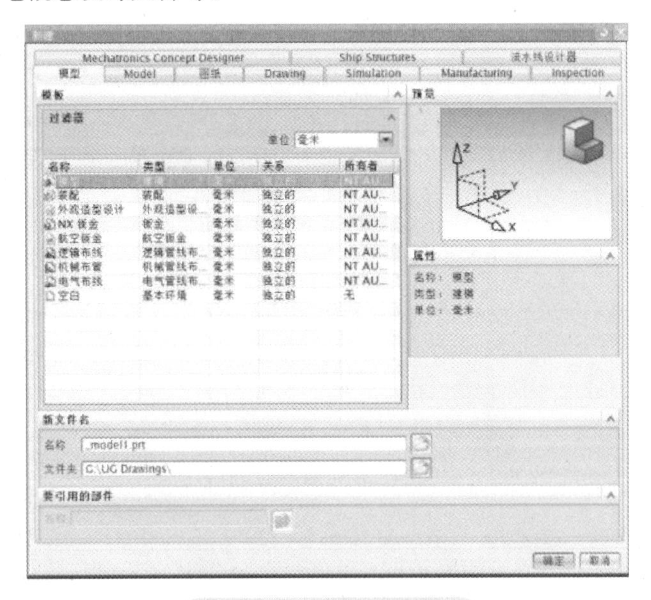

图 1-12 【新建】对话框

（2）打开文件

执行方法：

1）选择功能区的【文件】→【打开】命令。

2）在【快速访问】工具栏，单击【打开】按钮。

在【打开】对话框中可以勾选【使用部分加载】和【仅加载结构】，以及是否【使用轻量级表示】，单击【选项】按钮选项...进行设置，如图 1-13 所示。

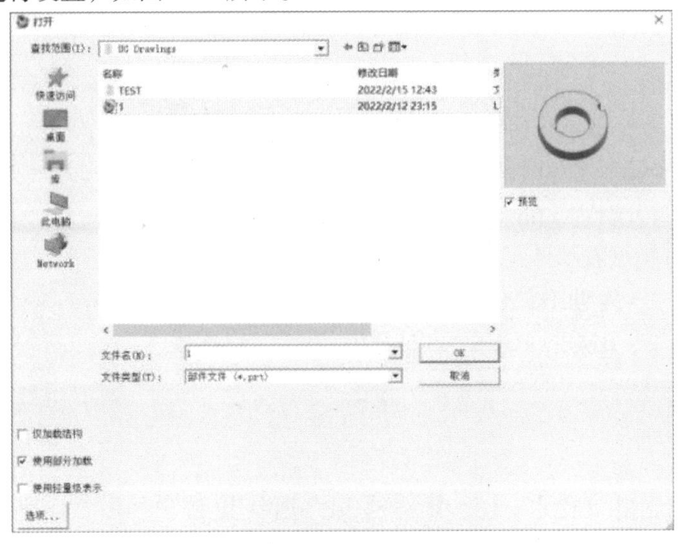

图 1-13 【打开】对话框

⊖ 此处图纸文件与软件界面选项卡保持一致。

（3）保存文件

执行方法：选择功能区【文件】→【保存】命令。

【文件】→【保存】级联菜单中提供了用于保存文件的命令：【保存】【仅保存工作部件】【另存为】【全部保存】【保存书签】和【保存选项】，如图 1-14 所示。如果要以其他名称保存工作部件，则选择【文件】→【另存为】命令，打开图 1-15 所示的【另存为】对话框。

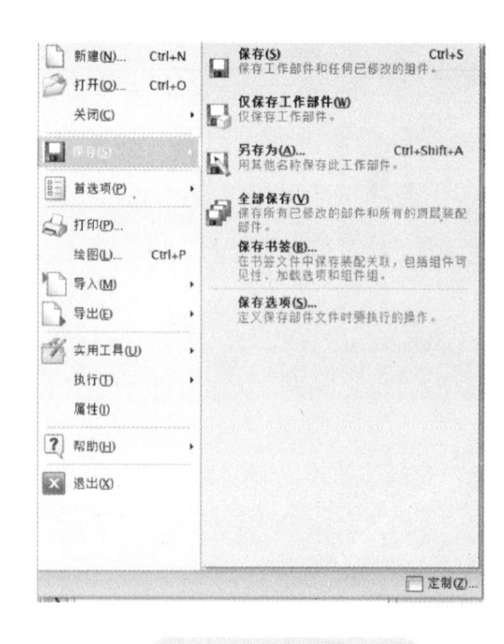

图 1-14 【保存】设置

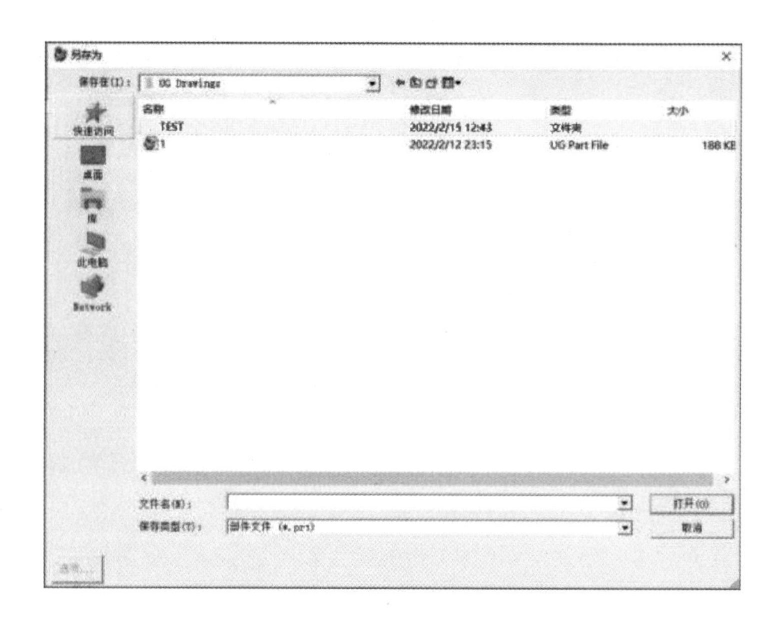

图 1-15 【另存为】对话框

（4）关闭文件

执行方法：选择功能区【文件】→【关闭】→【选定的部件】命令，再单击【确定】按钮。

【文件】→【关闭】级联菜单中提供了用于关闭文件的命令，如图 1-16 所示。

（5）导入文件与导出文件

执行方法：选择菜单栏【文件】→【导入】→【部件】命令，弹出如图 1-17 所示【导入部件】对话框。

在 NX 中可以导入的文件类型包括部件、Parasolid、CGM、批注文件、VRML、STL、IGES、STEP203、STEP214、AutoCAD DXF/DWG、Imageware、CATIA Creo 等；可以导出的文件类型有部件、Parasolid、PDF、CGM、STL、多边形文件、编创 HTML、JT、VRML、PNG、JPEG、GIF、TIFF、BMP、IGES、STEP203、STEP214、AutoCAD DXF/DWG、2D Exchange、修复几何体、CATIA 等。

图 1-16 【关闭】设置

（6）保存选项

执行方法：选择菜单栏【文件】→【选项】→【保存选项】，弹出如图 1-18 所示【保存选项】对话框，可以进行相关参数的设置。

3. 界面操作

了解 NX 的主要工作界面及各部分功能后，才可以进行有效工作设计。工作界面包括标题栏、菜单栏、工具栏、提示栏、图形区、坐标系、部件导航器、资源工具条等，如图 1-19 所示。

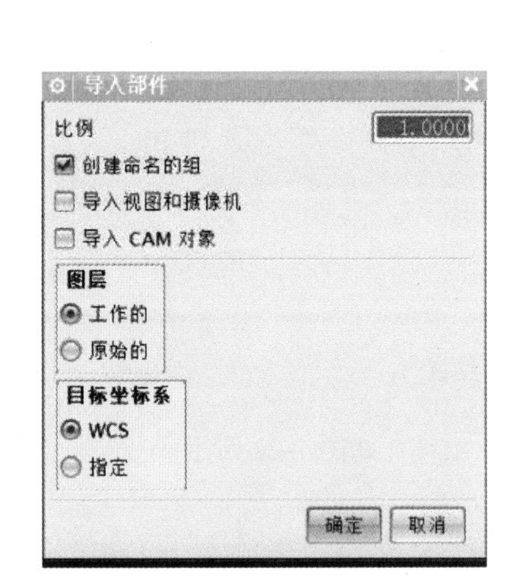

图 1-17 【导入部件】对话框

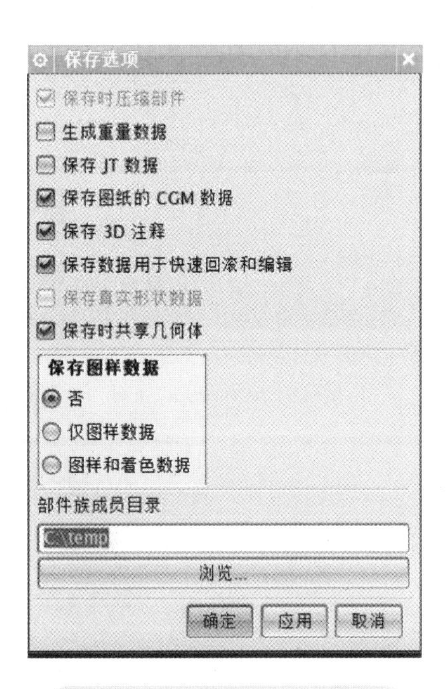

图 1-18 【保存选项】对话框

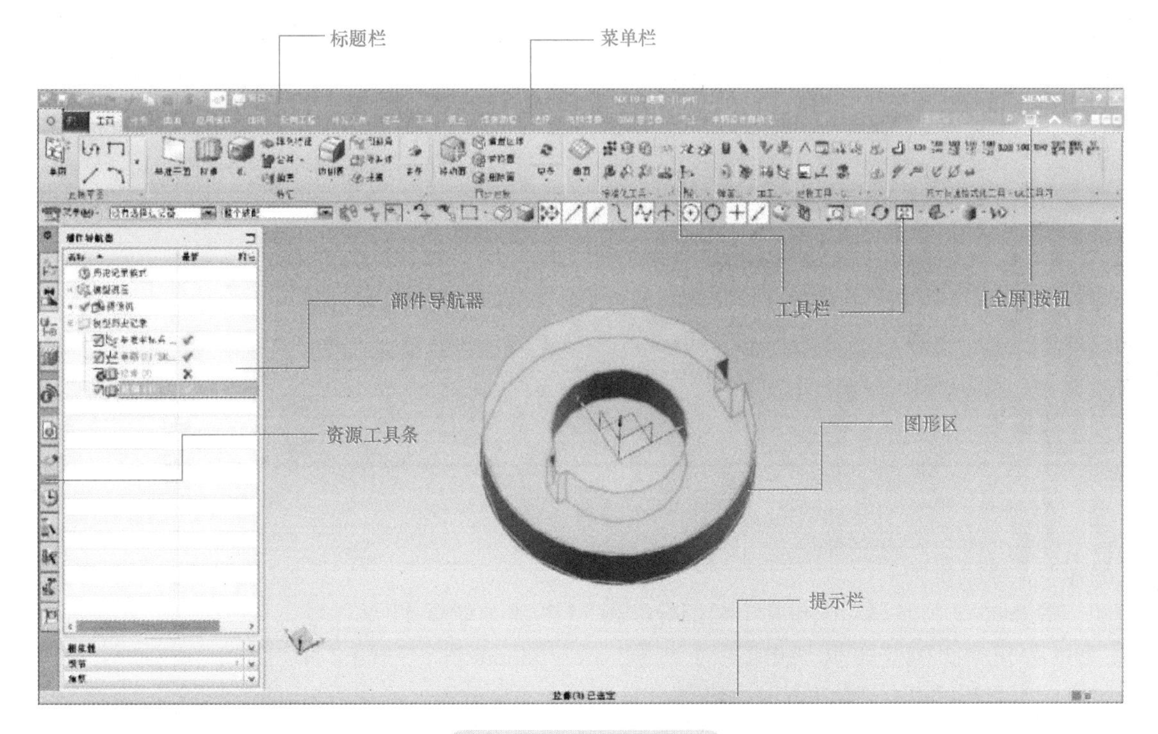

图 1-19　NX 工作界面

（1）标题栏　标题栏显示软件版本信息，以及当前的模块和文件名，显示【快速访问】工具条。

（2）菜单栏　菜单栏包含软件的主要功能，NX 的所有命令或者设置选项都归属到不同的菜单下，它们分别是【文件】【主页】【分析】【曲面】【应用模块】【曲线】【反向工程】【工具】【渲染】【视图】【选择】和【帮助】菜单等。当单击菜单时，在下拉菜单中就会显示所有与该功能有关的命令选项。

（3）工具栏　工具栏中的命令以图标方式表示其功能，为快速选择命令及设置工作环境提供了极大的方便，用户可以根据具体情况定制工具栏。

【视图】工具栏：用来对图形窗口的模型进行操作，如图 1-20 所示。

图 1-20 【视图】工具栏

【反向工程】工具栏：提供了构建图形中的对齐、构造曲线等工具，如图 1-21 所示。

图 1-21 【反向工程】工具栏

【分析】工具栏：提供了用于模拟形状、曲线和测量等分析工具，如图 1-22 所示。

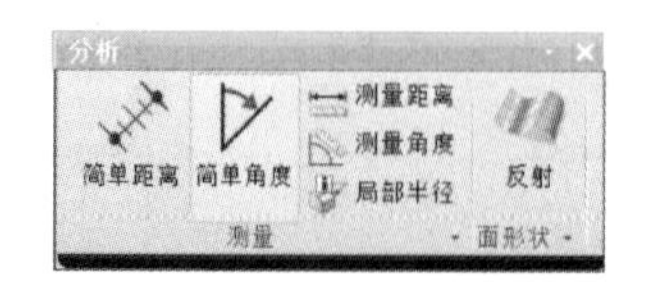

图 1-22 【分析】工具栏

【曲面】工具栏：提供了构建各种曲面的工具，如图 1-23 所示。

图 1-23 【曲面】工具栏

【曲线】工具栏：提供了绘制各种形状曲线的工具，如图 1-24 所示。

图 1-24 【曲线】工具栏

4. 资源工具条

资源工具条如图 1-25 所示，包括【装配导航器】【约束导航器】【部件导航器】【重用库】【Web 浏览器】【历史记录】和【Process Studio】等导航工具。用户通过资源工具条可以方便地进行一些操作。对于每一种导航器，单击后都可以显示相应信息，可以快速进行各种操作。

1)【装配导航器】：显示装配的层次关系。

2)【约束导航器】：显示装配的约束关系。

3)【重用库】：访问可重用对象和组件，并将其用于模型或装配，如图 1-26 所示。

4)【部件导航器】：显示建模的先后顺序、关系，【历史记录模式】可以显示模型视图、模型历史记录等信息，按建模的先后顺序显示模型结构，方便用户追溯建模顺序，并方便草图的再次编辑，如图 1-27 所示。

图 1-25 资源工具条

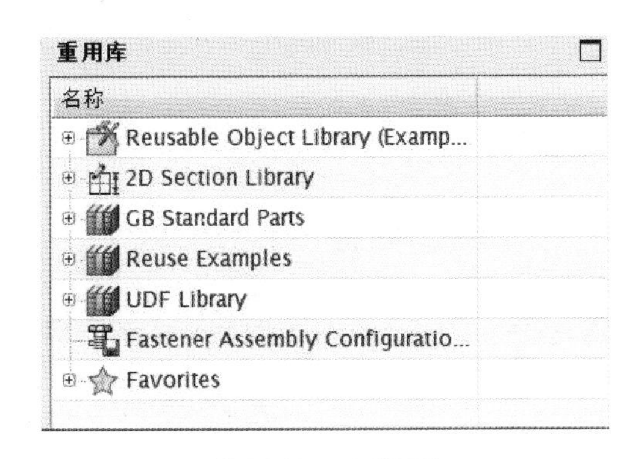

图 1-26　重用库

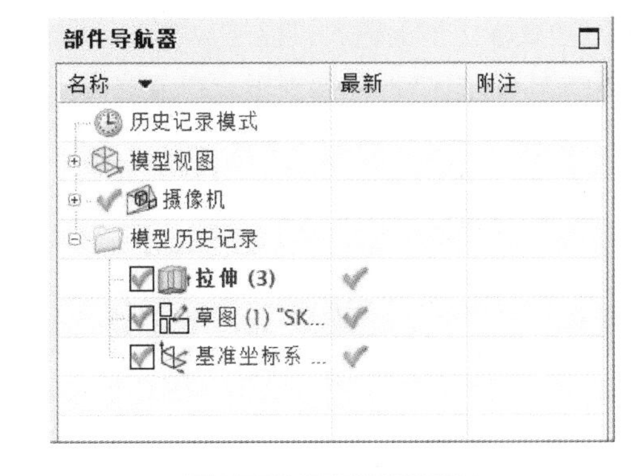

图 1-27　部件导航器

5)【Web 浏览器】：直接浏览网站，或者用它显示 NX 软件的在线帮助信息。也可以用【首选项】→【用户界面】命令来配置浏览器主页，如图 1-28 所示。

6)【历史记录】：显示曾经打开过的部件列表，预览零件及其他信息，如图 1-29 所示。

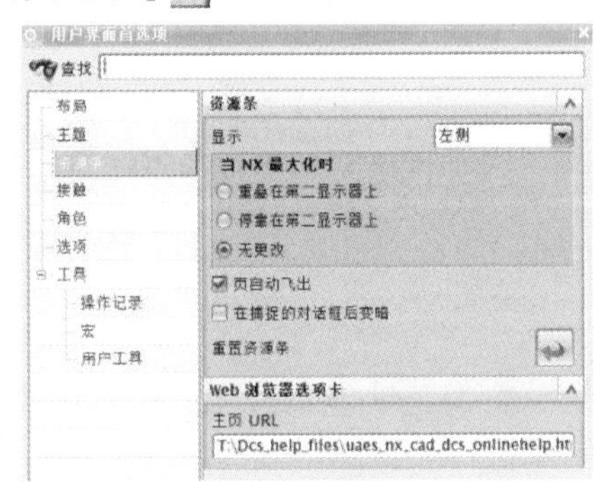

图 1-28　配置浏览器主页

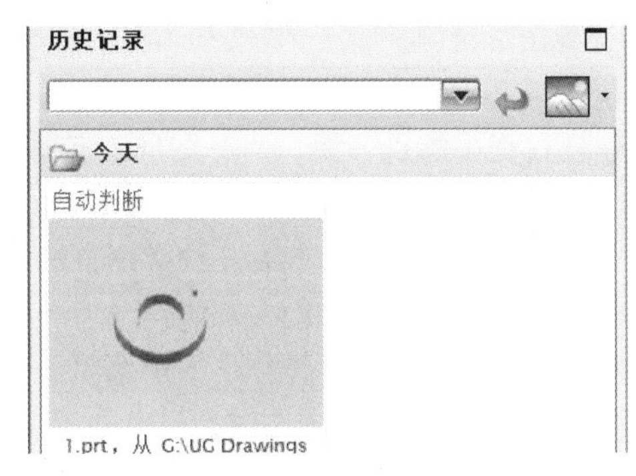

图 1-29　历史记录

5. 图形区

图形区是 NX 软件中用户主要的工作区域，建模的主要过程、绘制前后的零件图形、分析结果和模拟仿真过程等都在这个区域内显示。用户可以选择下面两种视图操作方式：右击图形区弹出快捷菜单，或者按住右键弹出挤出式菜单，如图 1-30 所示。

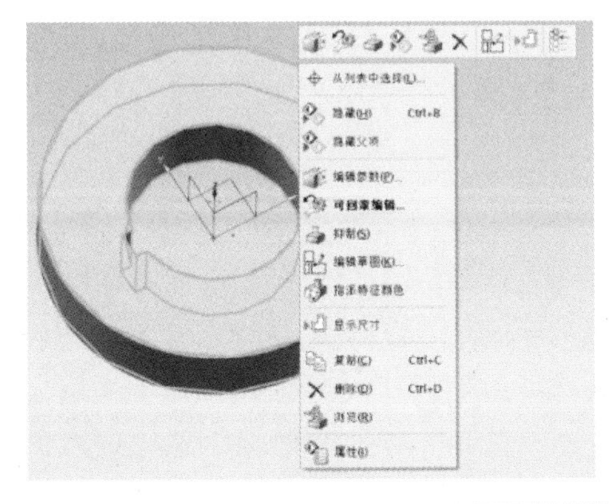

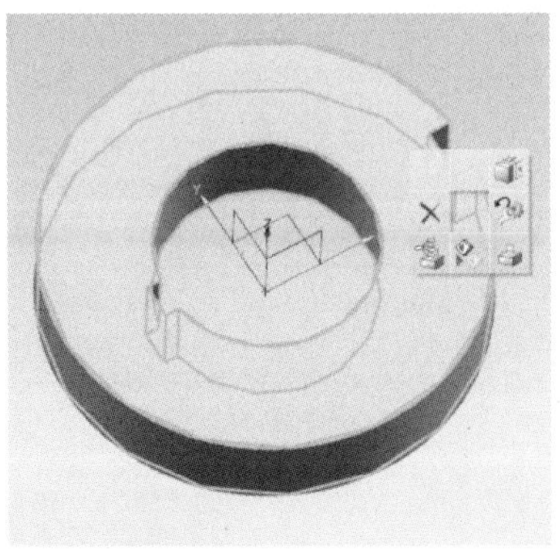

图 1-30　快捷菜单和挤出式菜单

6. 鼠标和键盘

(1) 鼠标　用鼠标可以控制图形区中模型的显示状态。

1) 按住鼠标中键，移动鼠标，可旋转模型。

2) 先按住〈Shift〉键，然后按住鼠标中键，移动鼠标可移动模型。

3）滚动鼠标中键滚轮，可以缩放模型：向前滚，模型变大；向后滚，模型缩小。

〈Shift+ 鼠标左键〉：在列表中选择连续的多项。

〈Ctrl+ 鼠标左键〉：选择或取消选择列表中的多个非连续项。

双击左键：对某个对象启动默认操作。

单击中键：循环完成某个命令中的所有必需步骤，然后单击【确定】按钮。

〈Alt+ 鼠标中键〉：取消对话框。

单击右键：显示特定于对象的快捷菜单。

〈Ctrl+ 鼠标右键〉：单击图形窗口中的任意位置，显示视图菜单。

（2）键盘

〈Home〉：在正轴侧视图中定向几何体。

〈End〉：在正等轴测图中定向几何体。

〈Ctrl+F〉：使几何体的显示适合图形窗口。

〈Alt+Enter〉：在标准显示和全屏显示之间切换。

〈F1〉：查看关联的帮助信息。

〈F4〉：查看信息窗口。

7. 对象操作

在 NX 建模过程中的点、线、面、图层、实体等称为对象，三维实体的创建、编辑操作过程实质上也可以看作是对对象的操作过程。

（1）观察对象　观察对象一般有三种常用方法：

1）选择工具栏【视图】，如图 1-31 所示。

2）选择菜单栏【视图】→【操作】下拉菜单，弹出如图 1-32 所示界面。

3）快捷菜单：在图形区单击右键，弹出如图 1-33 所示界面。

图 1-31 【视图】工具栏

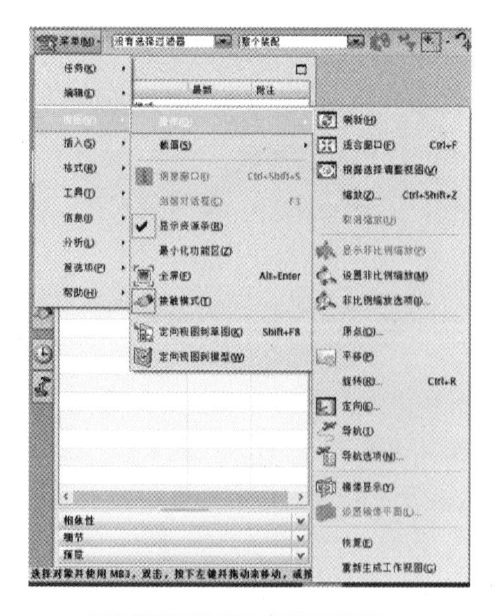

图 1-32 【视图】下拉菜单

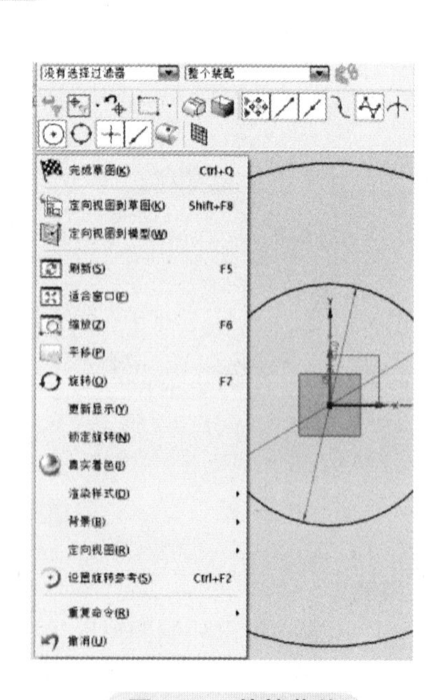

图 1-33 快捷菜单

（2）显示和隐藏对象　单击【菜单】按钮 菜单(M)▾，然后从【编辑】→【显示和隐藏】级联菜单中可以找到以下实用命令，如图 1-34 所示。

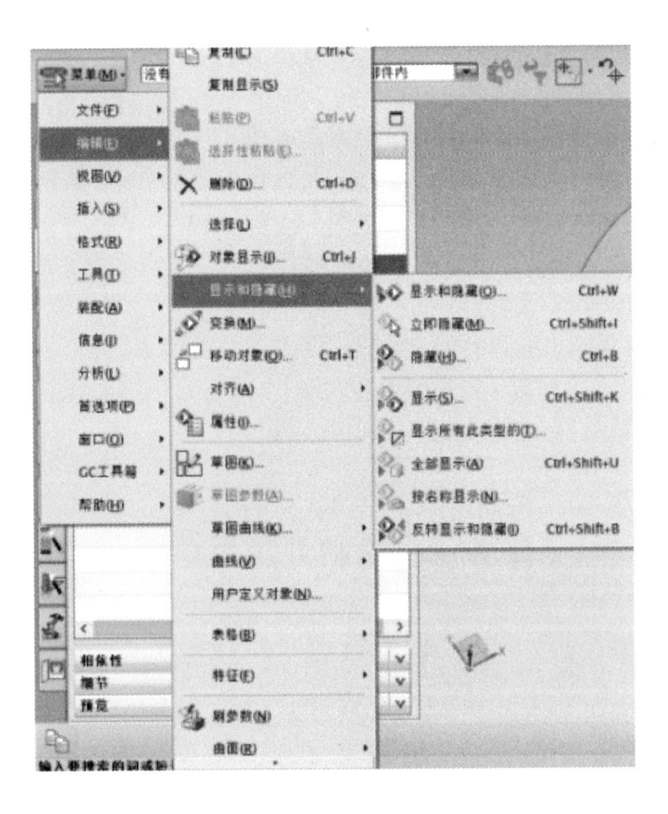

图 1-34　显示和隐藏菜单位置

（3）移动对象　移动对象的方法和步骤如下，其对话框如图 1-35 所示。

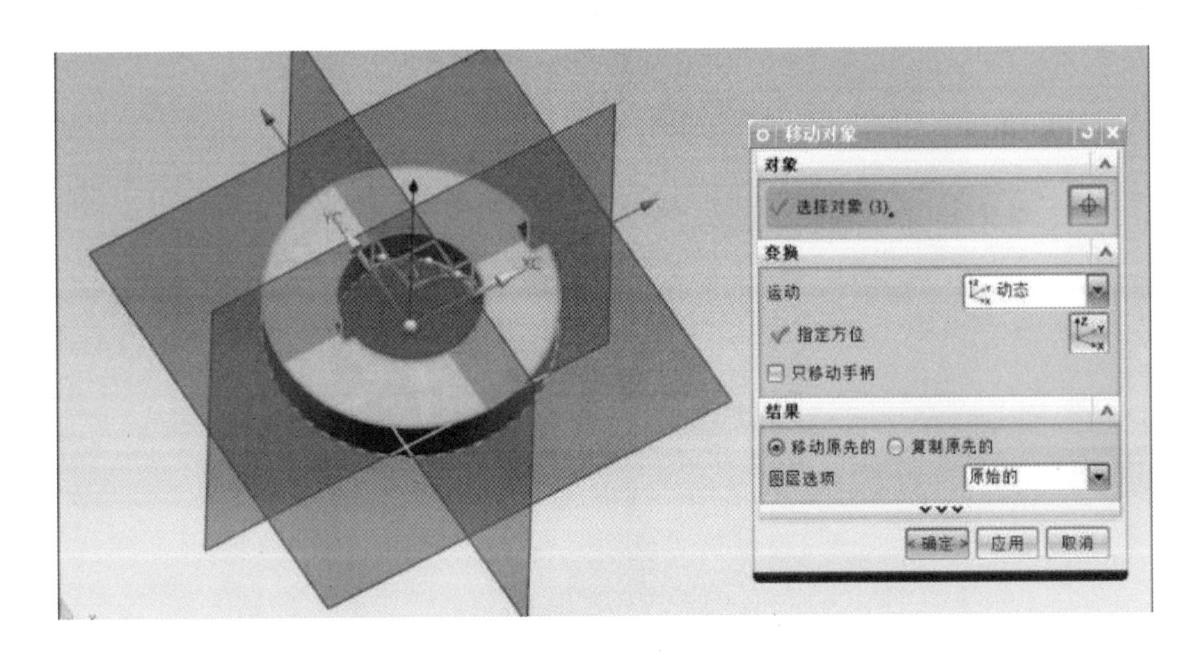

图 1-35 【移动对象】对话框

1）单击【菜单】按钮，选择【编辑】→【移动对象】命令，系统弹出图 1-35 所示的【移动对象】对话框，此时图形区显示待选择平面及矢量方向。

2）在【对象】选项组中单击【对象】按钮，接着选择要移动的对象。

3）在【变换】选项组中，从【运动】下拉列表框中选择所需的运动选项，接着根据该运动选项指定运动参照及相关的参数。运动选项包括距离、角度、点之间的距离、点到点、根据三点旋转、将轴与矢量对齐、动态、增量 XYZ，如图 1-36 所示。

（4）删除对象　要删除对象，单击【菜单】按钮 菜单(M)· 并选择【编辑】→【删除】命令，然后在弹出的【类选择】对话框中选择要删除的对象，单击【确定】按钮，即可删除选定的对象。

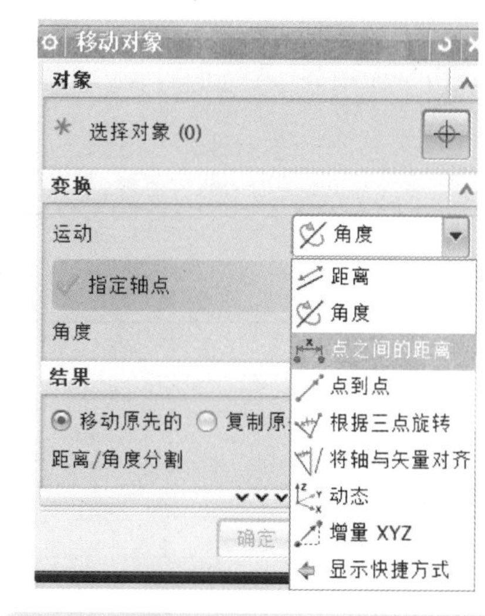

图 1-36 【移动对象】对话框参数设置

任务二　绘制五角星草图

1. 创建草图

NX 具有功能强大且十分便捷的草图绘制功能。在草图绘制环境中，可以先迅速绘制出粗略的二维轮廓曲线，再通过施加尺寸约束和几何约束使草图曲线的尺寸、形状和方位精确，使草图最终符合自己的设计意图。

二维草图对象需要在某一个指定的平面，可以是坐标平面、创建的基准平面、某实体的平面等上进行绘制。在 NX 中既可以使用草图任务环境来绘制草图，也可以使用直接草图的方式绘制草图，使用直接草图的方式更快捷和高效。

（1）使用草图任务环境　草图任务环境集中了各种草图工具，在二维环境中建立新草图或编辑某特征内部草图时，可以选择草图任务环境来绘制和编辑草图，执行方法为：选择【菜单】按钮 菜单(M)· →【插入】→【在任务环境中绘制草图】，弹出【创建草图】对话框，如图 1-37 所示。指定创建草图所需的草图类

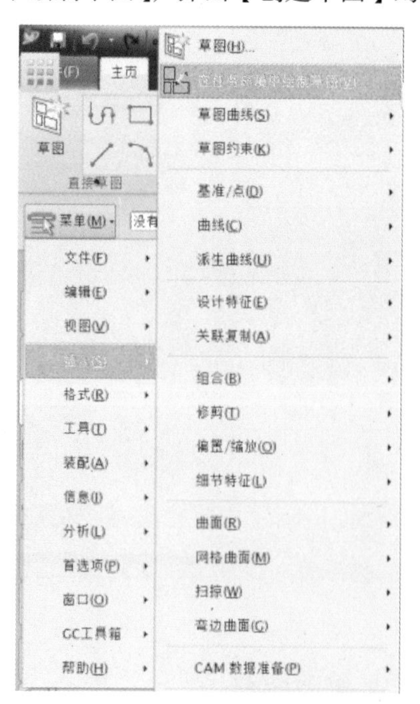

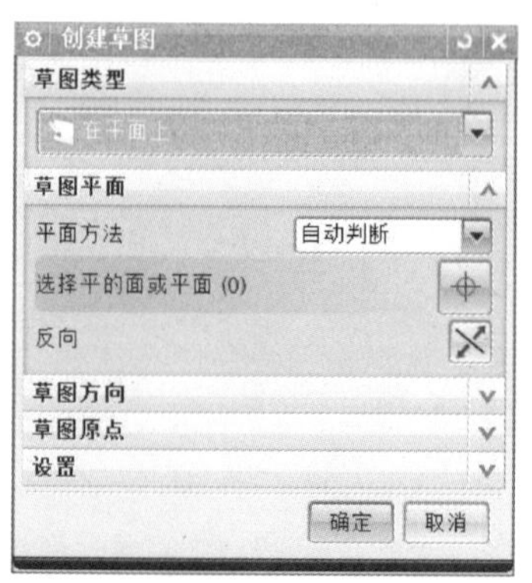

图 1-37　通过菜单栏【创建草图】对话框

型、草图平面、草图方向和草图原点等之后，便可以进入草图任务环境。

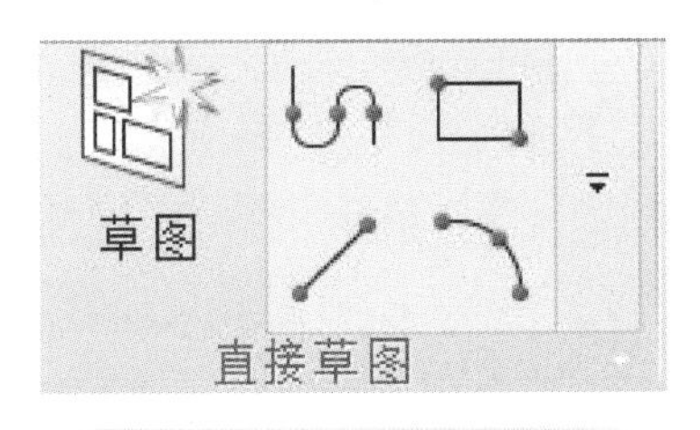

图 1-38 【直接草图】面板

（2）直接草图　在 NX 建模环境中，功能区【主页】选项卡提供了一个【直接草图】面板，如图 1-38 所示。【直接草图】面板中的【草图】按钮用于在当前应用模块中创建草图，使用直接草图工具来添加曲线、尺寸、约束等。

以在草图任务环境中绘制草图为例，简单地介绍在模型部件模式下进行草图绘制的基本步骤。

1）单击【菜单】按钮，然后选择【插入】→【在任务环境中绘制草图】，弹出【创建草图】对话框。

2）在【创建草图】对话框中指定【草图平面】和【草图方向】，单击【确定】按钮。

3）在草图任务环境下，使用各种绘制工具绘制所需要的草图。在绘制的时候可以先勾画出粗略的二维图形，然后标注出所需要的尺寸，并添加合适的几何约束。

4）修改二维图形，直到满意为止。

5）在功能区的【草图】面板中单击【完成草图】按钮。如不单击【完成草图】将始终停留在【草图】界面，无法进行对象特征操作，例如构建实体的拉伸、旋转等。

（3）设置草图工作平面　在【创建草图】对话框中【草图类型】选项组的【类型】下拉列表框中选择草图类型的选项，可供选择的有【在平面上】和【基于路径】，如图 1-39 所示。另外，当选择【显示快捷方式】选项时，系统在该对话框的【草图类型】选项组中提供【在平面上】和【基于路径】选项。

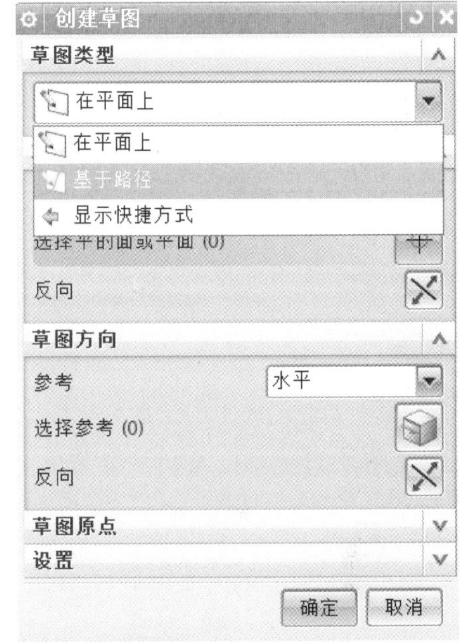

图 1-39 【创建草图】对话框中【草图类型】设置

1）在平面上。当选择草图类型选项为【在平面上】时，需要分别定义【草图平面】和【草图方向】。根据设计情况，在【草图平面】选项组中选择其中一种【平面方法】选项。

① 选择【自动判断】平面方法时，可通过【选择平的面或平面】来自动判断草图平面。

② 当选择【现有平面】平面方法时，可以选择现有平面作为草图平面。选择现有的平面后，系统会在该平面上高亮显示草图坐标轴，如图 1-40 所示。

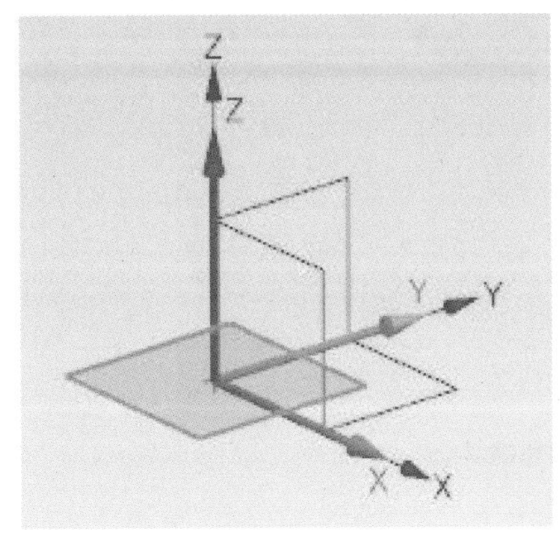

a) 选择坐标平面作为草图平面

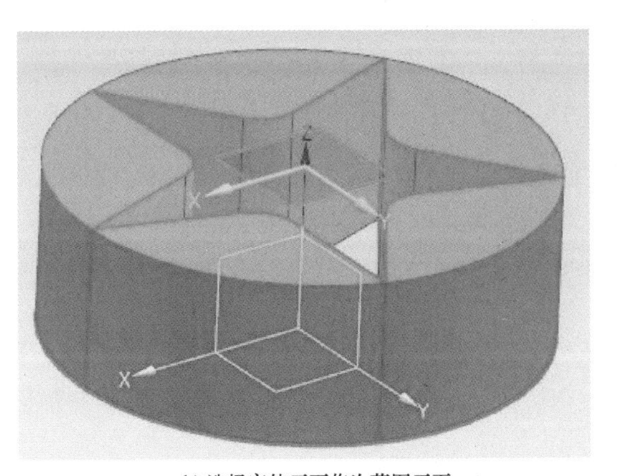

b) 选择实体平面作为草图平面

图 1-40　选择现有平面

③ 当选择【创建平面】平面方法时，可以从【指定平面】下拉列表框中选择所需要的一个选项。例如，从该下拉列表框中选择【按某一距离】选项，接着在图形区域中选择 XC-ZC 平面，然后在出现的【距离】尺寸框中输入偏移距离，按〈Enter〉键，如图 1-41 所示。

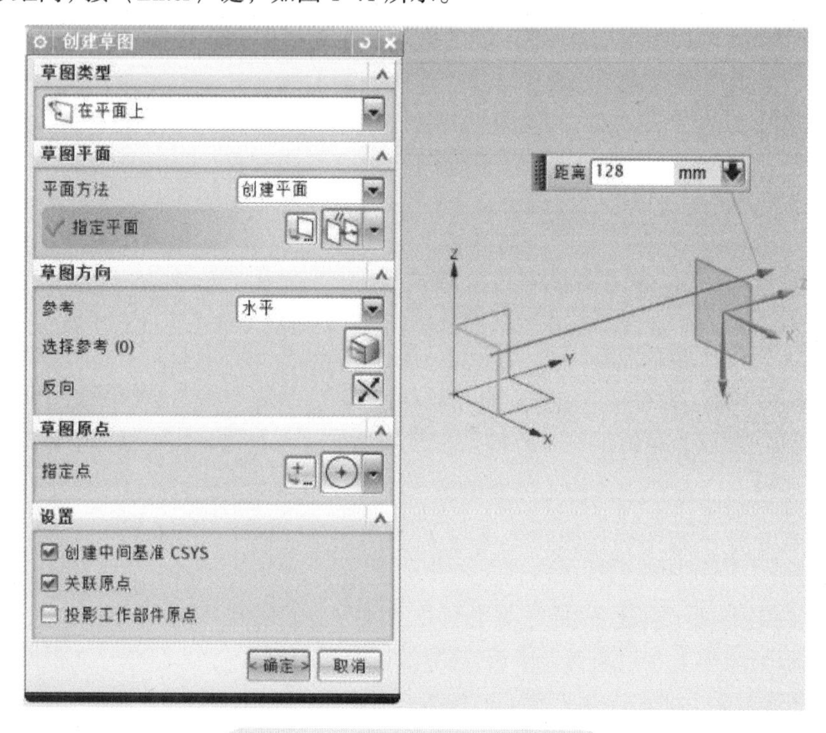

图 1-41　指定偏移距离创建平面

2）基于路径。在【创建草图】对话框中，从【草图类型】下拉列表框中选择【基于路径】时，需要分别定义【路径】【平面位置】【平面方位】和【草图方向】的内容，如图 1-42 所示。

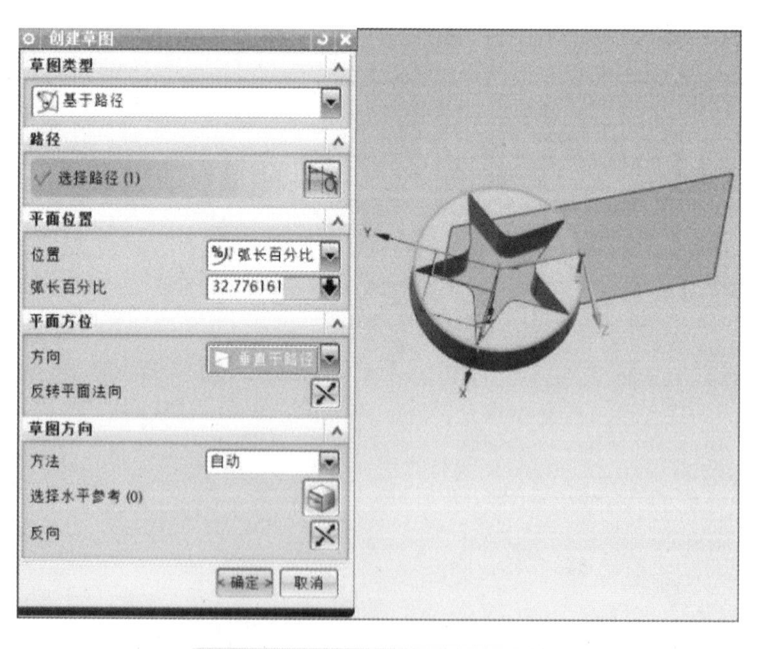

图 1-42　【基于路径】的草图类型

2. 草图主要工具的应用

在指定草图平面后，进入草图任务环境，便可以使用草图工具来绘制和编辑草图。在 NX【建模】应用模块的草图任务环境中，其功能区【主页】选项卡提供了实用的【草图】面板、【约束】面板和【曲线】面板，如图 1-43 所示。

图 1-43 【主页】选项卡

（1）轮廓　单击【轮廓】按钮，弹出【轮廓】对话框，包括【对象类型】（和）选项组和【输入模式】选项组（XY 和），如图 1-44 所示。

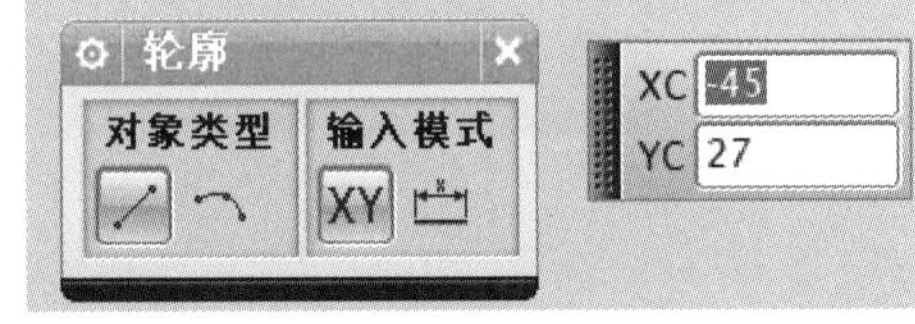

图 1-44　通过【轮廓】对话框绘制轮廓曲线

（2）直线　单击【直线】按钮，弹出【直线】对话框，有两种输入模式，即【坐标模式】XY和【参数模式】，如图 1-45 所示。

单击【直线】按钮，弹出【直线】对话框，在【坐标模式】XY 的平面的绘图区域输入【XC】值为【-90】，【YC】值为【90】，此时确定了起始点位置。确定起始点位置后，可以选择【参数模式】的状态，分别输入【长度】值和【角度】值，从而完成该直线的绘制。也可以继续定义结束点来绘制其他直线。

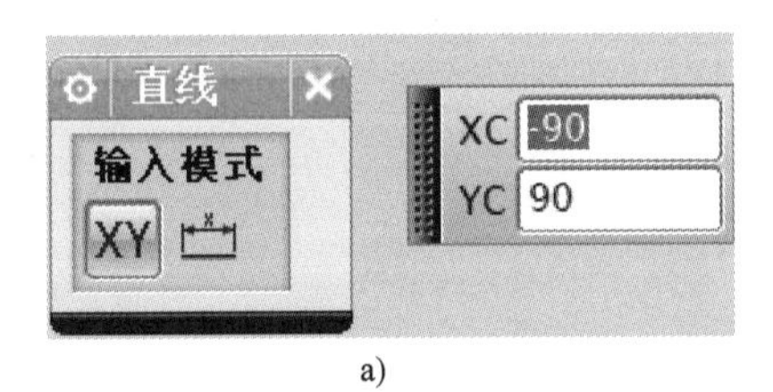

a)

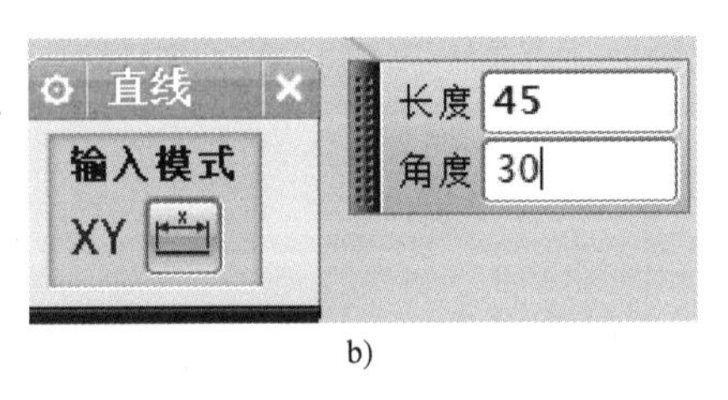

b)

图 1-45　通过【直线】对话框绘制直线

（3）圆弧　单击【圆弧】按钮，弹出【圆弧】对话框。该对话框提供了【圆弧方法】和【输入模式】两个选项，如图 1-46 所示。

图 1-46 【圆弧】对话框

【三点定圆弧】：是以在草图内选择三点的方式绘制圆弧，如图 1-47a 所示。

【中心和端点定圆弧】：是以指定中心、端点方式绘制圆弧，如图 1-47b 所示。

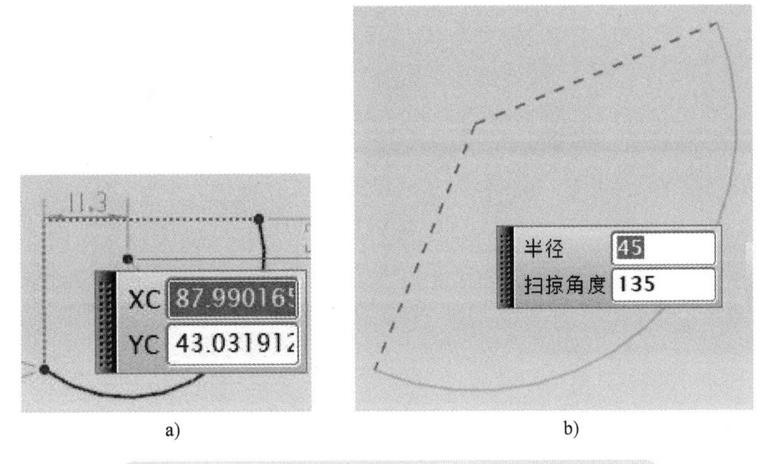

图 1-47　三点定圆弧与使用中心和端点绘制圆弧

（4）圆　单击【圆】按钮，弹出【圆】对话框，如图 1-48a 所示。该对话框提供了【圆方法】和【输入模式】两个选项组。

【圆心和直径定圆】：通过指定圆心和直径绘制圆，如图 1-48b 所示。
【三点定圆】：通过指定三点绘制圆。

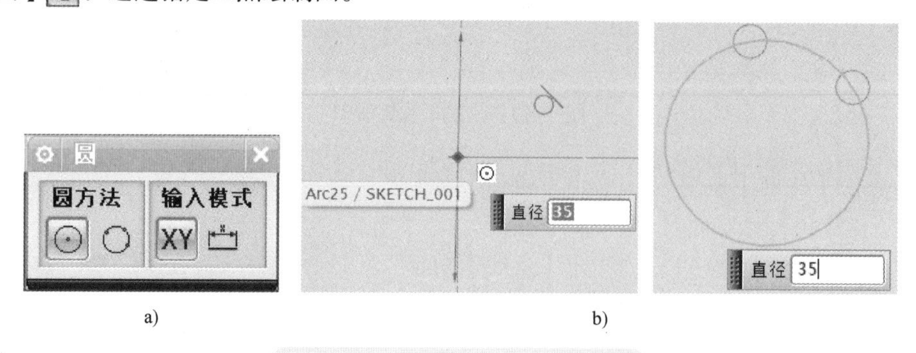

a)　　b)

图 1-48　指定圆心和直径绘制圆

单击【矩形】按钮，弹出【矩形】对话框，如图 1-49a 所示。该对话框中提供了【矩形方法】和【输入模式】两个选项组。

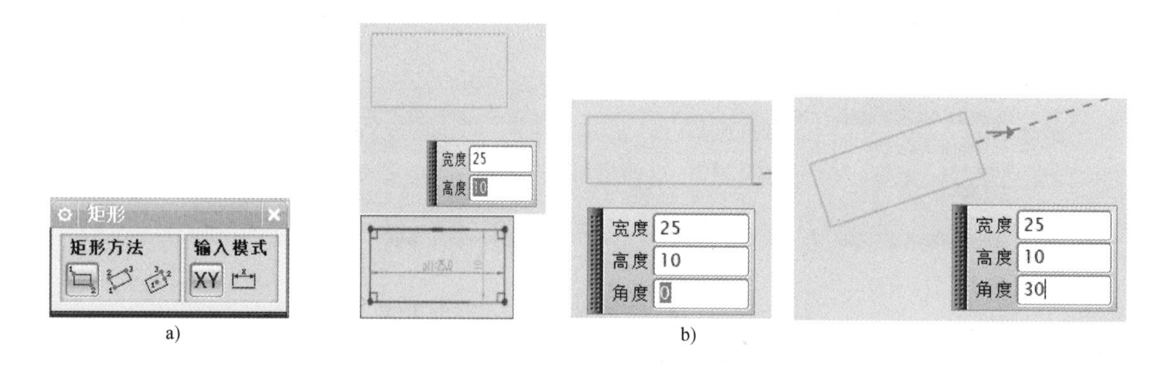

a)　　b)

图 1-49 【矩形】对话框与创建矩形的三种方法

（5）艺术样条　单击【艺术样条】按钮，弹出【艺术样条】对话框，如图 1-50 所示。通过拖放点或极点，并在定义点指派斜率或曲率约束，可以动态创建和编辑样条曲线。

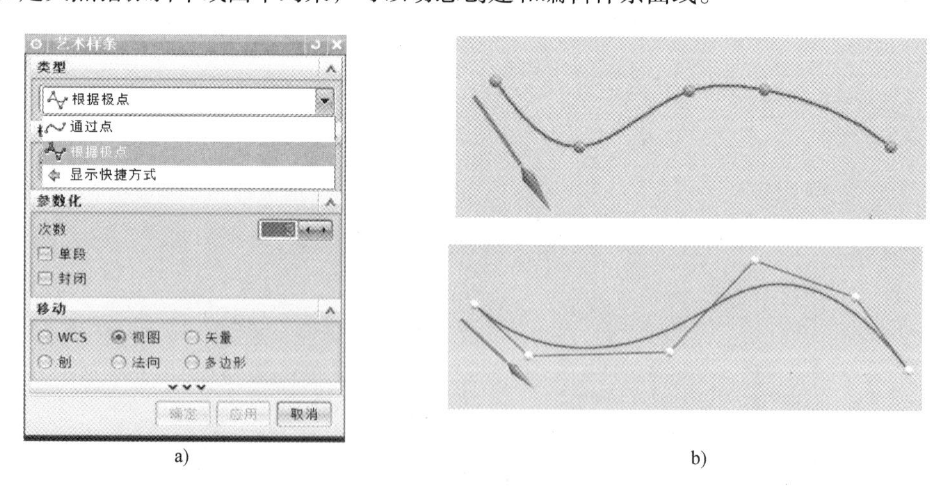

a)　　b)

图 1-50　创建艺术样条

在【艺术样条】对话框选择【类型】→【通过点】，或【根据极点】选项定义以何种类型来创建艺术样条。如果在【艺术样条】对话框的【参数化】选项组中选中【封闭】复选框，则创建的样条是首尾闭合的，如图 1-51 所示。

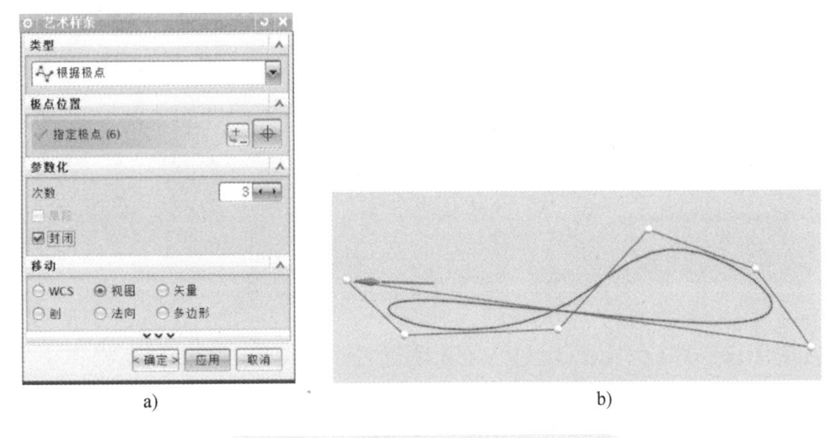

a)　　b)

图 1-51　创建首尾闭合的样条曲线

在创建艺术样条时，可以在当前样条上添加中间控制点，方法很简单，将鼠标光标移动到样条上适当位置处单击即可。

（6）椭圆　单击【椭圆】按钮，弹出【椭圆】对话框，如图 1-52 所示。在 NX 中可以根据中心点和尺寸创建椭圆。

（7）拟合曲线　在草图任务环境中，可以通过拟合到指定的数据点来创建样条、直线、圆或椭圆。单击【主页】→【曲线】→【拟合曲线】拟合曲线，弹出【拟合曲线】对话框，从【类型】下拉列表框中可以选择【拟合样条】【拟合直线】【拟合圆】或【拟合椭圆】选项，如图 1-53 所示。

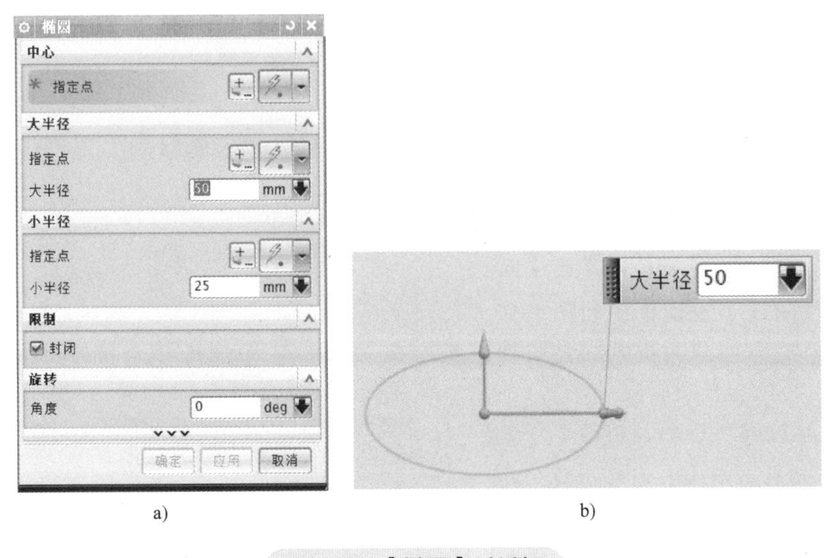

a)　　b)

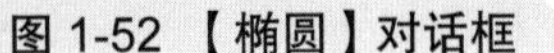
图 1-52 【椭圆】对话框

图 1-53 【拟合曲线】对话框

（8）圆角　在两条或三条曲线之间创建圆角。单击【圆角】按钮，弹出【圆角】对话框，如图 1-54 所示。在【圆角】对话框中【圆角方法】有【修剪】或【取消修剪】，并可以根据需要设置圆角【选项】。其中，按钮用于删除第三条曲线，按钮用于创建备选圆角。

选择图元对象放置圆角，可在出现的【半径】文本框中输入圆角半径值，创建修剪方式的圆角。

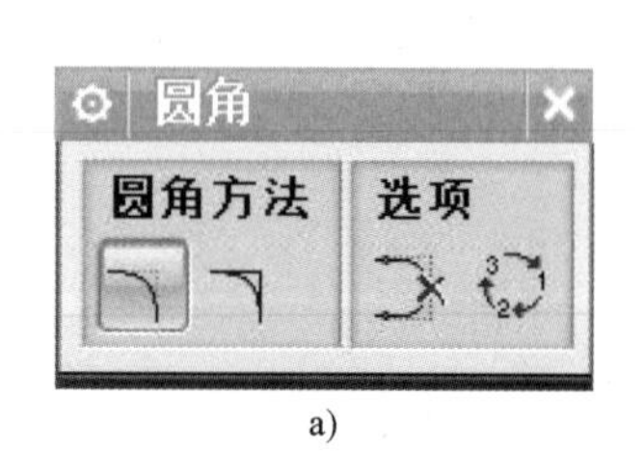

a)

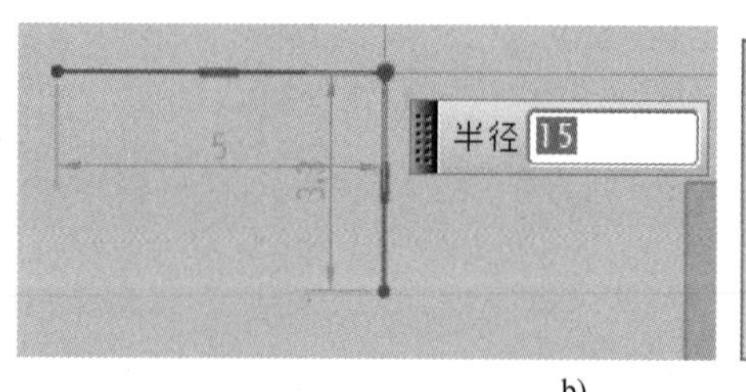

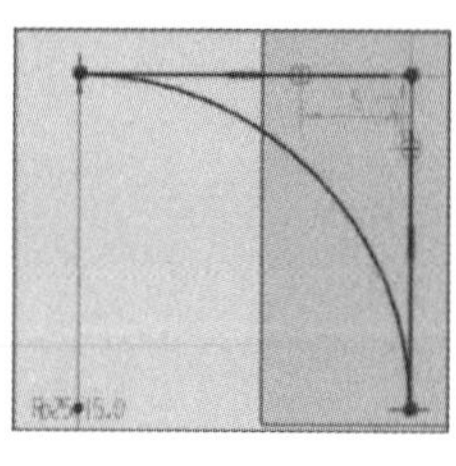
b)

图 1-54 【圆角】对话框和圆角示例

（9）倒斜角　在草图任务环境中，可以对两条草图线之间的尖角进行倒斜角操作。

单击【主页】→【曲线】→【倒斜角】，弹出【倒斜角】对话框，如图 1-55a 所示，选择要倒斜角的曲线。并可根据要求选中【修剪输入曲线】复选框，在【偏置】选项组的【倒斜角】下拉列表框中选择【对称】【非对称】或【偏置和角度】，然后指定倒斜角位置并为倒斜角设置相应的尺寸参数。倒斜角示例如图 1-55b 所示。

a)　　b)

图 1-55 【倒斜角】对话框和示例

（10）点　在草图任务环境中，单击【曲线】→【点】，弹出【草图点】对话框，如图 1-56 所示。

（11）二次曲线　通过使用各种放样二次曲线方法或一般二次曲线方程来通过指定点在草图平面上创建二次曲线。单击【曲线】→【二次曲线】，弹出【二次曲线】对话框，如图 1-57 所示。从该对话框中可以看出，绘制二次曲线需要分别指定起点、终点、控制点和 Rho 值。

（12）多边形　创建具有指定数量边的多边形，单击【多边形】，弹出【多边形】对话框，然后指定中心点和边数，并在【大小】选项组中定义多边形的大小，其定义方式主要有【外接圆半径】【内切圆半径】和【边长】，图 1-58b 所示为一个正五边形。

（13）现有曲线　进入草图任务环境后，可以将现有的共面曲线和点添加到草图中。其方法是单击功能区【主页】→【曲线】→【添加现有曲线】按钮，接着在弹出的【添加曲线】对话框中选择要加入到草图中的曲线，然后单击【确定】按钮。

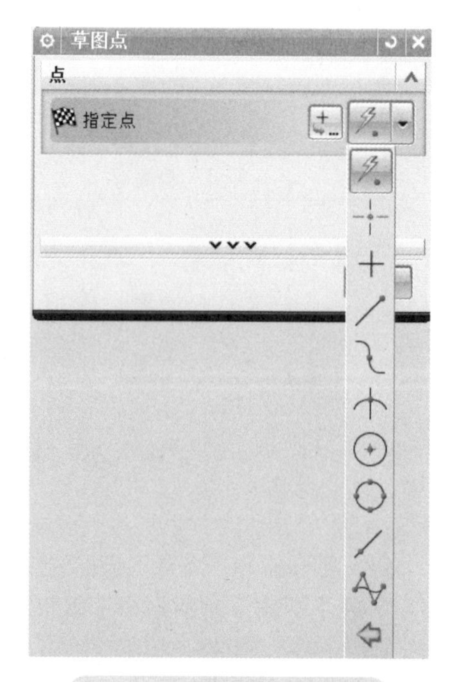

图 1-56 【草图点】对话框

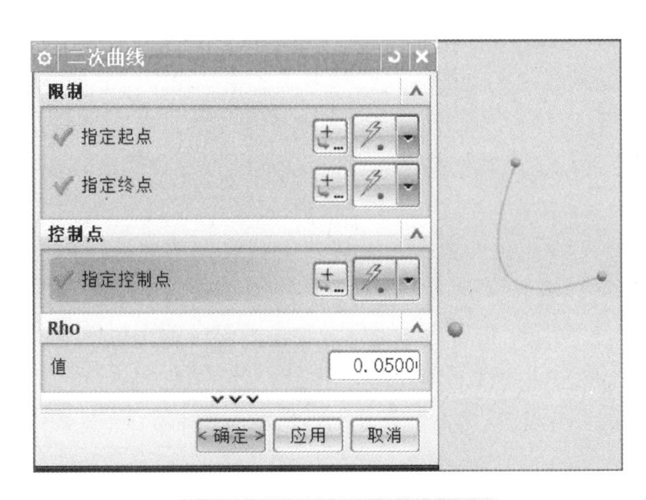

图 1-57 【二次曲线】对话框

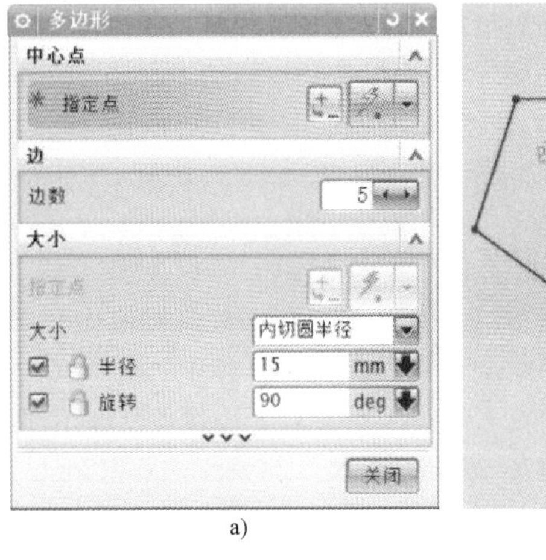

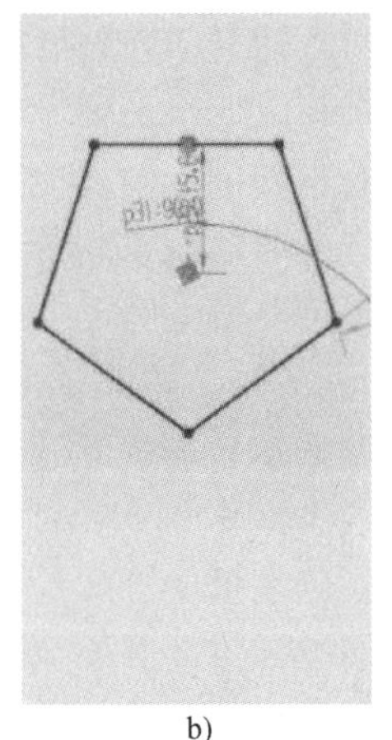

a)　　　　b)

图 1-58 【多边形】对话框和正五边形图例

（14）快速修剪、延伸与拐角

1）单击【快速修剪】按钮，可以很方便地将曲线不需要的部分修剪掉。在草图任务环境下，快速修剪图元的一般方法及步骤如下：单击【快速修剪】按钮，打开图 1-59a 所示的【快速修剪】对话框，系统提示选择要修剪的曲线，单击要修剪的曲线部分，也可以按住左键并拖动来擦除曲线分段。如果需要定义边界曲线，则在【边界曲线】选项组中单击【边界曲线】按钮，然后选择所需的边界曲线。

2）单击【快速延伸】按钮，可以将选定曲线延伸至另一临近曲线或选定的边界。在进行快速延伸操作时，需要注意所选的要延伸的曲线必须和另一条曲线延伸后有交点。在草图任务环境下，快速延伸图元的一般方法及步骤如下：单击【快速延伸】按钮，打开图 1-59b 所示【快速延伸】对话框。在【选择要延伸的曲线】的提示下，选择要延伸的曲线。如果需要指定边界曲线，则需要先在【快速延伸】对话框中激活【边界曲线收集器】，然后选择所需的曲线作为边界曲线。

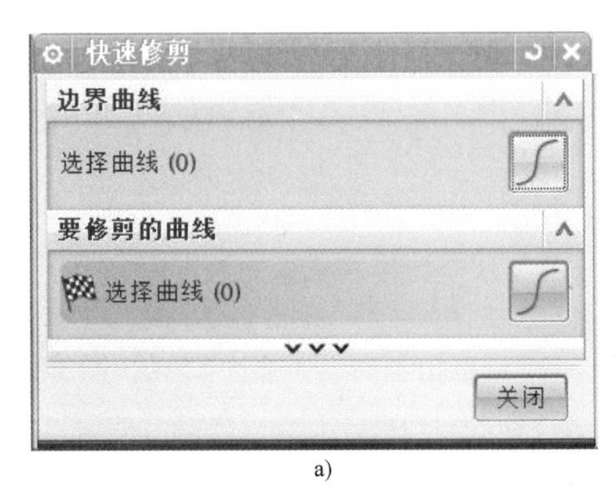

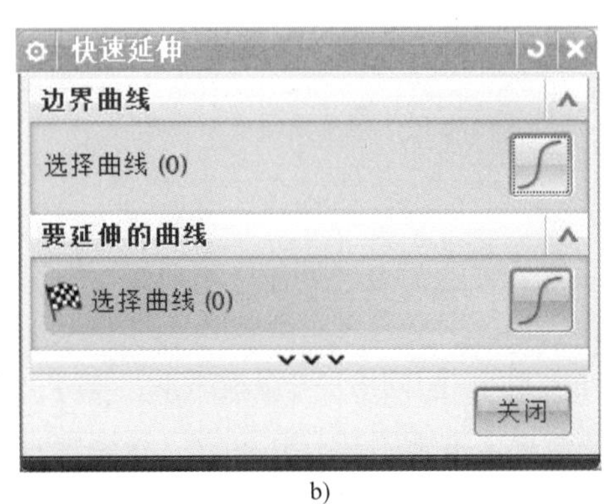

a)　　　　b)

图 1-59 【快速修剪】和【快速延伸】对话框

3）制作拐角。

单击【制作拐角】按钮，可以延伸或修剪两条曲线来制作拐角。单击【制作拐角】按钮，打开图 1-60 所示【制作拐角】对话框。选择区域上要保持的曲线以制作拐角。

草图进阶操作包括使用【镜像曲线】【阵列曲线】【交点】【偏置曲线】【派生直线】【相交曲线】【投影曲线】和【编辑定义截面】等命令。

图 1-60 【制作拐角】对话框

（15）镜像曲线　在草图任务环境，单击【主页】→【曲线】→【镜像曲线】，弹出【镜像曲线】对话框，如图 1-61 所示。选择要镜像的曲线，可以采用指定对角点的框选方式选择多条曲线。在【镜像曲线】对话框的【中心线】选项组中单击【选择中心线】按钮，接着选择中心线定义镜像中心线。注意：允许选择实线定义镜像中心线。在【设置】选项组中设置是否将中心线转换为参考，以及设置是否显示终点，最后单击【确定】按钮或【应用】按钮。

（16）阵列曲线　单击【主页】→【约束】→【创建自动判断约束】，使其处于被选中的状态。该按钮的状态将决定【阵列曲线】对话框是否提供更多的阵列设置选项。单击【主页】→【曲线】→【阵列曲线】，弹出图 1-62 所示的【阵列曲线】对话框。选择要阵列的对象，在【阵列定义】选项组的【布局】下拉列表框中选择所需的一种阵列布局选项，如【线性】【圆形】或【常规】。选择不同的阵列布局选项，则需要定义不同的阵列参数等。例如，从【布局】下拉列表框中选择【圆形】，接着指定旋转点和角度方向等。

图 1-61 【镜像曲线】对话框

图 1-62 【阵列曲线】对话框

（17）交点　在曲线与草图平面之间创建一个交点，其方法是在【曲线】面板中单击【交点】按钮，弹出如图 1-63 所示的【交点】对话框。系统提示【选择曲线以与草图平面相交】，在该提示下选择所需的曲线，【确定】按钮和【应用】按钮被激活。如果所选曲线与草绘平面具有多个交点，则【循环解】按钮被激活，此时单击【循环解】按钮，使系统在多个交点之间切换，直到获得满意的交点后，单击【确定】按钮，即可在曲线与草图平面之间创建所需的一个交点。

（18）偏置曲线　在草图任务环境下，单击功能区【主页】→【曲线】→【偏置曲线】，弹出【偏置曲线】对话框，如图 1-64 所示。该对话框提供了【要偏置的曲线】选项组、【偏置】选项组、【链连续性和终点约束】选项组和【设置】选项组。

（19）派生直线　【派生直线】的功能是在两条平行直线中间创建一条与另一条直线平行的直线，或在两条不平行直线之间创建一条平分线。

（20）相交曲线　利用现有面与草图平面的相交关系来创建相交曲线，其操作方法如下：在草图任务环境下，单击【主页】→【曲线】→【相交曲线】，弹出【相交曲线】对话框，如图 1-65 所示。

（21）投影曲线　沿草图平面的法向将曲线、边或点（草图外部）投射到草图上，在草图平面上创建投影曲线。在草图任务环境下，单击【主页】→【曲线】→【投影曲线】，弹出【投影曲线】对话框，如图 1-66 所示。

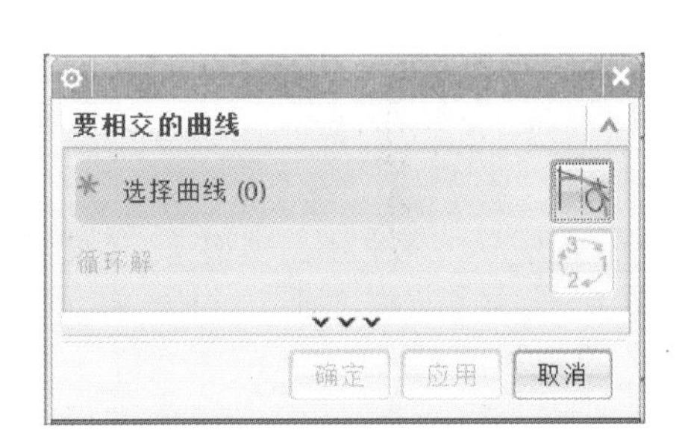

图 1-63 【交点】对话框

图 1-64 【偏置曲线】对话框

图 1-65 【相交曲线】对话框

图 1-66 【投影曲线】对话框

（22）编辑定义截面 【编辑定义截面】的功能是添加对象（曲线、边和面）或将其从已被用于定义特征的截面中移除。单击【菜单】按钮 菜单(M)，选择【编辑】→【编辑定义截面】命令，可以将某些草图对象（曲线、边和面）添加到拉伸、旋转、扫描等截面线串中，或从已用于定义特征的截面线串中删除一些草图对象。

3. 绘制五角星草图步骤

通过学习理解草图中点、线、面的构建方法，以及草图操作各常用按钮或命令的含义，并掌握其应用方法及技巧，熟悉设计一个零件草图的绘制思路与绘制方法。

下面要绘制的五角星草图如图 1-67 所示。

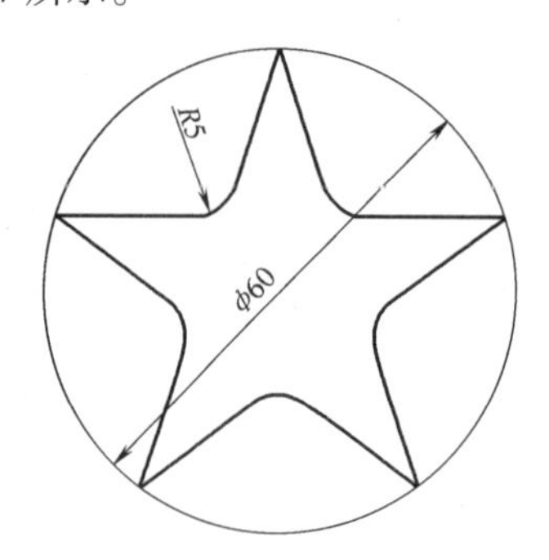

图 1-67　五角星草图

具体绘制步骤如下：

（1）新建文件　在 NX 主界面中打开【新建】对话框，在【模型】选项卡的【过滤器】选项组的【单位】下拉列表框中选择【毫米】选项，从【模板】列表中选择名称为【模型】的模板，在【新文件名】选项组的【名称】文本框中输入【STAR】，并指定要保存到的文件夹目录路径。在【新建】对话框中单击【确定】按钮，如图 1-68 所示。

（2）进入草图任务环境　单击【菜单】 菜单(M)· →【插入】→【在任务环境中绘制草图】，弹出【创建草图】对话框，如图 1-69 所示。选择【草图类型】→【在平面上】，选择【草图平面】→【平面方法】→【自动判断】或【现有平面】，然后单击图形区 XOY 平面。设置【草图方向】选项组的【参考】选项默认为【水平】，单击【确定】按钮，此时进入草图任务环境。

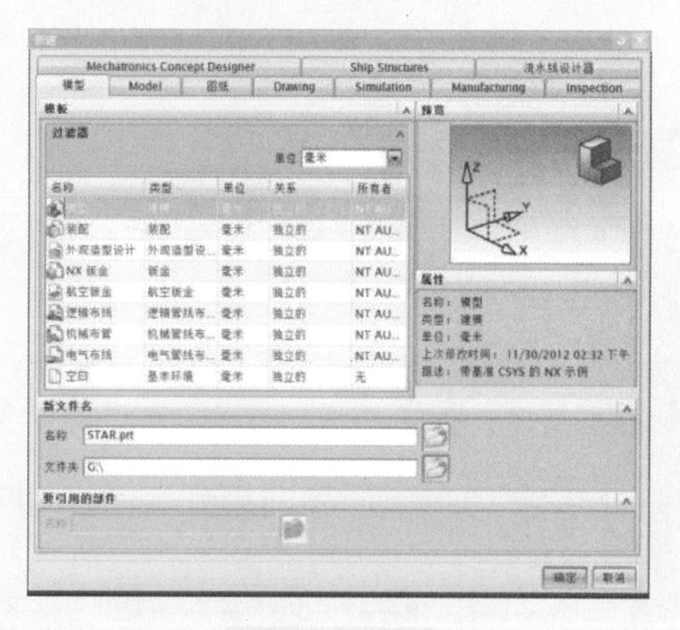

图 1-68　新建文件

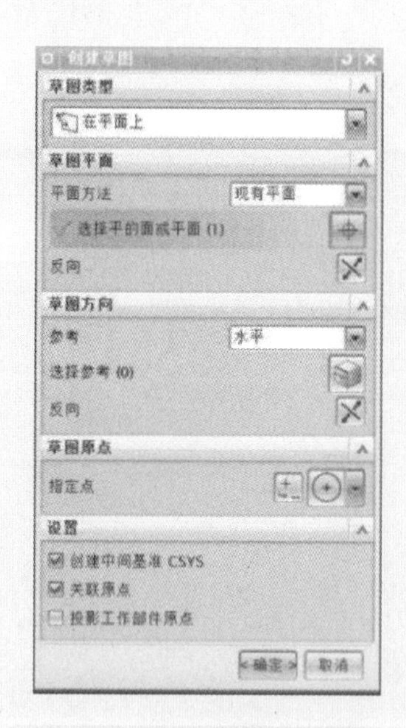

图 1-69　【创建草图】对话框

（3）绘制 ϕ60mm 外圆　在【曲线】面板中单击【圆】按钮，弹出【圆】对话框。在【圆】对话框【圆方法】选项组中单击【圆心和直径定圆】按钮，输入圆心坐标为 XC=0、YC=0，直径为 60mm，如图 1-70 所示，按〈Enter〉键，完成绘制。

（4）绘制内接五边形　在【曲线】面板中单击【多边形】按钮，弹出【多边形】对话框。在【中心点】选项组中选择圆心（XC=0、YC=0），在【边】选项组中边数输入 5，在【大小】选项组（参数模式）

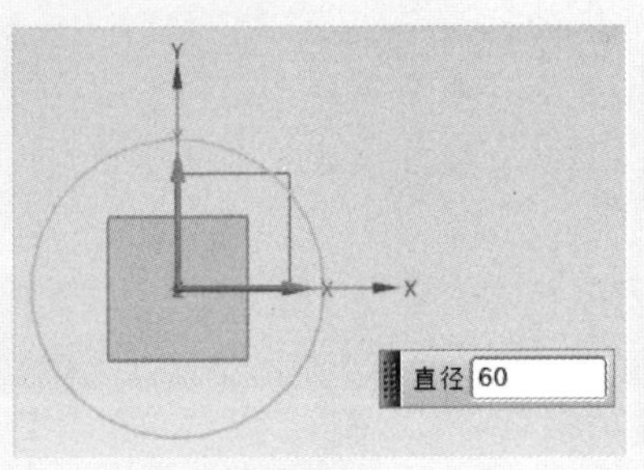

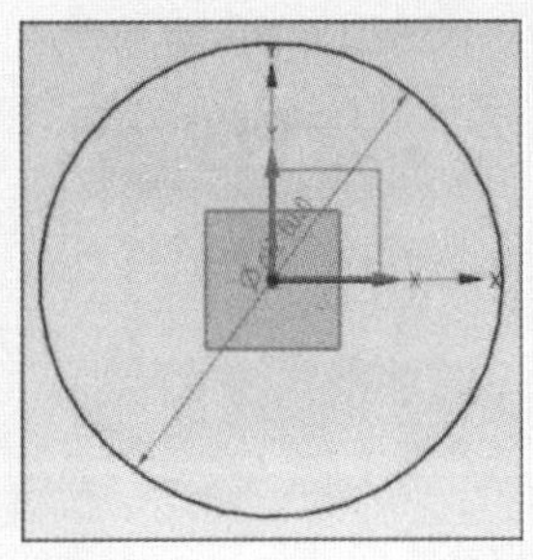

图 1-70　绘制 ϕ60 外圆

中单击【外接圆半径】，输入半径为 30mm，按〈Enter〉键，接着输入旋转度为 90°，如图 1-71 所示，按〈Enter〉键，完成多边形的创建。关闭【多边形】对话框。

（5）连接五角星直线　在【曲线】面板中单击【直线】按钮，弹出【直线】对话框，输入模式中选择【坐标模式】XY，然后将五边形每两个顶点相连，就形成了五角星的初步形状，如图 1-71 所示。

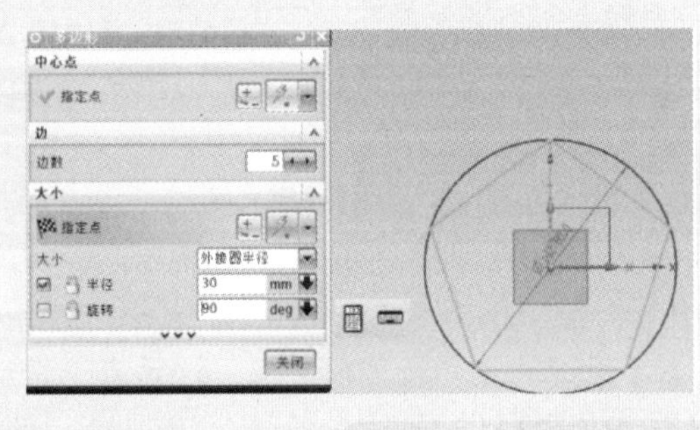

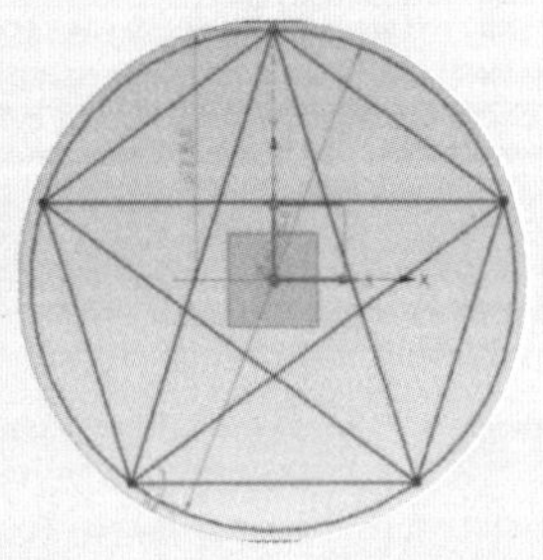

图 1-71　绘制内接五边形

（6）修剪多余线条　在【曲线】面板中单击【快速修剪】按钮，弹出【快速修剪】对话框。在【要修剪的曲线】选项组，单击图形区五角星多余线条，如图 1-72 所示。关闭【快速修剪】对话框。

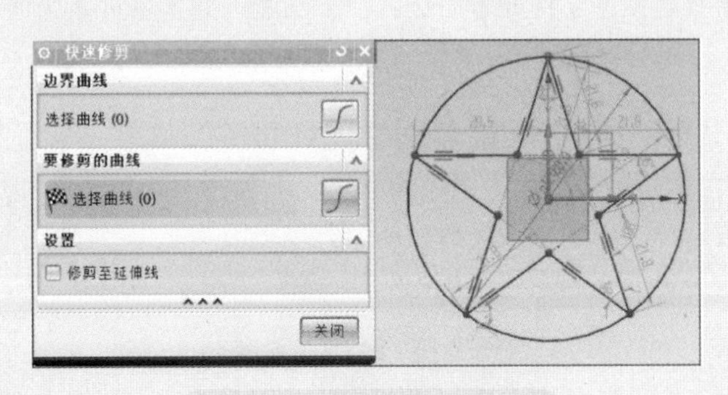

图 1-72　用直线连接五角星

（7）尖角处倒圆角 *R*5　在【曲线】面板中单击【圆角】按钮，弹出【圆角】对话框，选择【修剪】，输入半径为 5mm，单击图形区尖角的两条线，如图 1-73 所示。关闭【圆角】对话框。

（8）完成草图　单击完成草图按钮，如图 1-74 所示，完成五角星凹模零件图的绘制。

在五角星凹模零件图中，想要找到五角星的五个顶点，并非仅有使用【多边形】命令这一种绘制方法，也可以将 ϕ60mm 外圆通过【分割】功能五等分弧长的方式来实现。

执行方法：选择【编辑】→【曲线】→【分割】命令，弹出【分割】对话框，单击 ϕ60mm 外圆，选择【等弧长】，段数输入 5，单击【确定】按钮。

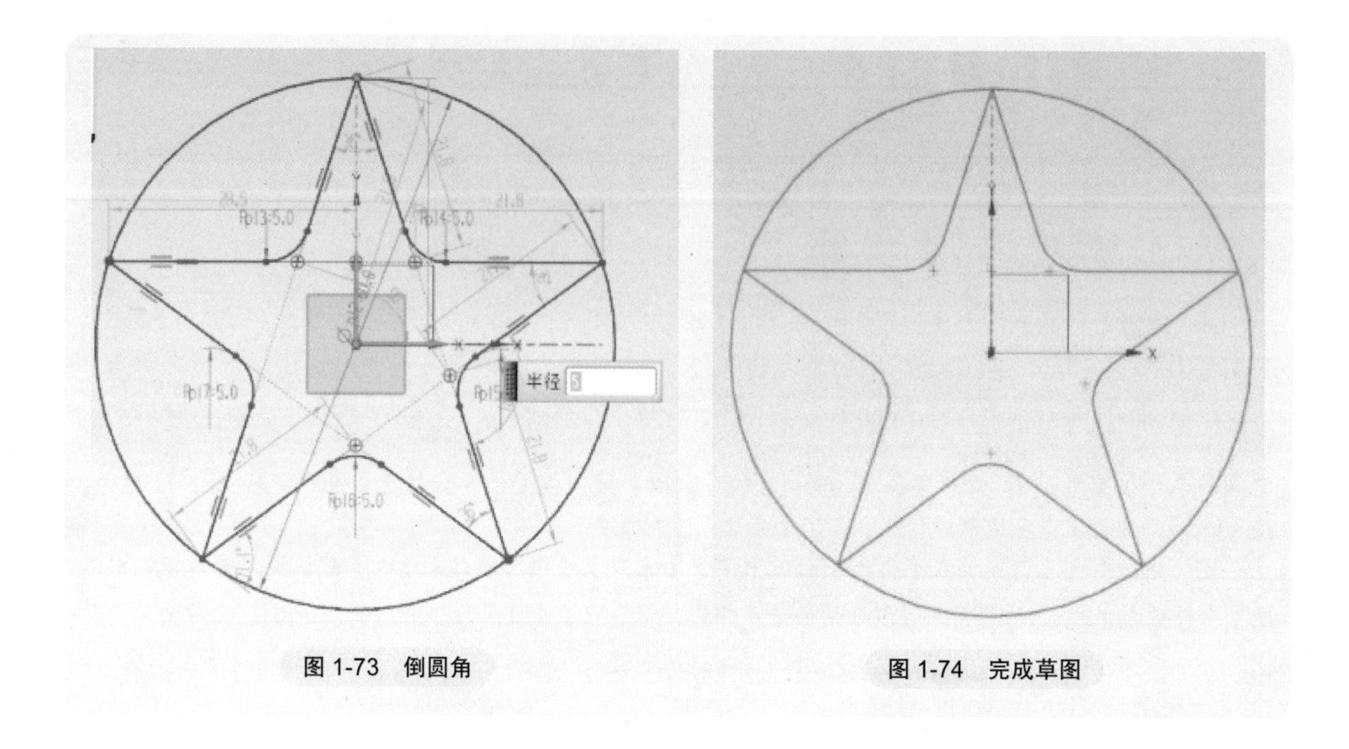

图 1-73 倒圆角

图 1-74 完成草图

任务三 摄像头支架建模

1. 特征建模概述

相对于单纯的实体建模和参数化建模，NX 采用的是复合建模方法，这是基于特征的实体建模方法，是在参数化建模方法的基础上进行了改进。在 NX 中提供了强大的特征建模功能，使用这些特征建模功能，用户可以通过草图创建基本成型特征（如拉伸、回转、扫掠、管道等）、创建简单基本体（如长方体、圆柱体、圆锥体和球体等）、创建其他设计特征（如孔、凸台、腔体、垫块、槽、三角形加强筋、螺纹等）。

NX 提供了专门用于特征建模的【特征】面板，位于功能区的【主页】选项卡中，如图 1-75 所示。用户也可从【菜单】→【插入】中选择某些特征命令。

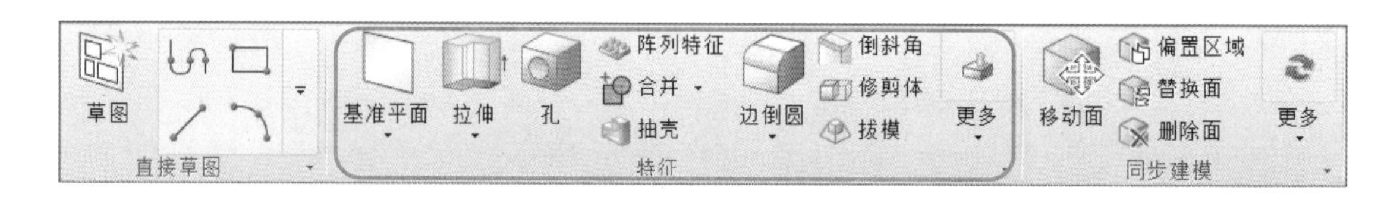

图 1-75 【特征】面板

2. 通过草图创建实体特征

（1）拉伸 拉伸特征是通过在指定矢量方向上拉伸封闭的截面曲线一个线性距离来生成实体，如图 1-76 所示。

单击【菜单(M)】→【插入】→【设计特征】→【拉伸】，弹出【拉伸】对话框如图 1-77 所示。单击【特征】→【拉伸】，选择封闭曲线串或封闭边为截面，直接拖动起点手柄来更改拉伸特征的大小，也可以选择【开始 / 结束】方式，然后确定拉伸尺寸大小，单击【确定】按钮，创建拉伸体。

（2）旋转 旋转特征又称回转特征，是通过绕给定的轴以非零角度旋转截面曲线来生成一个特征。可以从基本横截面开始生成圆或部分圆的特征，创建摄像头支架旋转特征如图 1-78 所示。

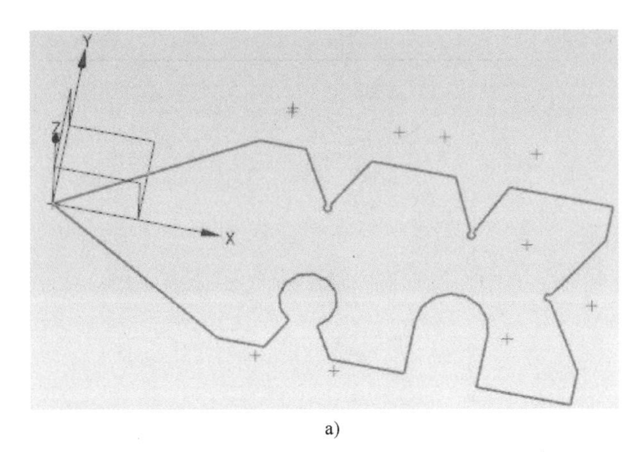

a)

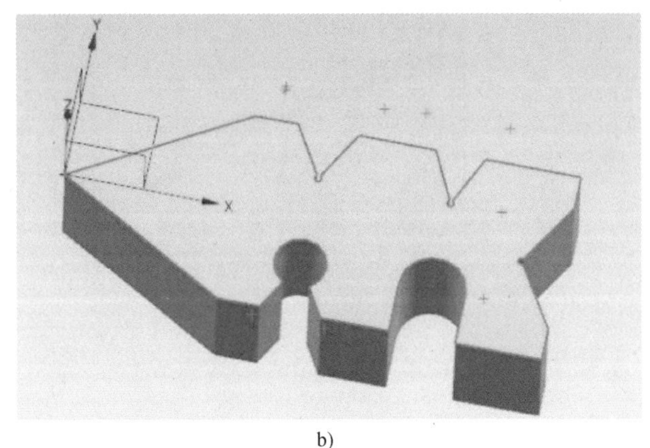

b)

图 1-76　创建拉伸特征前后对比

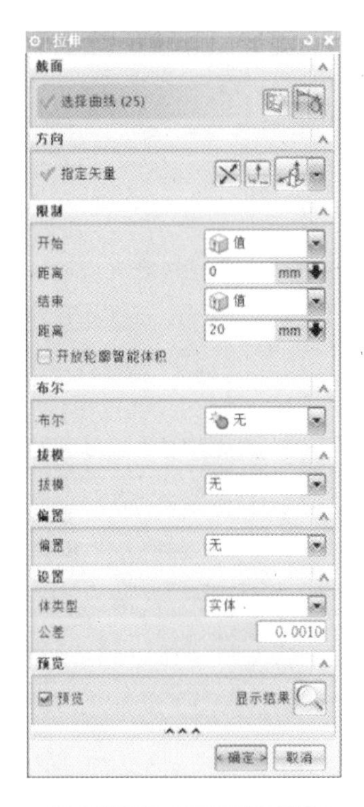

图 1-77　【拉伸】对话框

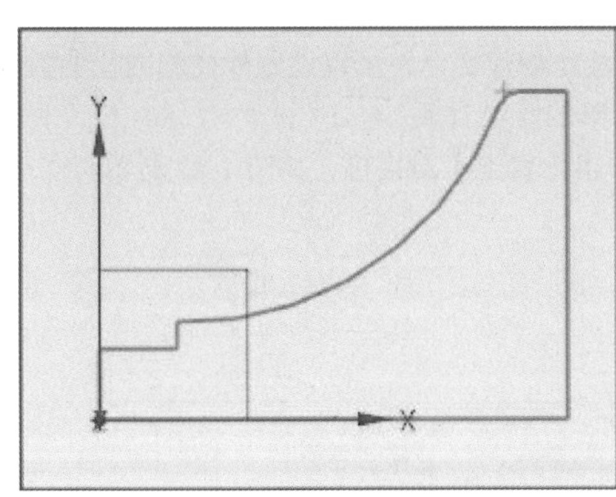

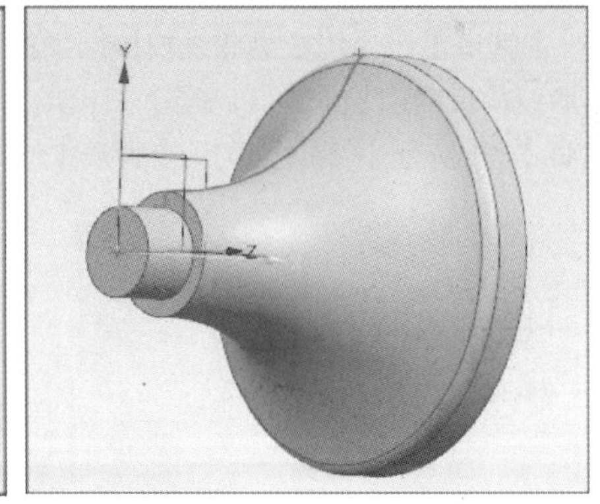

图 1-78　创建摄像头支架旋转特征

单击【特征】→【旋转】，弹出【旋转】对话框。【回转】对话框与【拉伸】对话框很相似，二者操作方法基本相同。

（3）扫掠　扫掠特征在设计中较常见，扫掠工具有多种，主要包括【扫掠】命令、【沿引导线扫掠】命令、【变化扫掠】命令和【管道】命令。有些特征可以使用不同的扫掠命令完成，这就要求能够灵活使用。使用该命令，可通过沿一个或多个引导线扫掠截面来创建特征。

单击【主页】→【特征】→【更多】→【扫掠】，弹出【扫掠】对话框，如图 1-79 所示。

【沿引导线扫掠】命令的功能是通过沿指定的引导线扫掠截面来创建特征。通过沿着由一个或一系列曲线、边或面构成的引导线串（路径）拉伸开放的或封闭的边界草图、曲线、边或面来生成单个实体。沿引导线扫掠示例如图 1-80 所示。

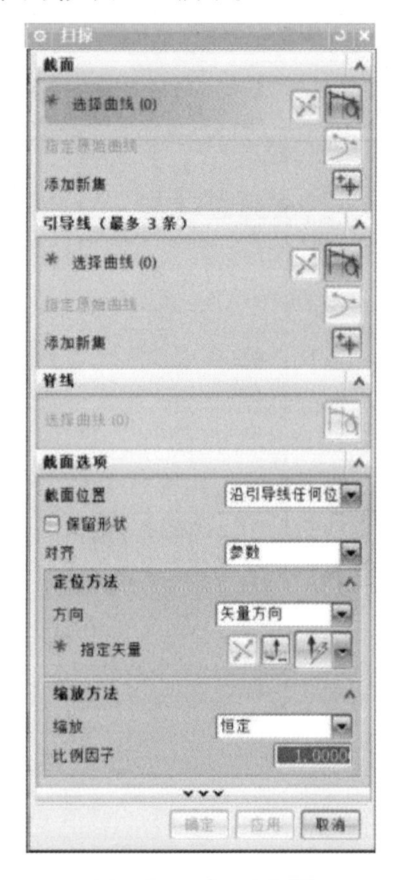

图 1-79 【扫掠】对话框

图 1-80 沿引导线扫掠示例

（4）管道 【管道】命令用于沿曲线扫掠圆形横截面创建实体，可以设置外径和内径参数。通过沿着由一个或一系列曲线构成的引导线串（路径）扫掠出简单的管道对象。

单击【主页】→【特征】→【更多】→【管道】，弹出【管道】对话框，如图 1-81 所示。

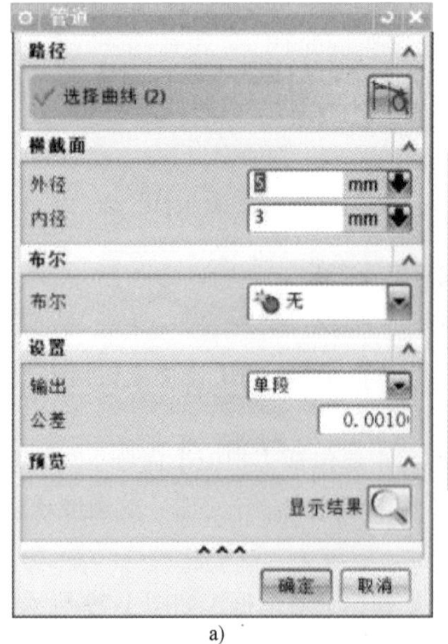

a)

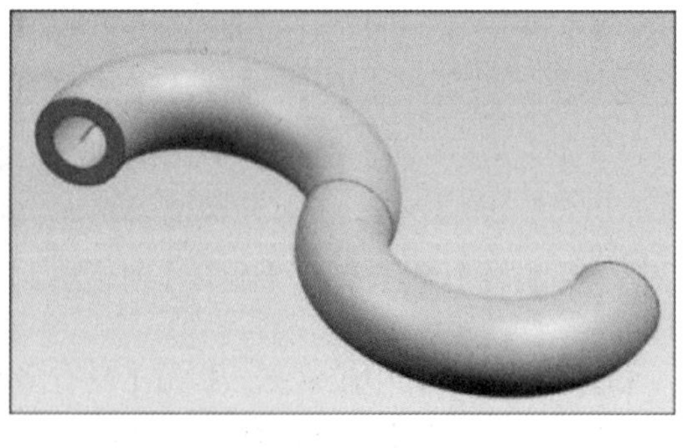

b)

图 1-81 【管道】对话框及示例

3. 摄像头支架建模步骤

以摄像头支架零件图的三维实体构造为例，如图 1-82 所示，模型效果如图 1-83 所示。该实例中应用了前面介绍的草图中点、线、面的构建，旋转、拉伸、基准面、键槽和孔特征的操作方法。

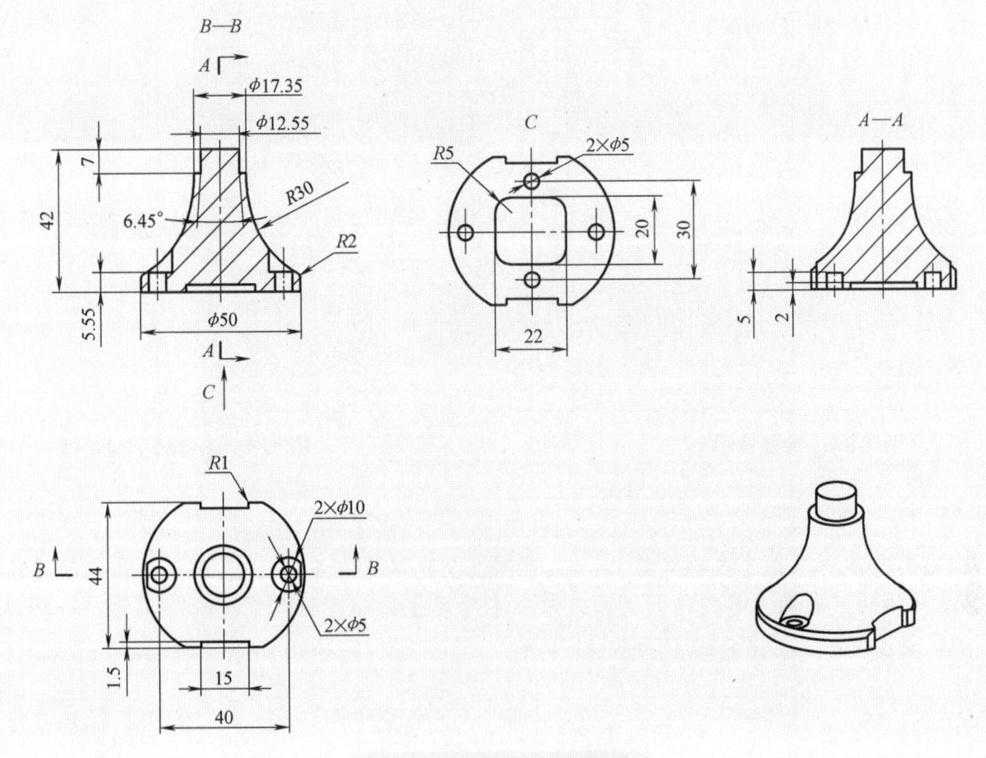

图 1-82　摄像头支架零件

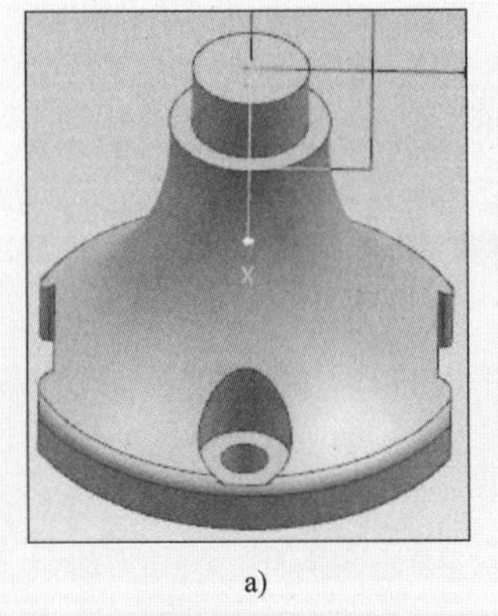

a)

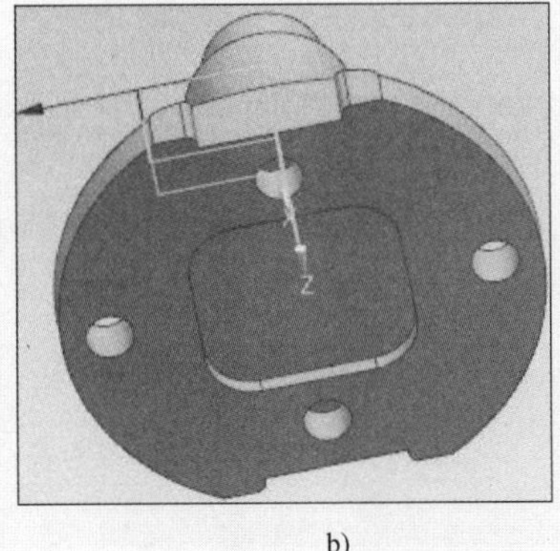

b)

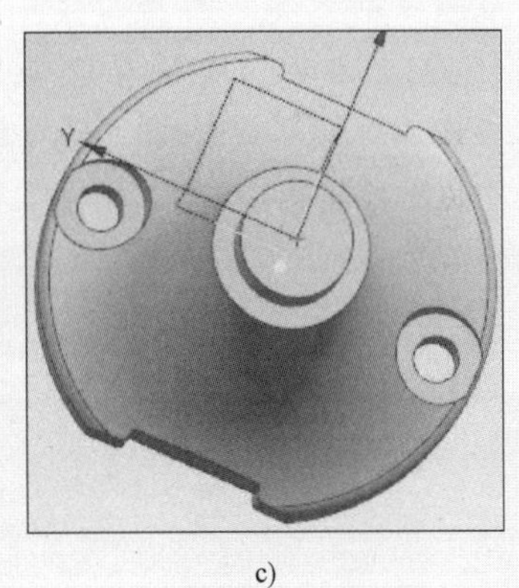

c)

图 1-83　摄像头支架模型效果

（1）创建新文件　单击菜单栏【文件】→【新建】或单击【标准】工具栏中【新建】，弹出【新建】对话框。在模型列表中选择【模型】，输入名称 sxtzj，单击【确定】按钮，进入建模环境。

（2）绘制截面草图　单击【直接草图】，弹出【创建草图】对话框。草图类型为【在平面上】，平面方法为【创建平面】，视图区选择【XC-YC】平面为草图绘制平面，单击【确定】按钮，打开草图绘制界面。绘制图 1-84 所示草图，完成后单击【完成草图】，草图绘制完毕。

（3）旋转生成实体　单击 菜单(M) →【插入】→【设计特征】→【旋转】，打开【旋转】对话框。选择上一步绘制的草图为截面曲线。设置【轴】选项组【指定矢量】为 XC 轴，【限制】选项组【开始角度】为 0°，【结束角度】为 360°，单击【确定】按钮，如图 1-85 所示。

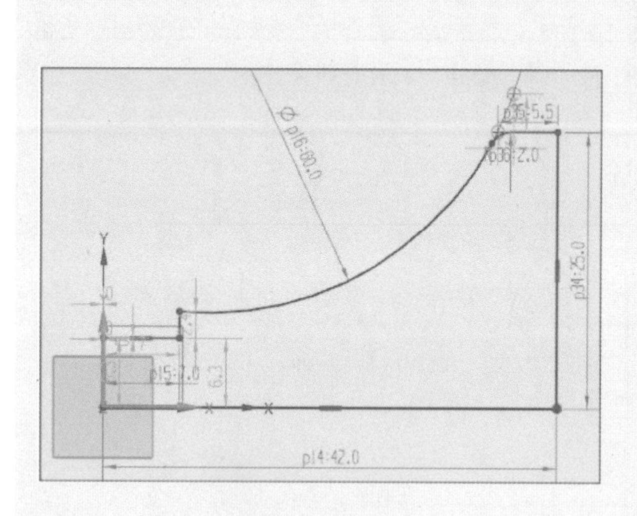

图 1-84　绘制草图

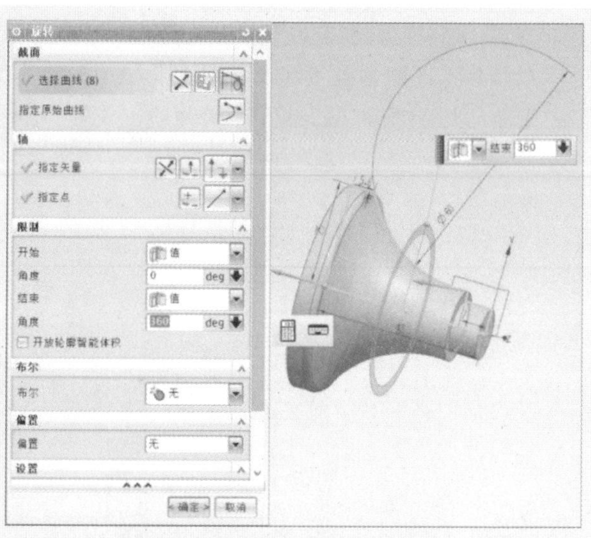

图 1-85　【旋转】对话框

（4）拉伸切除凹槽

1）绘制底面凹槽：单击【直接草图】，草图类型选择【在平面上】，平面方法选择【现有平面】，视图区选择旋转体的下底面为草图绘制平面，单击【确定】按钮，打开草图绘制界面。绘制凹槽完成后单击【完成草图】，草图绘制完毕，如图 1-86 所示。

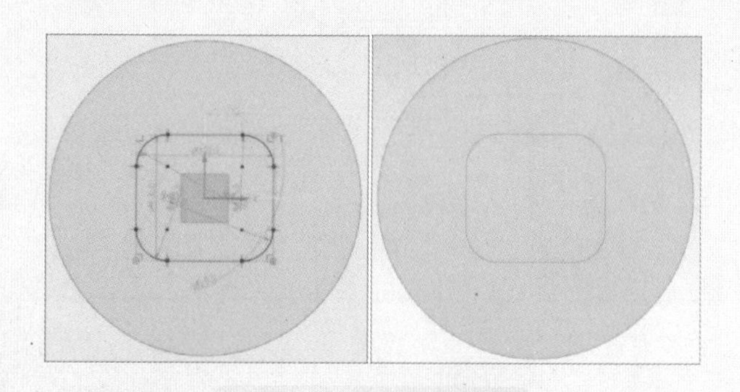

图 1-86　绘制凹槽草图

2）拉伸凹槽：单击菜单(M)→【插入】→【设计特征】→【拉伸】，打开【拉伸】对话框。截面选择刚完成的凹槽曲线，【指定矢量】为【-XC】方向，【距离】开始为 0，结束为 2，【布尔】运算为【求差】，【选择体】为上一步的【旋转体】，单击【确定】按钮，完成拉伸凹槽，如图 1-87 所示。

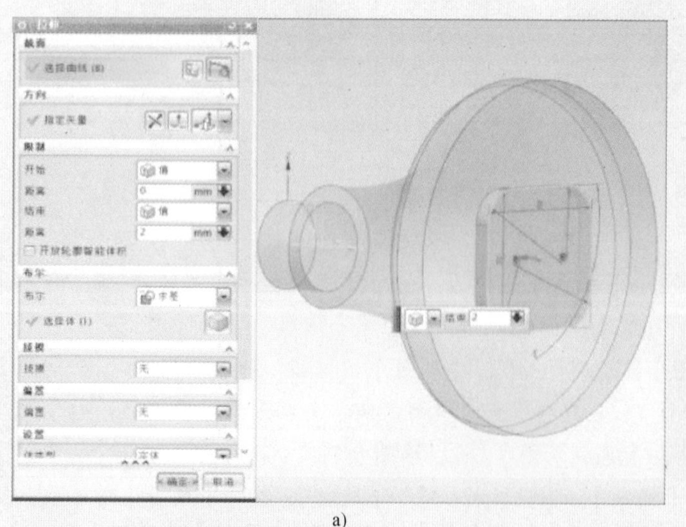

a)

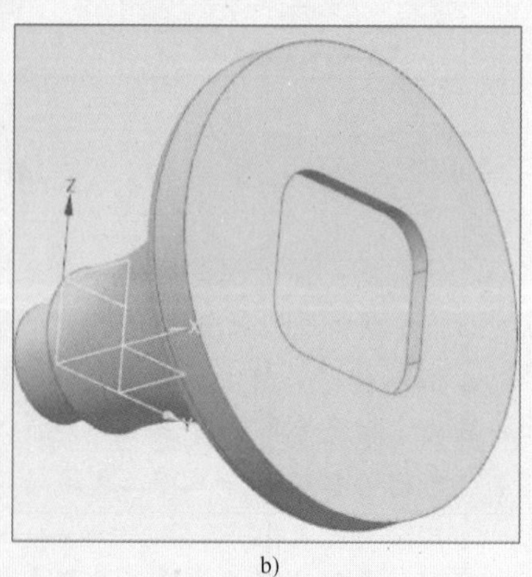

b)

图 1-87　拉伸凹槽

3）绘制侧面缺口：单击【直接草图】，草图类型选择【在平面上】，平面方法选择【现有平面】，依然选择旋转体的下底面为草图绘制平面，单击【确定】按钮，打开草图绘制界面。绘制缺口完成后单击【完成草图】，草图绘制完毕。

（5）拉伸侧面缺口　单击 菜单(M)· →【插入】→【设计特征】→【拉伸】，打开【旋转】对话框。截面选择刚完成的缺口曲线，【指定矢量】为【-XC】方向，【距离】开始为0，结束为2，【布尔】运算为【求差】，【选择体】为上一步为【旋转体】，单击【确定】按钮，完成拉伸侧面的缺口，如图1-88所示。

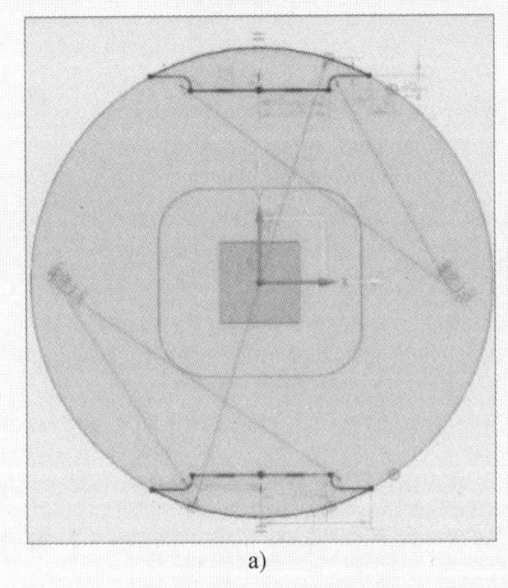

a)

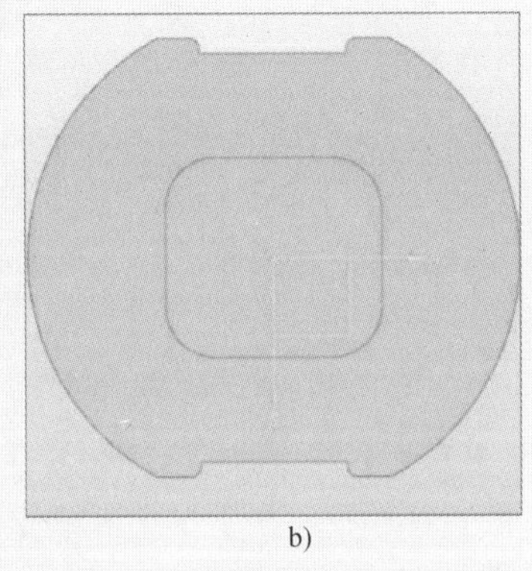

b)

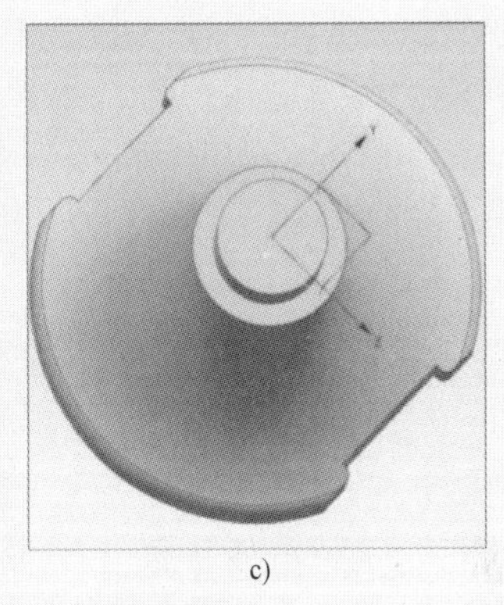

c)

图1-88　侧面缺口草图

（6）创建孔特征

1）创建 2×ϕ5mm 通孔特征。

单击 菜单(M)· →【插入】→【设计特征】→【孔】，弹出【孔】对话框，如图1-89所示。在【位置】选项组选择，进入【创建草图】对话框，【草图平面】选择旋转体下底面，单击【确定】按钮。弹出【草图点】对话框，单击按钮，进入【点】对话框，分别设置两点参数为（X=0，Y=20，Z=0）和（X=0，Y=-20，Z=0），单击【确定】按钮。此时，找到 2×ϕ5mm 通孔圆心位置，如图1-90所示。

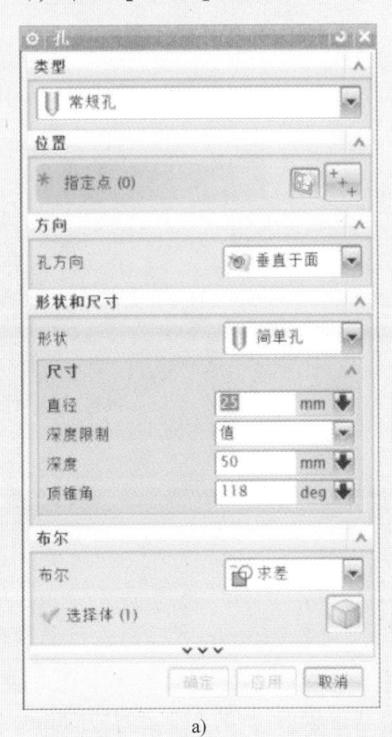

a)

b)

图1-89　【孔】和【创建草图】对话框

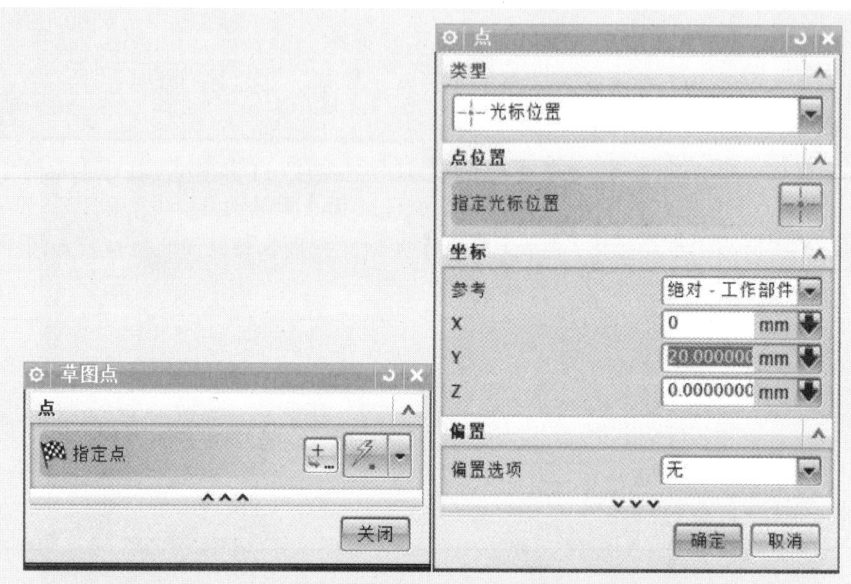

图 1-90　确定孔圆心位置

完成草图后单击按钮，返回至【孔】对话框。在【位置】选项组中【指定点】选择上一步设置的两点（即 $2\times\phi5$mm 通孔圆心），设置【形状和尺寸】中【直径】为 5mm，【深度】为 20mm，【布尔】选择【求差】，单击【确定】按钮，如图 1-91 所示。

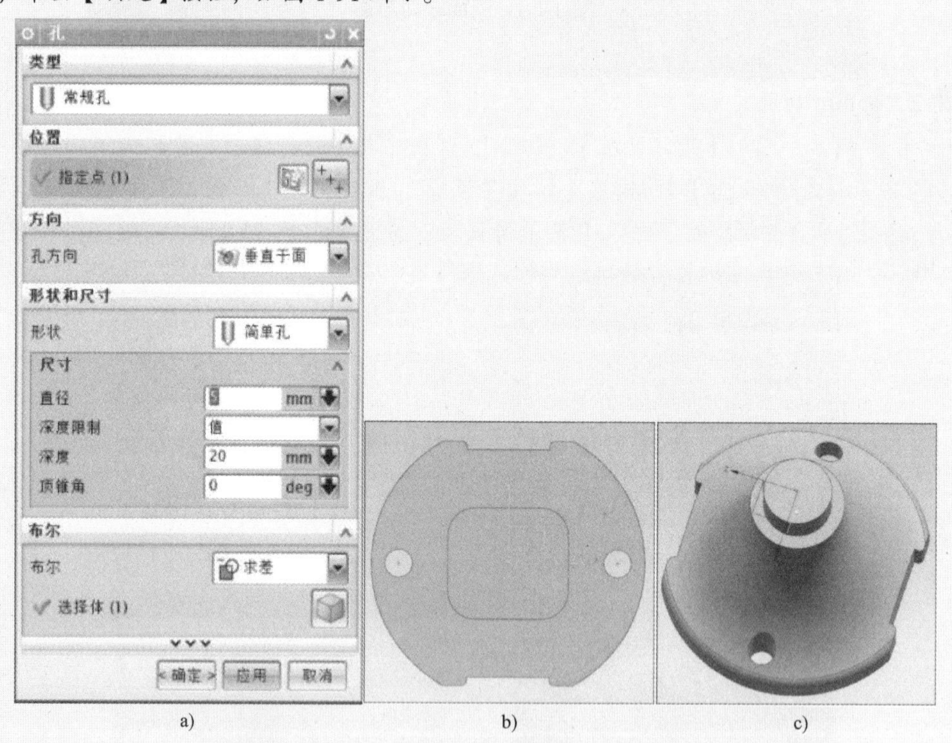

a)　　b)　　c)

图 1-91　【孔】对话框参数设置及模型效果

2）创建 $2\times\phi5$mm 盲孔特征。

与创建通孔方式一样，但在设置【点】对话框参数时，分别设置两点参数为（X=0，Y=0，Z=15）和（X=0，Y=0，Z=−15），单击【确定】按钮。此时，找到 $2\times\phi5$mm 盲孔圆心位置，如图 1-92 所示。单击【关闭】按钮，完成草图后单击图标，返回至【孔】对话框。在【位置】选项组中【指定点】选择上步设置的两点（即 $2\times\phi5$mm 盲孔圆心），设置【形状和尺寸】中【直径】为 5mm，【深度】为 5mm，【布尔】选择【求差】，单击【确定】按钮，如图 1-93 所示。

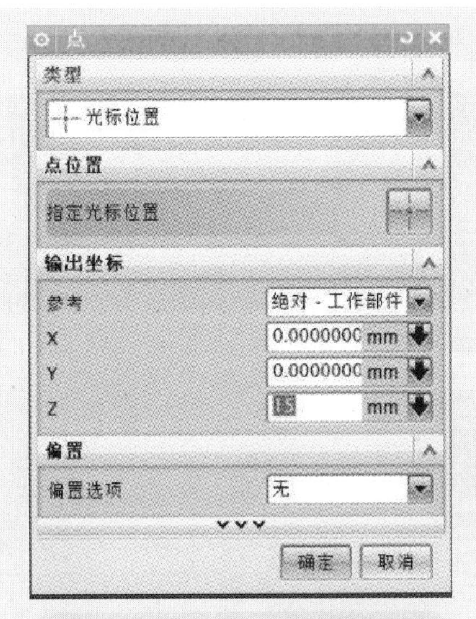

图 1-92 【点】对话框参数设置

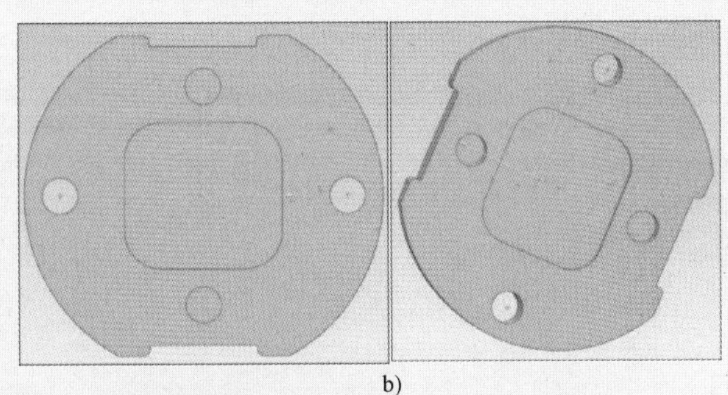

a)　　　　　　　　b)

图 1-93 【孔】对话框参数设置及模型效果

3）拉伸孔 2×ϕ10mm。

单击【直接草图】，草图类型选择【在平面上】，平面方法选择【创建平面】，类型选择【按某一距离】，【指定平面】选择旋转体下底面，单击【确定】按钮，如图 1-94 所示。

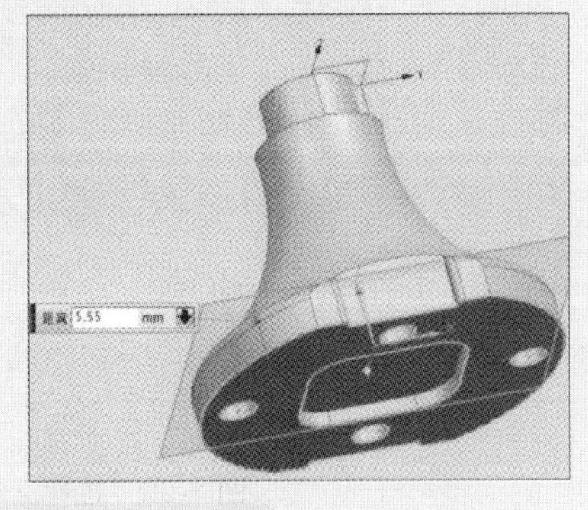

图 1-94 【创建草图】对话框

在草图界面下，单击菜单(M)·→【曲线】→【圆】，设置两圆心参数为（X_C=20，Y_C=0）和（X= -20，Y=0），单击【确定】按钮。单击【完成草图】，草图绘制完毕，如图 1-95 所示。拉伸 ϕ10mm 孔。

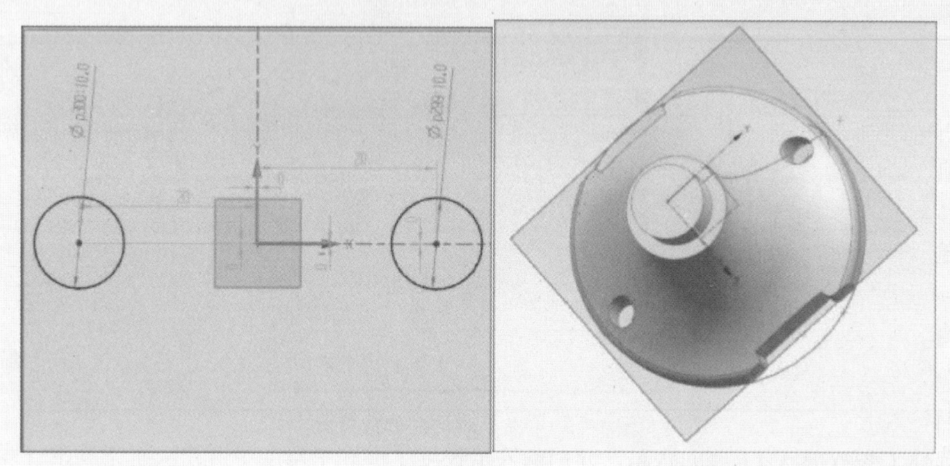

图 1-95　草图绘制

再单击菜单(M)·→【插入】→【设计特征】→【拉伸】，打开【拉伸】对话框。截面选择刚完成的圆，【指定矢量】为【-XC】方向，【距离】开始为 0mm，结束为 15mm，【布尔】运算为【求差】，单击【确定】按钮，完成拉伸 2×ϕ10mm 孔，如图 1-96 所示。除拉伸外，2×ϕ10mm 孔还可以通过直接使用孔特征命令来实现。

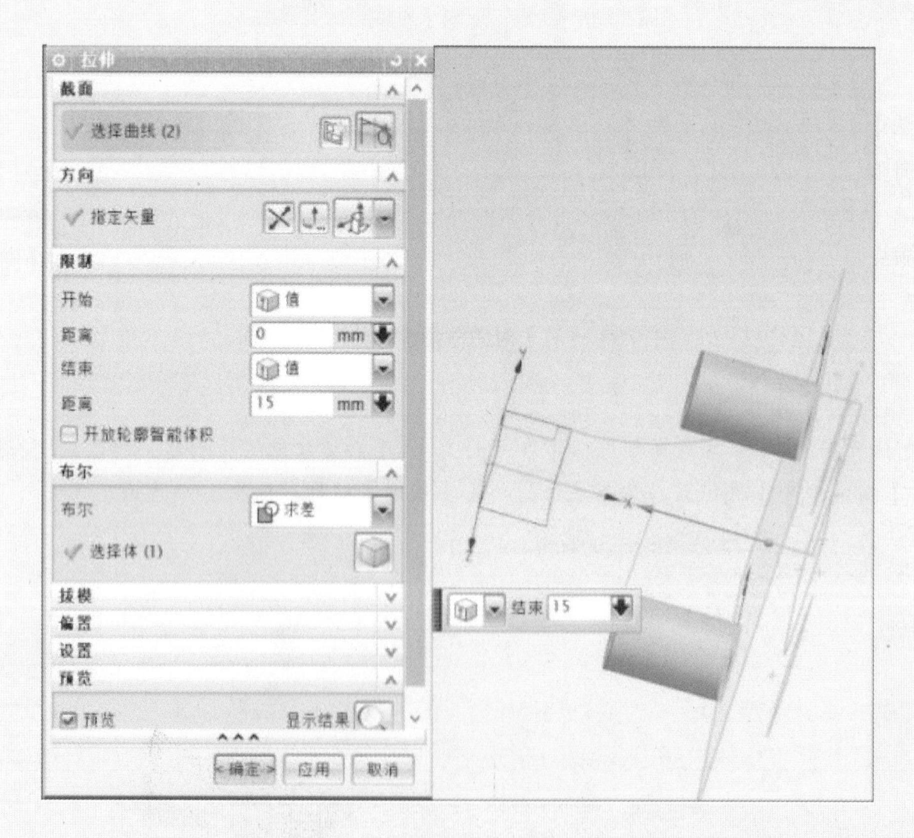

图 1-96　拉伸 2×ϕ10mm 孔

显示所有视图，此时完成摄像头支架实体的构建，将案例模型及源模型对比，如图 1-97 所示。

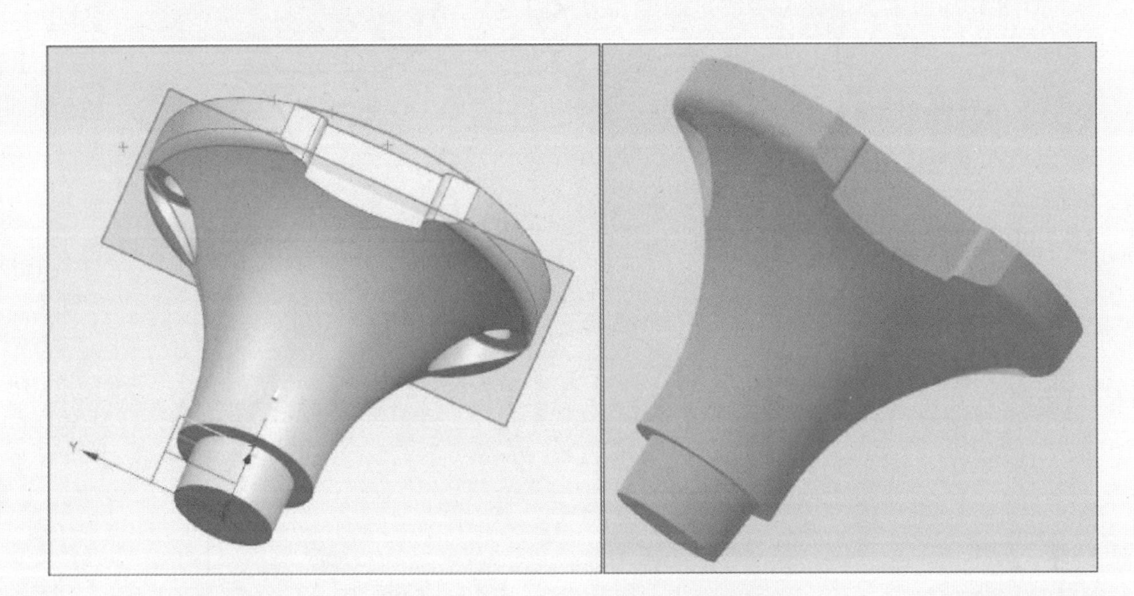

图 1-97　摄像头支架案例模型及源模型对比

〖项目总结〗

工程图是工程领域用来准确表达产品形状、大小和有关技术要求的技术文件。在三维软件广泛应用之前，机器、仪表、工程建筑等产品和设备的设计、制造、施工、使用与维护等都是通过工程图来实现的。目前图样功能虽然有所弱化，但仍然是设计、生产过程中的重要技术资料。设计人员通过图样表达设计意图和要求，通过读图了解设计和加工等要求，使用人员根据图样了解产品构造和性能、正确的使用方法和维护方法。图样与文字、数字一样是表达设计意图、记录创新构思灵感、交流技术思想的重要工具之一，被喻为工程界的技术语言，工程技术人员必须熟练地掌握这种语言。

二维功能是三维功能的基础，NX 中的草图功能是进行拉伸、旋转、扫描等实体特征的基础，是三维数字化建模最基础也是最常用的功能。特别是在机械零部件的建模过程中，草图是用得最多的。草图内部功能指令也很多，要熟练使用草图功能完成草图的绘制，一方面需要对软件的功能和操作方法熟悉，另一方面更需要有设计的思路。

基础的实体功能是在机械零部件建模过程中应用最多的功能。布尔操作是思考和分析实体的重要思路。

〖课后练习〗

通过图 1-98 所示练习题完成草图练习和实体建模练习。

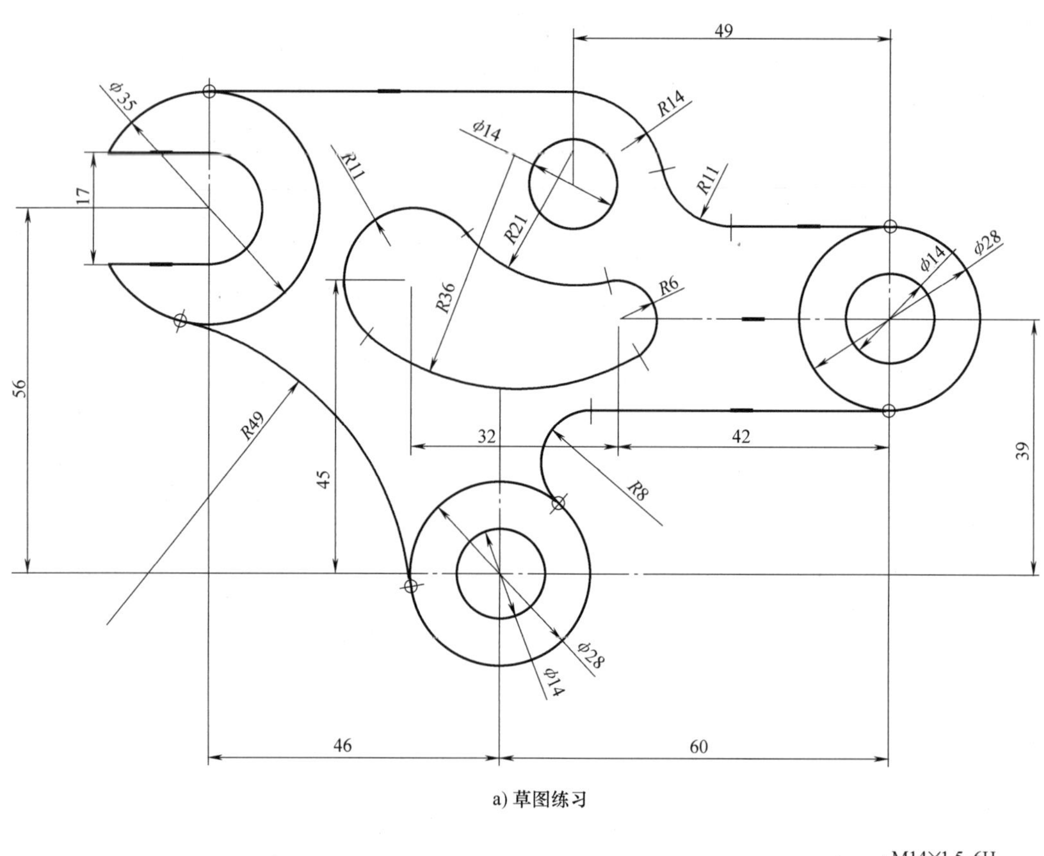

a) 草图练习

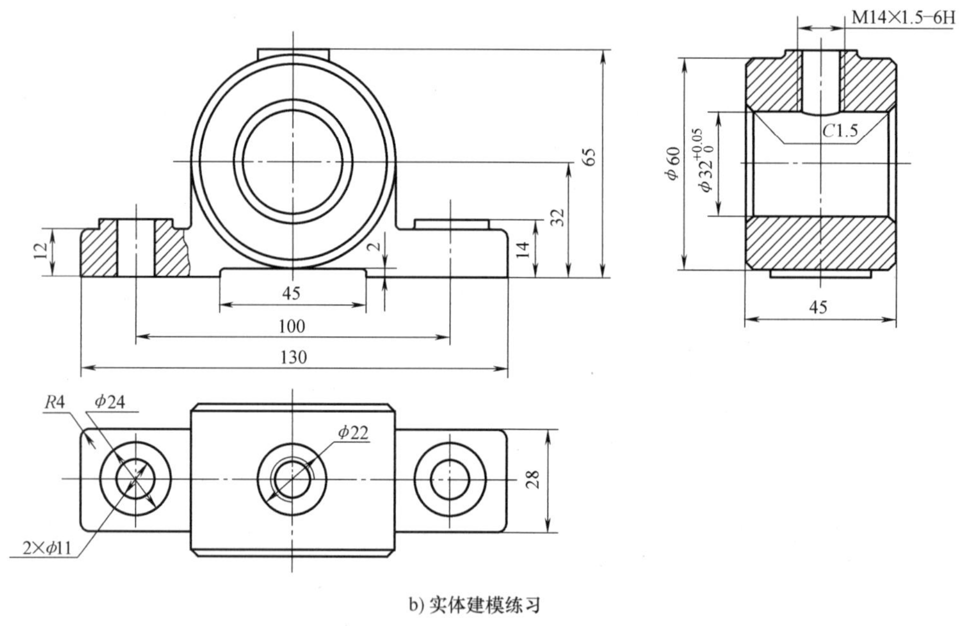

b) 实体建模练习

图 1-98 练习题

项目二

连接部件建模与装配

软件设备：NX10

项目载体：连接部件零件组（图 2-1）

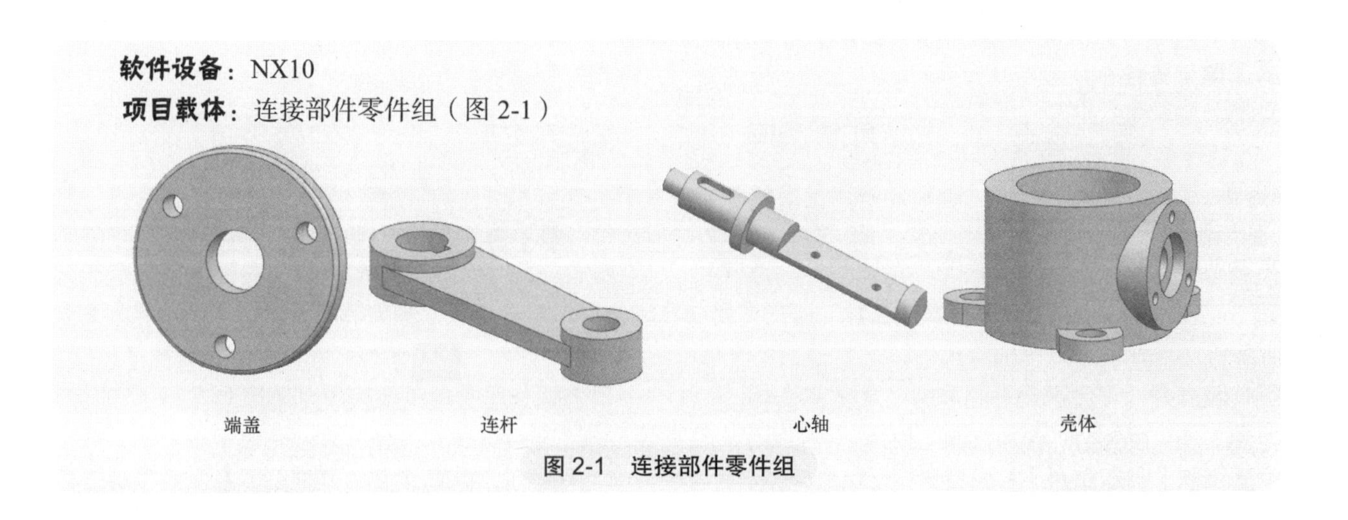

图 2-1 连接部件零件组

〖学习目标〗

能力目标：

（1）能按照要求完成一般难度产品三维造型；

（2）能按照要求完成零件的装配；

（3）能按照文件格式要求输出文件。

知识目标：

（1）掌握基本体的基础知识；

（2）掌握基准特征的基础知识；

（3）掌握辅助特征的基础知识。

技能目标：

（1）能够使用基本体素命令建模；

（2）能够使用实体特征、辅助特征等命令完成零件造型；

（3）能够根据装配图完成零件的装配，并完成爆炸图。

素养目标：

（1）具备良好的职业素养，培养爱岗敬业为核心的职业精神；

（2）具备创新意识，培养创造兴趣、灵活自主的创新精神；

（3）具备协调能力，培养团队合作、分工协作及团队意识；
（4）培养学生实现自我价值的多种渠道的认知。
职业思考：
（1）效率意识：传统机械设计与数字化设计的区别；
（2）主人翁意识：根据所学知识设计所在城市地标，扩大地区宣传。

〖数字资源〗

1+X 增材制造模型设计职业技能数字化设计部分培训

学习资料：

其他资源：

任务一　学习 NX 软件基础特征的创建方法

三维实体建模中的基准特征，主要用于确定特征或草图的位置和方向，掌握好基准特征的创建方法和技巧，是正确理解实体建模步骤的关键。

1. 基准平面的创建

基准平面通常是辅助绘图及加工的辅助面。创建方式可以通过选择【插入】→【基准 / 点】→【基准平面】选项，如图 2-2 所示，系统就会弹出【基准平面】对话框。通过【基准平面】对话框，利用【类型】选择不同的创建方法创建基准平面。

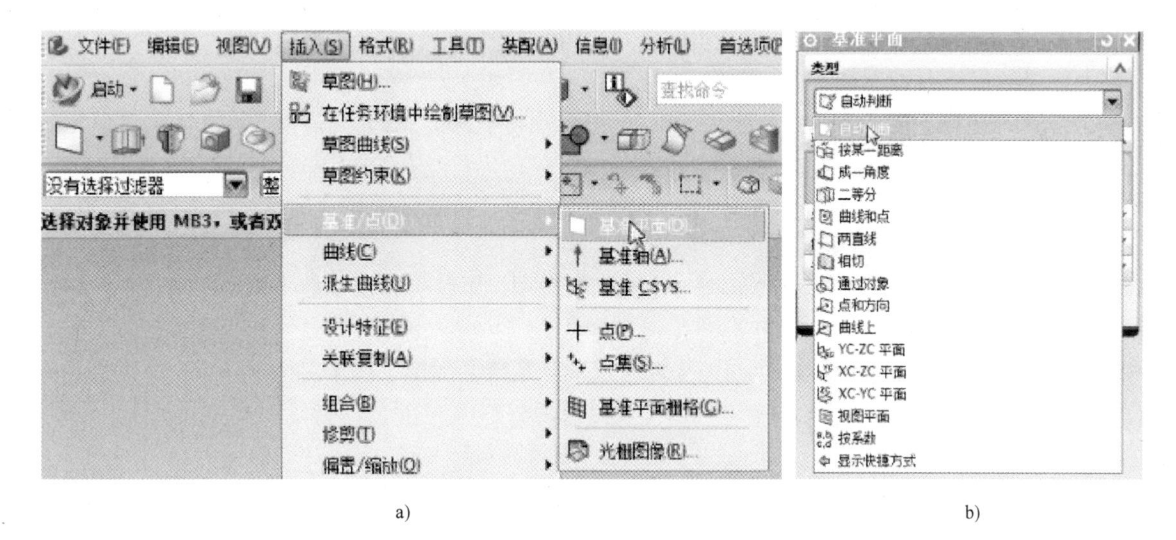

图 2-2 【基准平面】对话框

1）自动判断：根据不同选择，系统自动判定以创建基准平面。

2）按某一距离：选定某一平面或基准平面作为参考后，创建与之相平行的平面。

3）成一角度：创建的平面与参考面呈所设定角度值。

4）二等分：在所选的两个平面（这两个平面可平行，也可非平行）中间创建一个平面。

5）曲线和点：通过曲线和点创建的平面一般用于创建切割辅助平面。

6）两直线：通过两直线构成一个平面。

7）相切：选择一个旋转体的回转面来创建基准平面。

8）点和方向：选取一个点和面的矢量方向，创建平面。

9）YC-ZC 平面 /XC-ZC 平面 /XC-YC 平面：此三项用于建立相对于 WCS 的三个固定基准平面，不需要任何几何体。

2. 基准轴的创建

基准轴主要用于建立特征的辅助轴线、参考方向等，如用于旋转中心、定位拉伸场合。创建基准轴的方法与创建基准平面的方法大致相同。选择【插入】→【基准 / 点】→【基准轴】选项，弹出图 2-3 所示对话框。

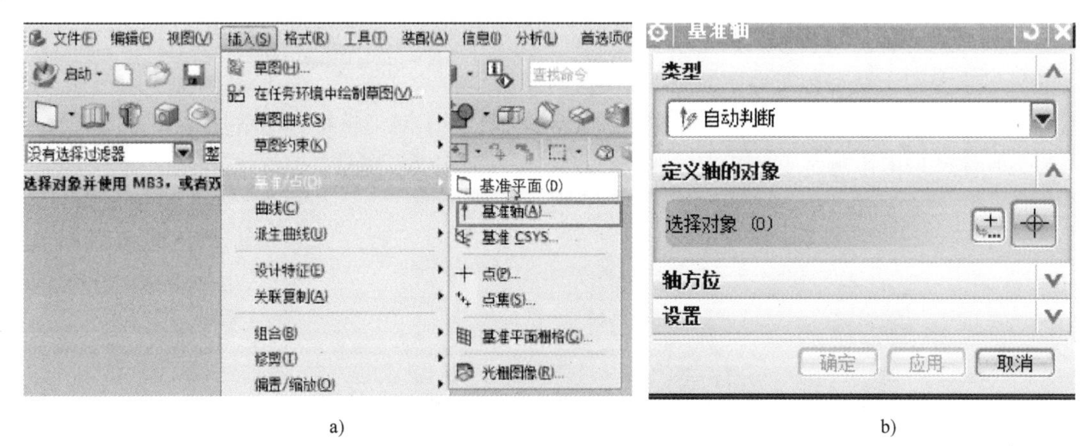

图 2-3 【基准轴】对话框

1）自动判断：系统根据所选对象选择可用的约束，自动判断生成基准轴。

2）交点：通过选择两个平面来创建基准轴。

3）曲线 / 面轴：通过选择一条直线或面的边来创建基准轴。

4）XC-ZC 基准轴：创建的基准轴通过当前 WCS 中的对应轴。

3. 基本体素的创建

（1）长方体　选择【插入】→【设计特征】→【长方体】选项，系统会弹出【长方体】对话框。单击【类型】下拉列表，选取创建长方体的方式。

（2）圆柱　选择【插入】→【设计特征】→【圆柱】选项，系统会弹出【圆柱】对话框。单击【类型】下拉列表，选取创建圆柱的方式。

（3）圆锥　选择【插入】→【设计特征】→【圆锥】选项，系统会弹出创建【圆锥】对话框。单击【类型】下拉列表，选取创建圆锥的方式。

（4）球　选择【插入】→【设计特征】→【球】选项，系统会弹出【球】对话框。单击【类型】下拉列表，选取创建球的方式。

4. 布尔运算

布尔运算是对已存在的两个或多个实体进行求和、求差和求交操作。执行布尔运算时，要求这些原始实体之间必须存在重叠部分，经常用于需要剪切实体、合并实体以及获取实体交叉部分的情况。

（1）合并　合并用于将两个或两个以上的实体合并成一个实体，它只能用于实体之间的合并。

选择【插入】→【组合】→【合并】选项，在弹出的对话框中，首先选取圆柱为目标体，再选取长方体为工具体，单击【确定】按钮完成两实体的合并，如图 2-4 所示。

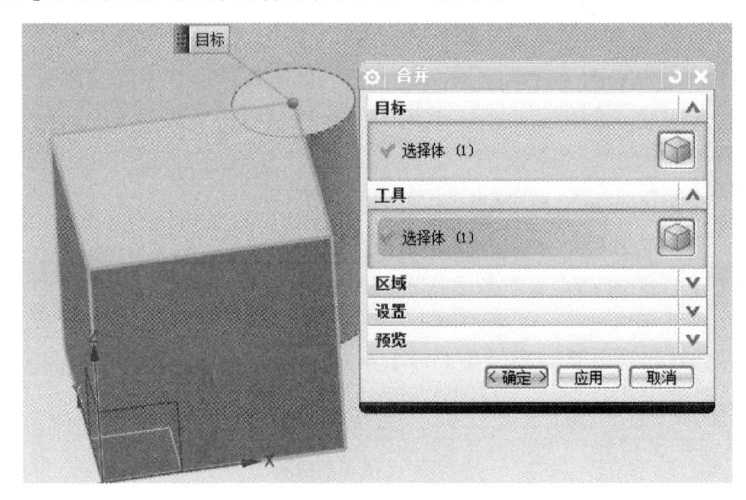

图 2-4　合并操作

（2）求差　求差用于从目标实体中减去一个或多个工具体。

选择【插入】→【组合】→【求差】选项，在弹出的【求差】对话框中，首先选取长方体为目标体，再选取圆柱为工具体，单击【确定】按钮完成两实体的求差，如图 2-5 所示。

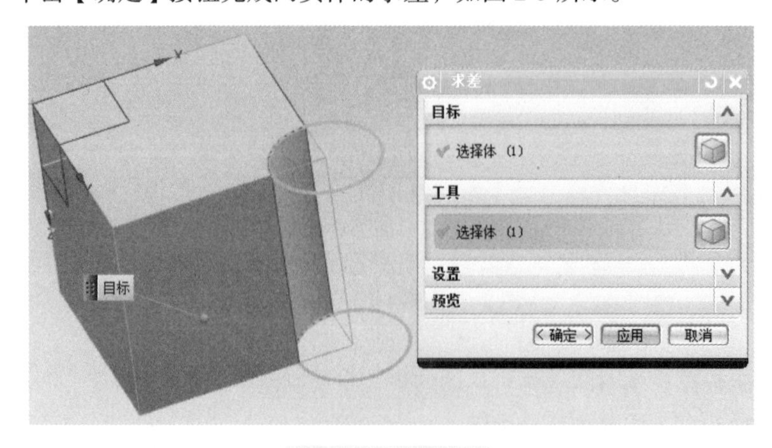

图 2-5　求差操作

（3）求交　求交用于求取工具体和目标体的相交部分。

选择【插入】→【组合】→【求交】选项，在弹出的对话框中，首先选取长方体为目标体，再选取圆柱为工具体，单击【确定】按钮完成两实体重合部分实体功能，如图 2-6 所示。

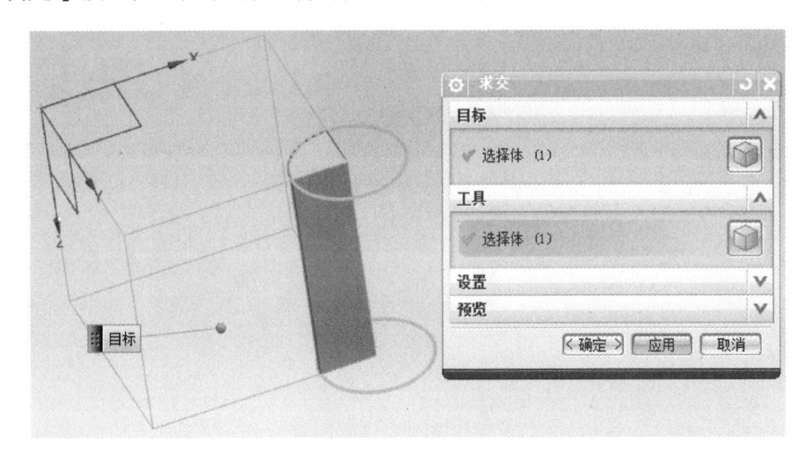

图 2-6　求交操作

5. 主要实体特征

（1）拉伸　拉伸是将草图或二维曲线对象沿着所指的方向拉伸到某一指定的位置所形成的实体。选择【插入】→【设计特征】→【拉伸】选项，启动【拉伸】命令，系统弹出【拉伸】对话框，如图 2-7 所示。先在绘图区选择要拉伸的曲线，再确定拉伸方向，输入相关数值，主要指限制、拔模、偏置三个参数，系统自动生成拉伸预览。

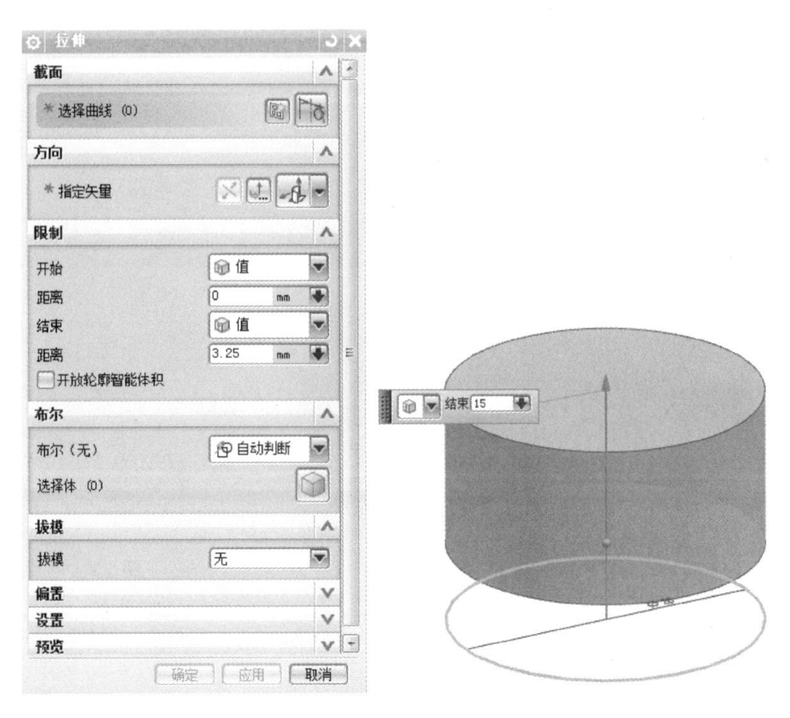

图 2-7　【拉伸】对话框

（2）旋转　旋转是通过绕一给定轴线以非零角度旋转截面曲线建立的旋转体。选择【插入】→【设计特征】→【旋转】选项，系统弹出【旋转】对话框，选定截面后，【指定矢量】选取【ZC 向上】,【限制】中开始方式为【值】，角度输入 0°，结束角度输入 180°，如图 2-8a 所示；图 2-8b 所示为设置限制结束为【直至选定】，选取左侧矩形截面后旋转形成的。

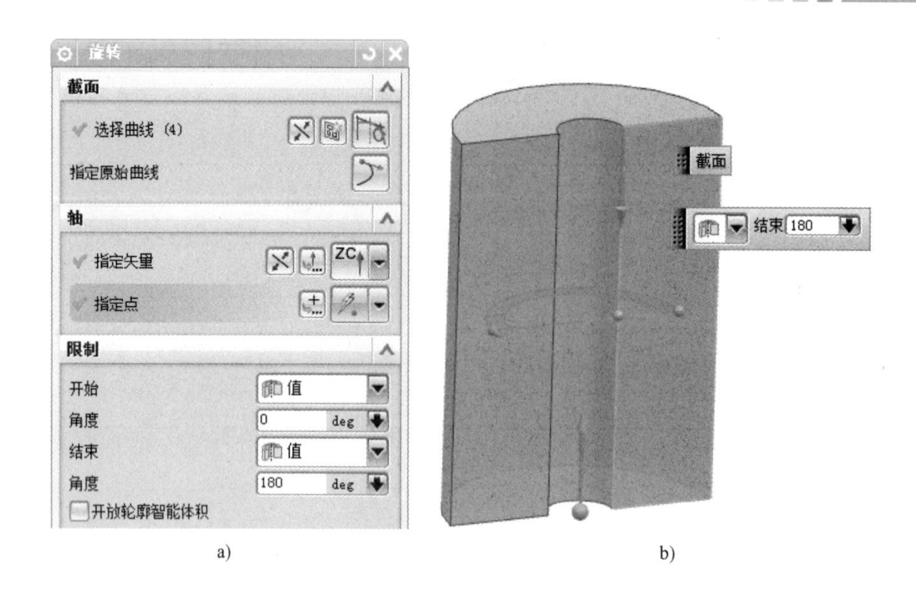

a)　　b)

图 2-8 【旋转】对话框

（3）孔　在实体中创建出孔，它必须依附于实体。创建实体之后，选择【插入】→【设计特征】→【孔】选项，在弹出的【孔】对话框类型中包括常规孔、锥形孔、螺钉间隙孔、螺纹孔和孔系列 5 种类型，如图 2-9 所示。

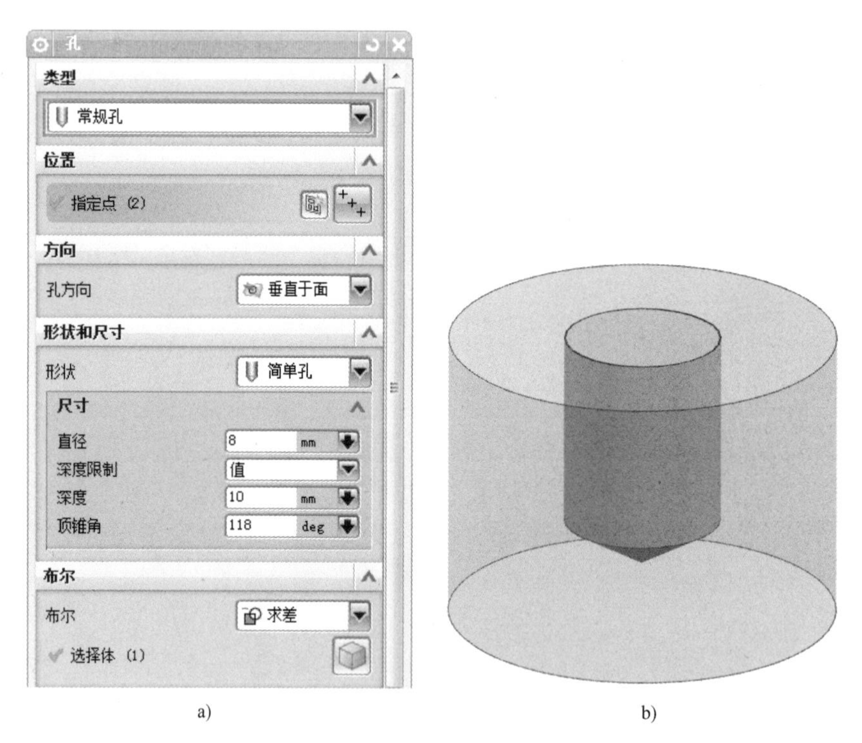

a)　　b)

图 2-9 【孔】对话框

6. 辅助实体特征

（1）抽壳　根据指定的壁厚值抽空实体或在其四周创建壳体。操作时，薄壁实体各处的厚度可以相等，也可以不完全相等。

选择【插入】→【偏置 / 缩放】→【抽壳】选项，先选择要移除的面，可以移除一个面，也可以移除多个面，图 2-10 所示为等壁厚 5mm 的壳体。

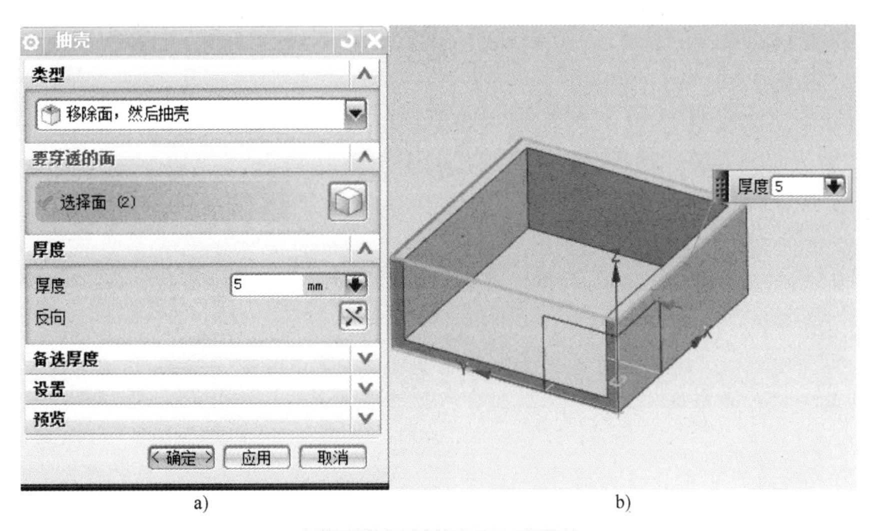

图 2-10 【抽壳】对话框

（2）边倒圆　按指定的半径对选定的实体棱边进行倒圆，使至少由两个面共享的棱边变得光滑。选择【插入】→【细节特征】→【边倒圆】选项，可实现等半径和变半径的边倒圆，如图 2-11 所示。

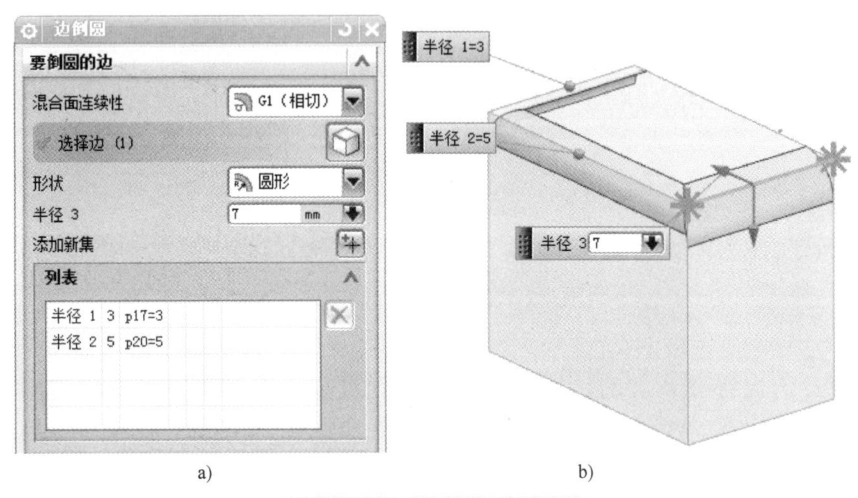

图 2-11 【边倒圆】对话框

（3）倒斜角　实现实体边的倒角处理，其使用情况类似草图中的倒角命令。

选择【插入】→【细节特征】→【倒斜角】选项，拾取长方体左上棱边，选取【对称】，输入距离为 10mm，如图 2-12 所示。

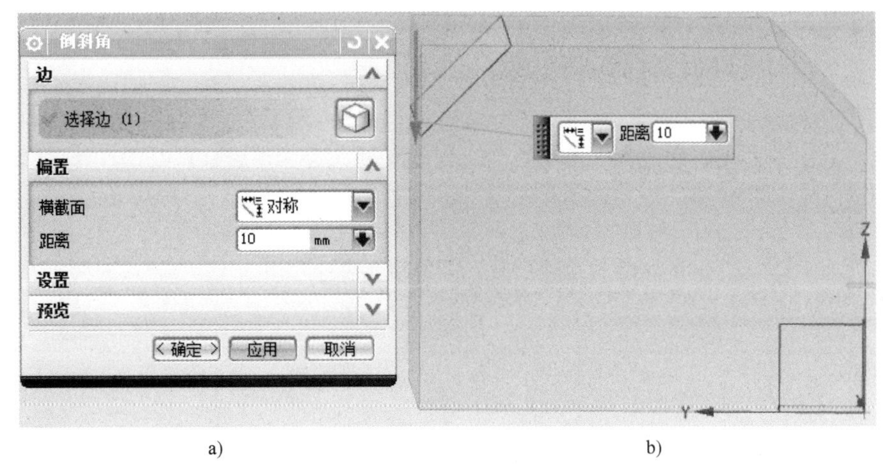

图 2-12 【倒斜角】对话框

（4）阵列　将特征复制到许多阵列或布局中，并有对应阵列边界、方向、实例点、旋转和变化各种选项。

选择【插入】→【关联复制】→【阵列特征】选项，布局中有线性、圆形、多边形、螺旋式、沿曲线、常规、参考共 7 种，下面仅以线性和圆形为例介绍其创建方法。

1）线性阵列。在【阵列特征】对话框中，选取要阵列的特征，单击小圆柱图标，【布局】选择【线性】，【方向 1】指定矢量为 XC 轴，【数量】输入 4，【节距】输入 11mm；【方向 2】指定矢量为 YC 轴，【数量】输入 3，【节距】输入 10mm；预览区查看效果图，如图 2-13a 所示。

2）圆形阵列。在【阵列特征】对话框中，选取要阵列的特征，单击小圆柱图标，【布局】选择【圆形】，【方向 1】旋转轴选择 ZC 轴，指定点为大圆柱上表面圆心，【数量】输入 5，【节距角】输入 72，预览区查看效果图，如图 2-13b 所示。

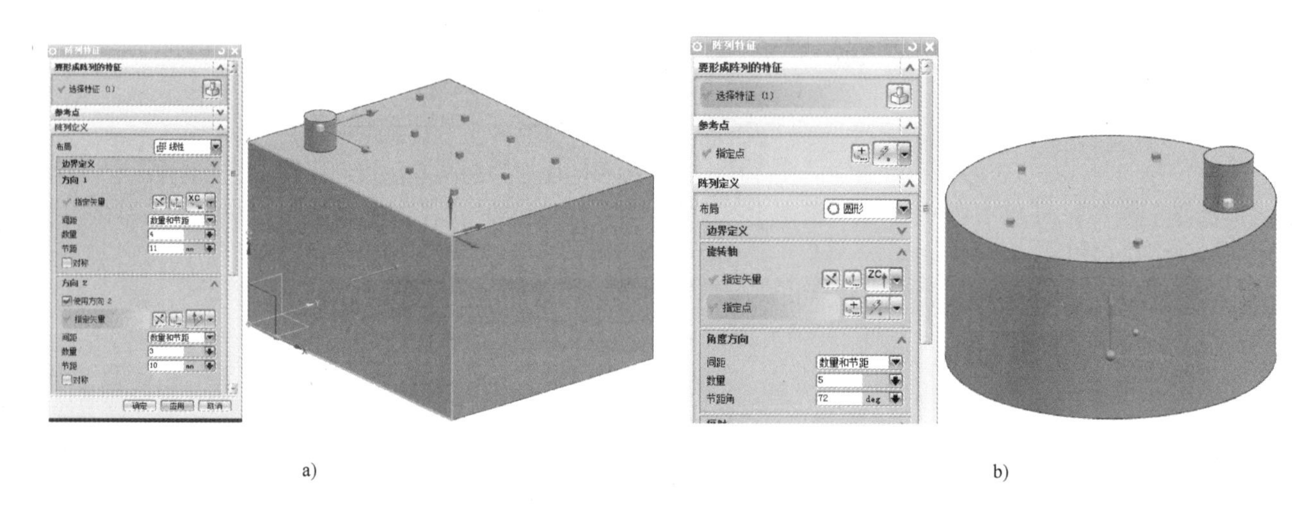

a)　　　　b)

图 2-13　线性和圆形阵列

（5）镜像　通过选定需要镜像的特征与基准面建立对称体，镜像实体与源实体和镜像基准面相关联，即如果编辑源实体和镜像基准面，镜像实体随之更新；如果删除镜像基准面，镜像实体随之删除。

选择【插入】→【关联复制】→【镜像特征】选项，系统弹出【镜像特征】对话框，选择要镜像的特征和镜像平面，如果效果满意，单击【确定】按钮，如图 2-14 所示。

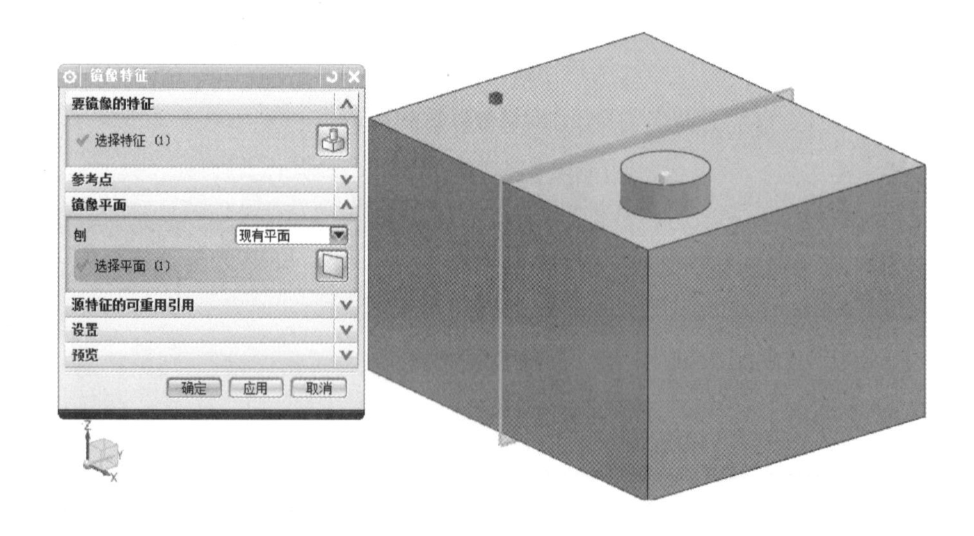

图 2-14 【镜像特征】对话框

任务二　零件建模实例

1. 端盖建模

端盖零件结构简单，主体为扁圆柱结构，如图 2-16 所示。它有两种建模方法：一种可在绘制草图之后运用拉伸和边倒圆命令进行实体建模，另一种使用实体特征建模。为综合运用前面所学内容，下面采用实体特征建模。

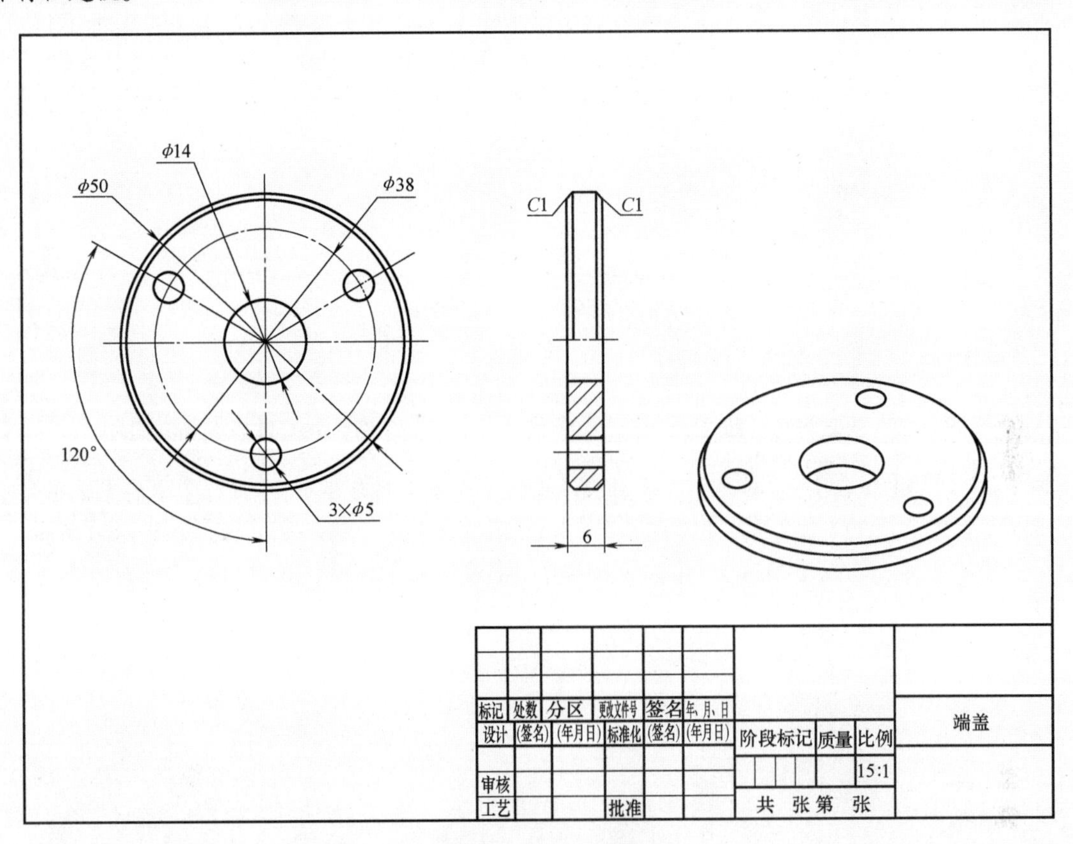

图 2-15　端盖零件图

（1）创建端盖主体　选择【插入】→【设计特征】→【圆柱】选项，在弹出的【圆柱】对话框中的【类型】下拉列表中选取【轴、直径和高度】;【轴】中的【指定矢量】选取【ZC】,【指定点】使用【点】对话框，在弹出的【点】对话框中，【输出坐标】选取原点，单击【确定】按钮。在【尺寸】中输入直径为 50mm，高度为 6mm，单击【确定】按钮，创建圆柱，如图 2-16 所示。

选择【插入】→【设计特征】→【圆柱】选项，在弹出的【圆柱】对话框中，【类型】和【轴】按照默认设置;【尺寸】输入直径为 14mm，高度为 6mm;【布尔】中选取【求差】，单击【确定】按钮，端盖主体创建完毕，如图 2-17 所示。

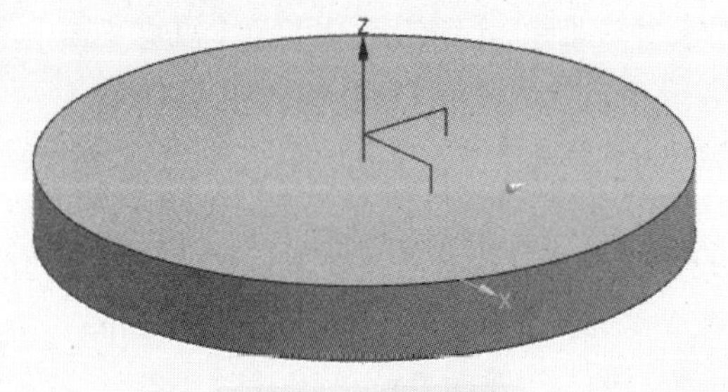

图 2-16　创建圆柱

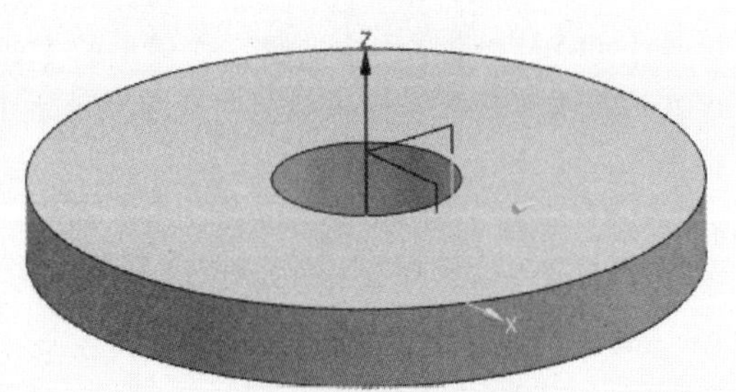

图 2-17　创建端盖主体

（2）创建 ϕ5mm 的三个圆孔　选择【插入】→【设计特征】→【圆柱】选项，在弹出的【圆柱】对话框中的【类型】下拉列表中选取【轴、直径和高度】;【轴】中的【指定矢量】选取【ZC】,【指定点】使用【点】对话框，在弹出的【点】对话框中，【输出坐标】选取（X=0，Y=−19，Z=0），单击【确定】按钮。在【尺寸】中输入直径为 5mm，高度为 8mm，【布尔】选择【无】，单击【确定】按钮，创建 ϕ5mm 圆柱，如图 2-18 所示。

选择【插入】→【关联复制】→【阵列特征】选项，弹出的【阵列特征】对话框中，【选择特征】选取 ϕ5mm 圆柱，【布局】选择【圆形】,【旋转轴】中的【指定矢量】选取【ZC】,【指定点】使用【点】对话框，在弹出的【点】对话框中，【输出坐标】选取（X=0，Y=0，Z=0），单击【确定】按钮;【角度方向】中【间距】选取【数量和节距】，数量输入 3，节距角输入 120，单击【确定】按钮，如图 2-19 所示。

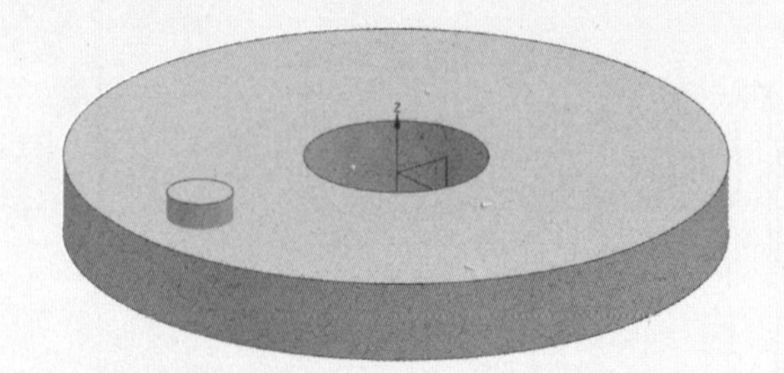

图 2-18　创建 ϕ5mm 圆柱

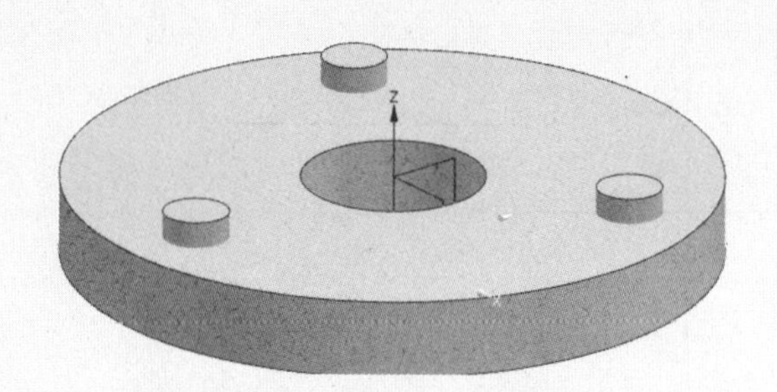

图 2-19　阵列 ϕ5mm 圆柱

选择【插入】→【组合】→【求差】选项，在弹出的【求差】对话框中，【目标】中的【选择体】选取 ϕ50mm 圆柱，【工具】中的【选择体】选取三个 ϕ5mm 圆柱，单击【确定】按钮，如图 2-20 所示。

（3）创建边倒圆　选择【插入】→【细节特征】→【边倒圆】选项，在弹出的【边倒圆】对话框中，【要倒圆的边】中【混合面连续性】选择【G1 相切】,【选择边】选取圆柱上下两个平面的棱边，【半径 1】中输入 1mm，单击【确定】按钮，如图 2-21 所示。

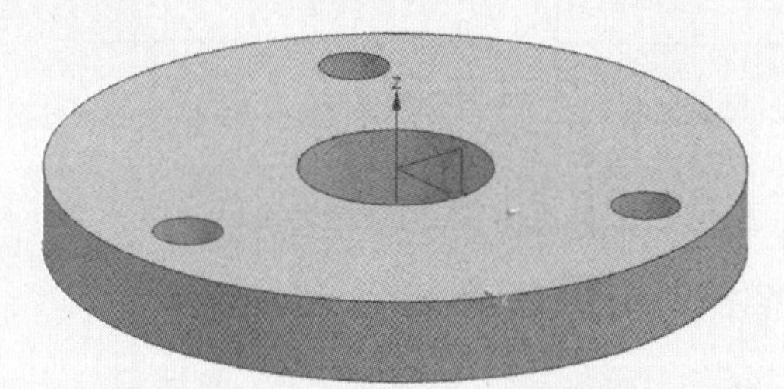

图 2-20　创建三个 ϕ5mm 圆柱

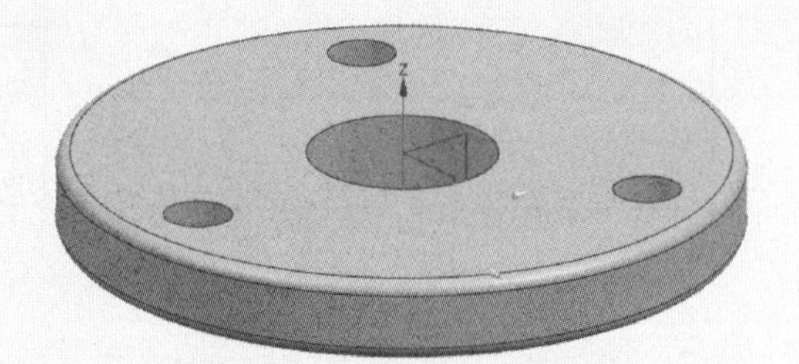

图 2-21　创建端盖模型完成

2. 连杆建模

连杆零件结构简单，两端主体为扁圆柱结构，中间由肋板连接，如图 2-22 所示。连杆两端结构可以采用实体特征命令创建，也可以采用绘制草图再进行拉伸方式创建，后者比较便捷。

（1）创建连杆两端实体　选择【插入】→【基准 / 点】→【基准平面】选项，在弹出的【基准平面】对话框中【类型】选取【XC—YC】平面，其他选项均为默认项，单击【确定】按钮，如图 2-23 所示。

选择【插入】→【草图】选项，在弹出的【创建草图】对话框中，【平面方法】为【现有平面】，单击刚刚建立的基准平面，其他选项为默认项，单击【确定】按钮，如图 2-24 所示。

选择【圆】命令，选用【坐标模式】，单击坐标原点，绘制 ϕ14mm 的圆；使用相同的命令，绘制 ϕ28mm 的圆，如图 2-25 所示。

选择【直线】命令，选用【坐标模式】，输入（X=0，Y=−2.5），输入长度为 9mm（即 16−14/2），角度为 0°，按〈Enter〉键，绘制水平直线；选取水平直线右端点为直线起点，输入长度为 5mm，角度为 90°，确定后绘制竖直直线；选取竖直直线终点为直线起点，输入长度为 9mm，角度为 180°，绘制水平直线，如图 2-26 所示。

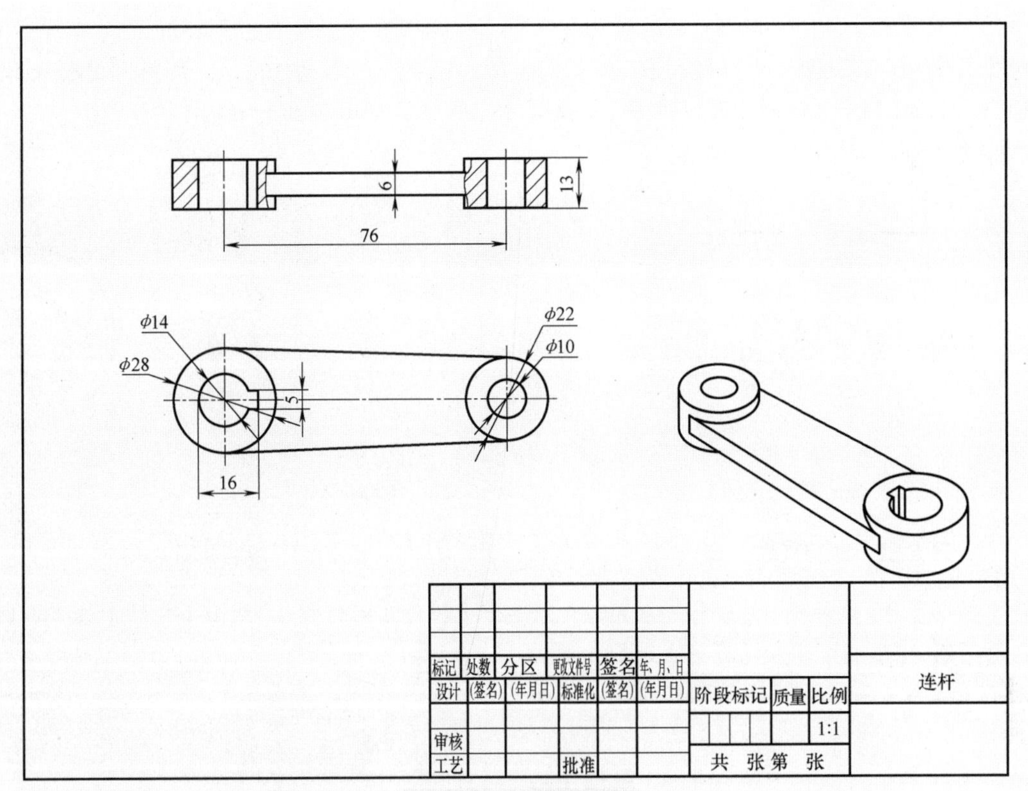

图 2-22　连杆零件图

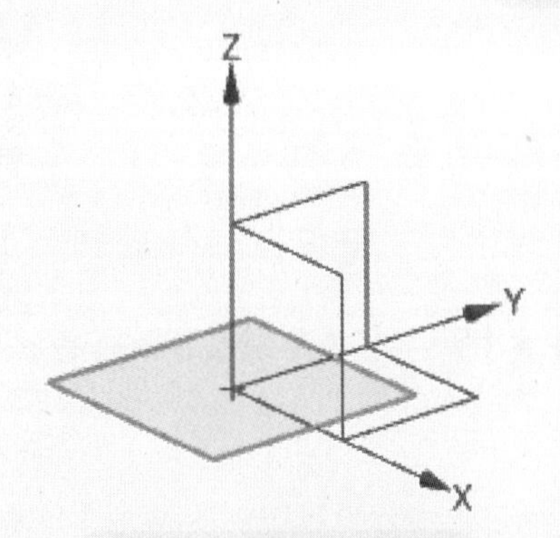

图 2-23　创建基准平面

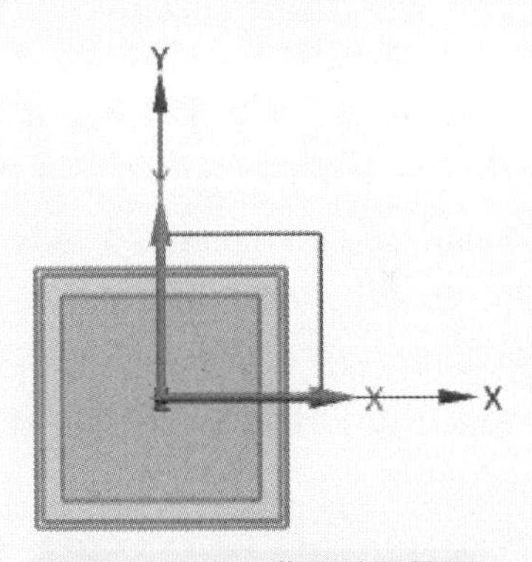

图 2-24　进入草图绘图界面

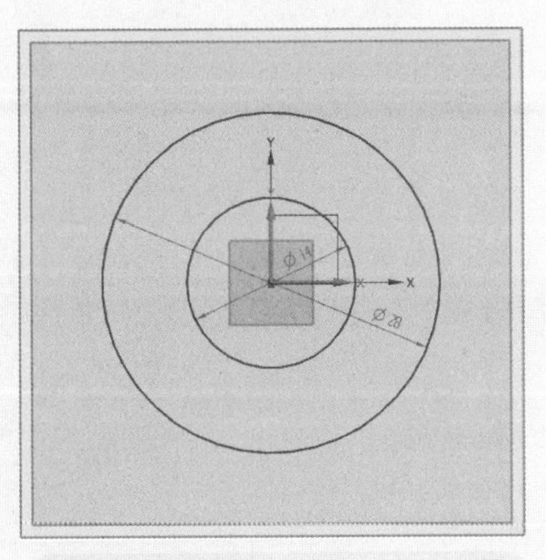

图 2-25　创建 ϕ14mm、ϕ28mm 同心圆

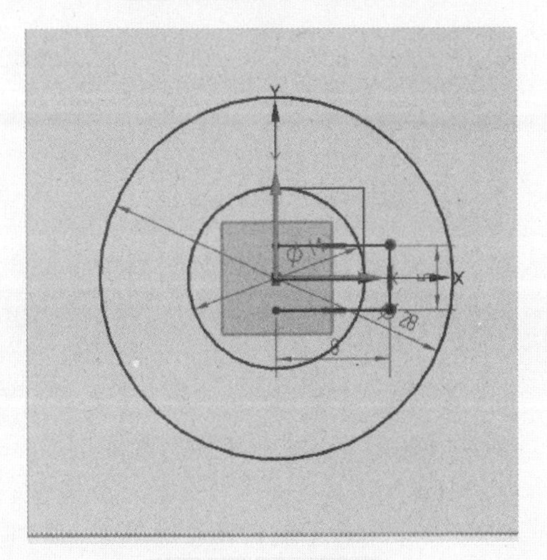

图 2-26　绘制直线

选择【快速修剪】命令，对多余的直线进行修剪，得到图形，如图 2-27 所示。

选择【圆】命令，选用【坐标模式】，输入（X=76，Y=0），直径为 10mm，绘制 ϕ10mm 的圆；使用相同的命令，绘制 ϕ22mm 的同心圆，单击【完成草图】按钮，如图 2-28 所示。

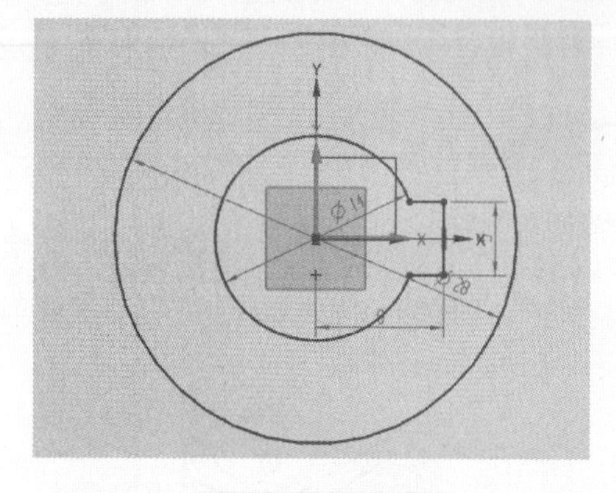

图 2-27　修剪直线

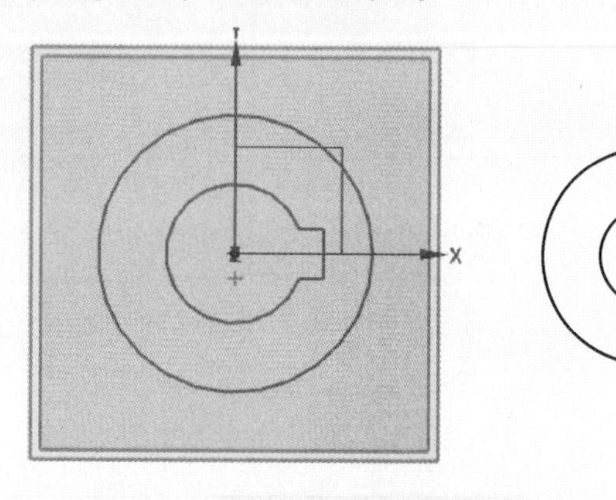

图 2-28　绘制草图完成

选择【插入】→【设计特征】→【拉伸】选项，弹出【拉伸】对话框，【截面】中的【选择曲线】选取先前绘制的草图，【限制】中的【开始】选取【对称值】，【距离】输入 6.5mm，两端的圆创建完成，如图 2-29 所示。

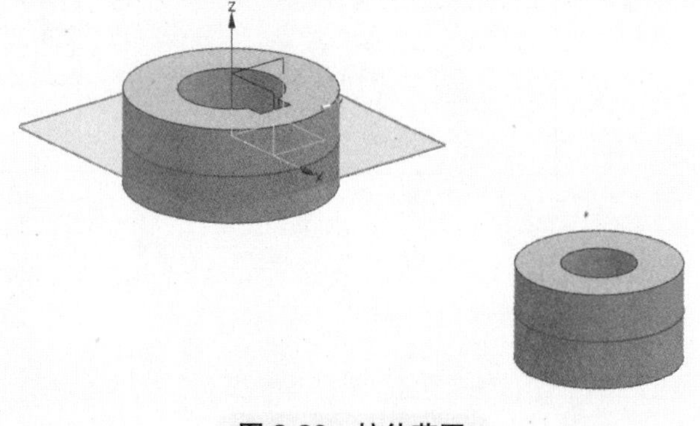

图 2-29　拉伸草图

（2）创建连接板　选择【插入】→【草图】选项，在弹出的【创建草图】对话框中，【平面方法】为【现有平面】，单击先前创建的基准平面，其他选项为默认项，单击【确定】按钮，进入绘制草图界面；选择【圆】命令，选择坐标原点为圆心，直径输入 28mm；再以 ϕ10mm 圆心为圆心，绘制 ϕ22mm 的圆；选择【直线】命令，绘制与 ϕ28mm 和 ϕ22mm 的圆相切的直线，如图 2-30 所示。选择【快速修剪】命令，将相切圆外侧的两部分圆弧修剪掉，单击【完成草图】按钮，如图 2-31 所示。

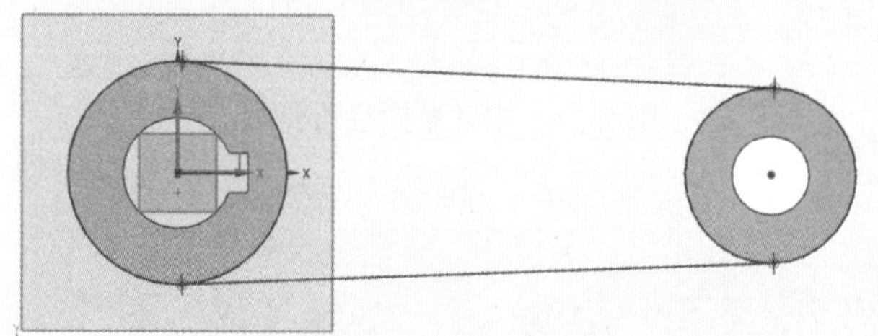

图 2-30　相切直线

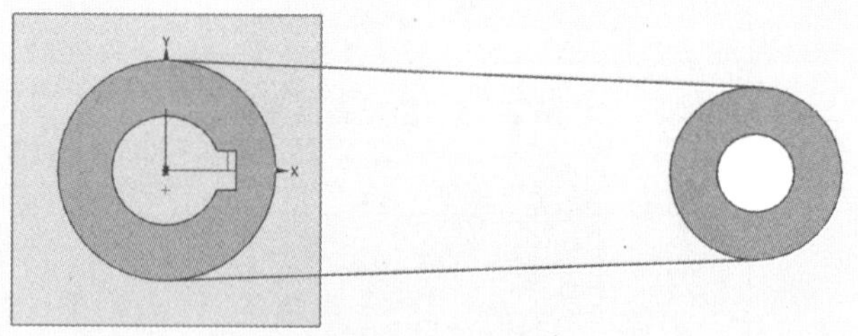

图 2-31　草图绘制

选择【插入】→【设计特征】→【拉伸】选项，弹出【拉伸】对话框，【截面】中的【选择曲线】选取上一步绘制的草图，【限制】中的【开始】选取【对称值】，【距离】输入 3mm，连接板创建完成，如图 2-32 所示。

选择【插入】→【组合】→【合并】选项，弹出【合并】对话框，【目标】中的【选择体】选取圆筒，【工具】中的【选择体】选取连接板，单击【应用】;【目标】中的【选择体】选取连接板，【工具】中的【选择体】选取另一个圆筒，单击【确定】按钮。

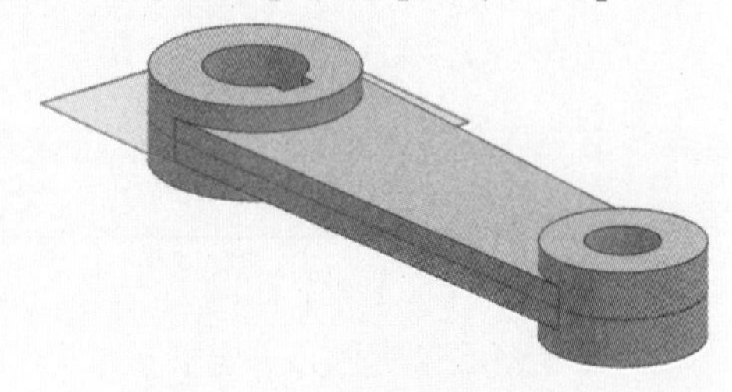

图 2-32　连接板创建完成

在【部件导航器】对话框中，将光标放置在【基准坐标系】单击右键，在弹出的对话框中单击【隐藏】按钮。采用相同的操作，将【固定基准平面】【草图 2】【草图 4】隐藏，如图 2-33 所示。

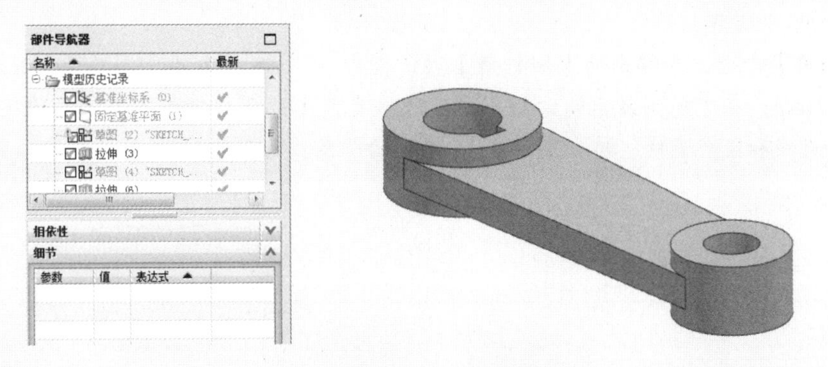

图 2-33　连接杆创建完成

3. 心轴建模

心轴零件结构简单，以回转结构为主，左侧留有一个键槽，右侧有一个卡槽及两个通孔，如图 2-34 所示。主体可以采用绘制草图再进行旋转创建实体的方式比较便捷。

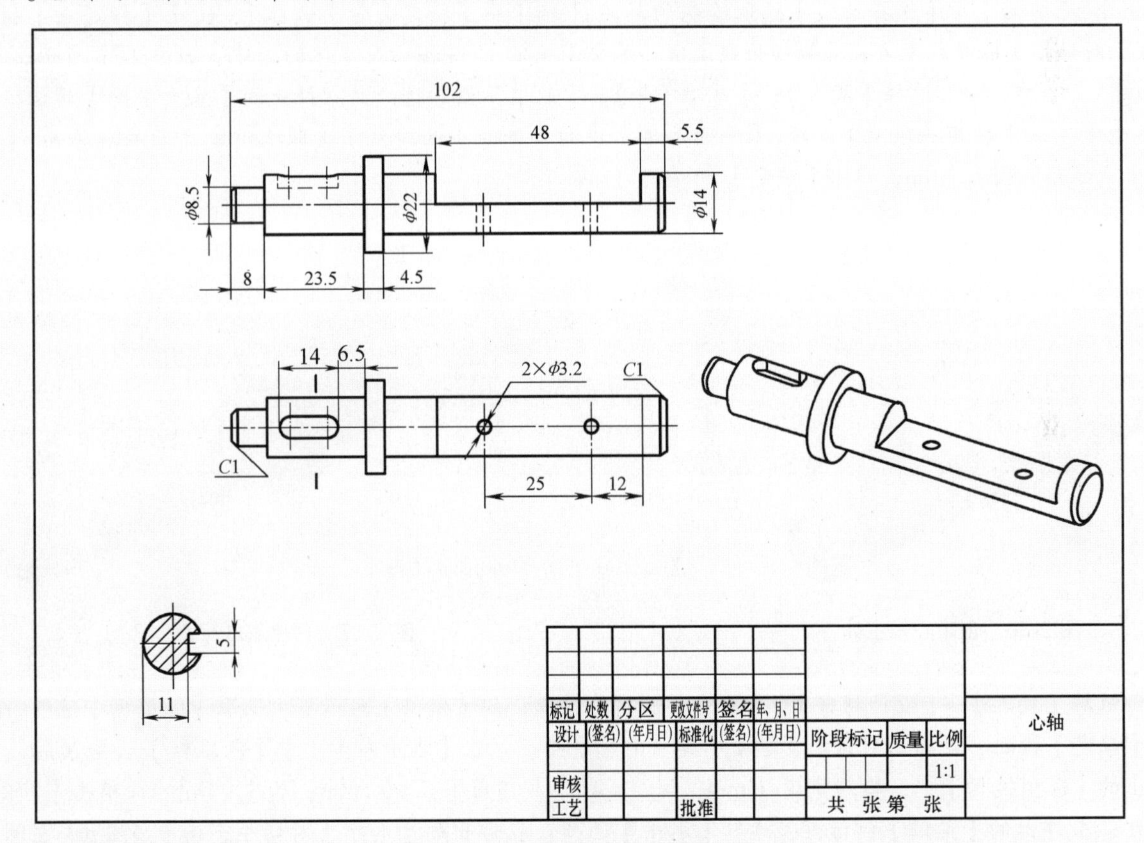

图 2-34　心轴零件图

（1）创建心轴主体　选择【插入】→【基准 / 点】→【基准平面】选项，在弹出的【基准平面】对话框中【类型】选取【XC—YC】平面，其他选项均为默认项，单击【确定】按钮。

选择【插入】→【草图】选项，在弹出的【创建草图】对话框中，【平面方法】为【现有平面】，单击刚建立的基准平面，其他选项为默认项，单击【确定】按钮，进入绘制草图界面；选择【直线】命令，选择坐标原点为起点，输入长度为 4.25mm，角度为 90°，绘制竖直直线；依次绘制长度为 8mm 的水平直线、长度为 2.75mm 的竖直直线、长度为 23.5mm 的水平直线、长度为 4mm 的竖直直线、长度为 4.5mm 的水平直线、长度为 4mm 的竖直直线、长度为 66mm 的水平直线、长度为 7mm 的竖直直线以及长度为 102mm 的水平直线。

单击【倒斜角】命令，在弹出的【倒斜角】对话框中，【偏置】中的【倒斜角】选择【对称】，勾选【距离】并输入 1mm；在【要倒斜角的曲线】中【选择直线】选取左端竖直直线与水平直线两条线；再选择右端的水平直线和竖直直线，单击【确定】。绘制的草图，如图 2-35 所示。

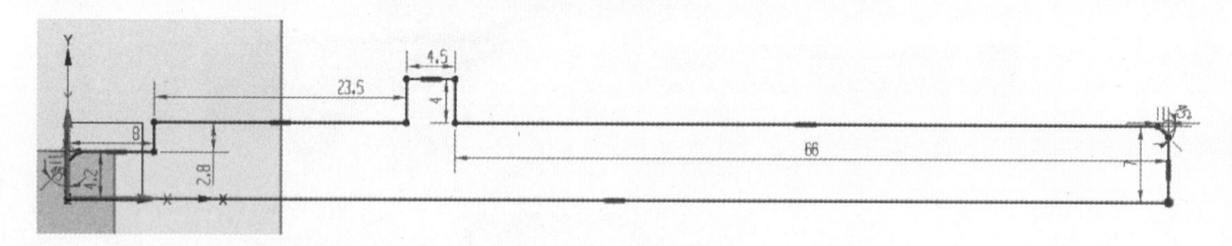

图 2-35　绘制草图

单击【完成草图】，退出草图。选择【插入】→【设计特征】→【旋转】选项，在弹出的【旋转】对话框中，【截面】中【选择曲线】选取绘制的草图；【轴】中【指定矢量】选取【-XC】，【指定点】利用【点】对话框选取坐标原点，其他项为默认项。单击【确定】，完成心轴主体的创建，如图 2-36 所示。

（2）创建键槽　选择【插入】→【基准 / 点】→【基准平面】选项，在弹出的【基准平面】对话框中【类型】选取【按某一距离】选项，【平面参考】中的【选择平面对象】选取之前建立的基准平面，【偏置】中的距离输入 7mm，单击【确定】，如图 2-37 所示。

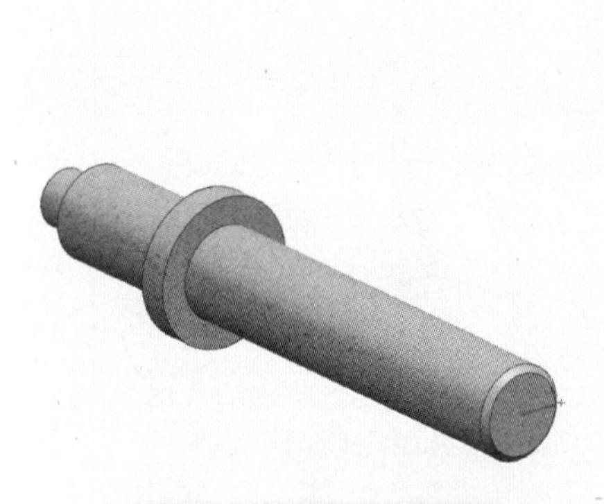

图 2-36　创建心轴主体

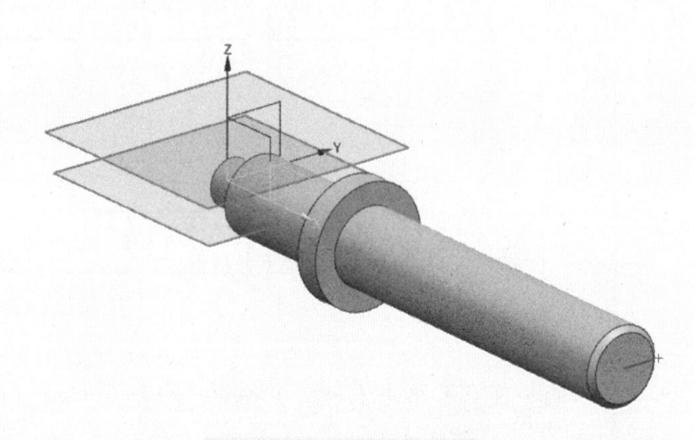

图 2-37　创建基准平面

选择【插入】→【设计特征】→【键槽】选项，在弹出的【键槽】对话框中选取【U 型槽】选项，单击【确定】按钮；弹出新对话框，单击刚建立的基准平面，在【水平参考】中【基准轴】选择 X 轴，在弹出的【U 型键槽】中，输入宽度 =5mm，深度 =4mm，拐角半径 =0.1mm，长度 =14mm，单击【确定】按钮；在弹出的【定位】对话框，选取【水平】选项，在弹出的【水平】对话框，选取 ϕ22mm 左侧的 ϕ14mm 圆弧，【设置圆弧的位置】选取【相切点】；在弹出的【水平】对话框，选取键槽上表面右侧圆弧，【设置圆弧的位置】选取【相切点】，在弹出的【创建表达式】对话框输入 6.5mm，单击【确定】；在弹出的【定位】对话框选取【按一定距离】，选择 X 轴，再选择键槽与之平行的对称轴，在弹出的【创建表达式】对话框输入 0，单击【确定】按钮，如图 2-38 所示。

（3）创建通槽　选择【插入】→【设计特征】→【长方体】选项，在弹出的【块】对话框中，指定点坐标为（66，-7，0）；尺寸输入长度 =48mm，宽度 =20mm，高度 =7mm，【布尔】选项中选取【求差】，单击【确定】按钮，如图 2-39 所示。

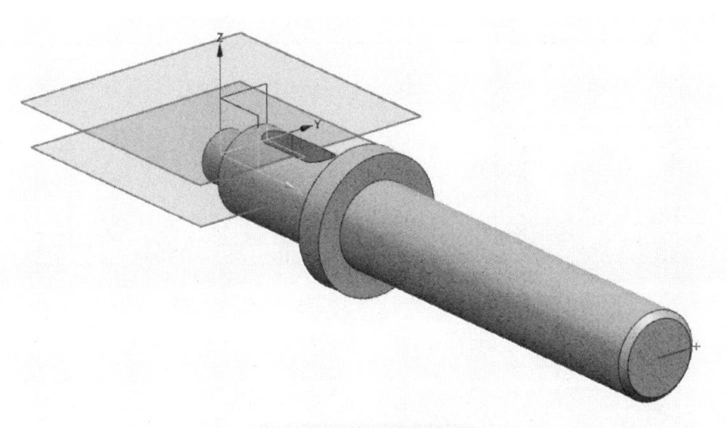

图 2-38　创建键槽

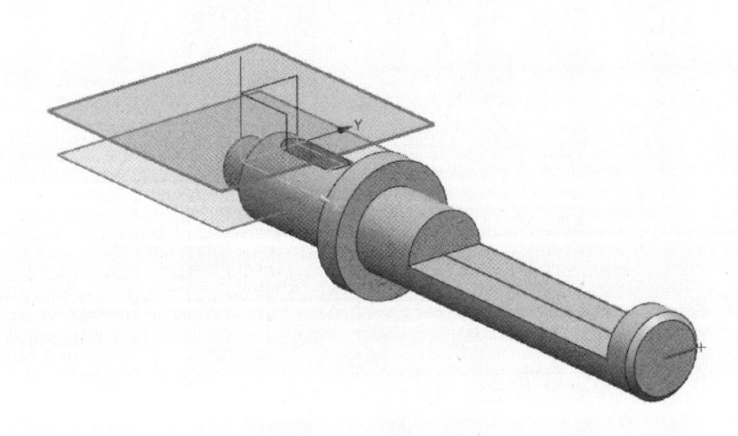

图 2-39　创建通槽

（4）创建通孔　选择【插入】→【设计特征】→【圆柱体】选项，在弹出的【圆柱】对话框中，【指定矢量】选取【-ZC】，在【指定点】的【点】对话框输入（59.5，0，0）;【尺寸】输入直径 =3.2mm，高度 =8mm，【布尔】选项中选择【无】，单击【应用】按钮；在【指定点】的【点】对话框输入（84.5，0，0），其他为默认项，单击【确定】按钮，如图 2-40 所示。

选择【插入】→【组合】→【求差】选项，在弹出的【求差】对话框中，【目标】选择心轴主体，【工具】选择两个圆柱，单击【确定】按钮，将基准平面、草图隐藏后，心轴模型如图 2-41 所示。

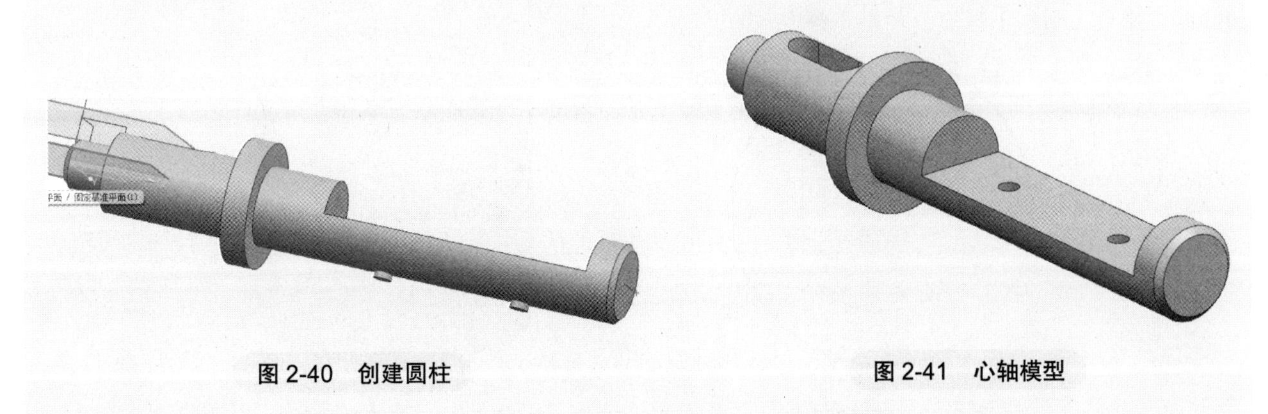

图 2-40　创建圆柱　　图 2-41　心轴模型

4. 壳体建模

壳体零件以回转结构为主，可以采用旋转命令生成实体，也可以先草绘之后拉伸圆筒。底部的三个相同的耳板可用阵列命令，左部突出结构使用命令相似，注意 ϕ14mm 孔贯穿的长度，零件图如图 2-42 所示。

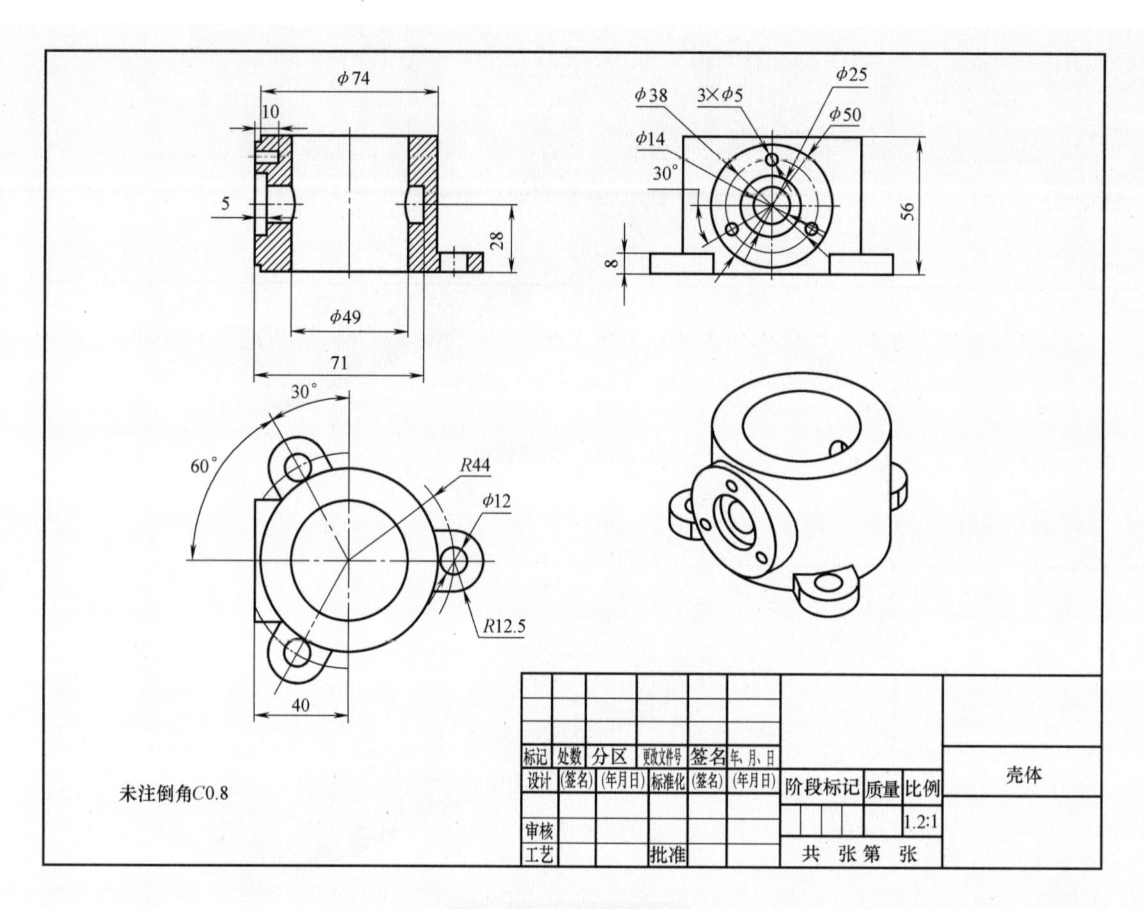

图 2-42 壳体零件图

（1）创建壳体主体 选择【插入】→【基准 / 点】→【基准平面】选项，在弹出的【基准平面】对话框中【类型】选取【XC—YC】平面，其他选项均为默认项，单击【确定】按钮。

选择【插入】→【草图】选项，在弹出的【创建草图】对话框，【平面方法】选择【现有平面】，单击刚建立的基准平面，其他选项为默认项，单击【确定】按钮，进入绘制草图界面；选择【圆】命令，选取坐标原点为起点，绘制 ϕ49mm 与 ϕ74mm 同心圆，完成草图，如图 2-43 所示。

选择【插入】→【设计特征】→【拉伸】选项，弹出【拉伸】对话框，【截面】中【选择曲线】选取先前绘制的草图，【限制】中的【开始】选取【值】，【距离】输入 0，【结束】选取【值】，【距离】输入 56mm，单击【确定】按钮，如图 2-44 所示。

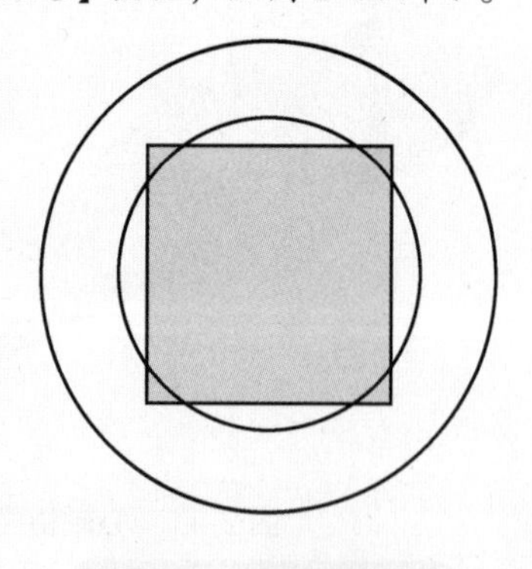

图 2-43 创建同心圆

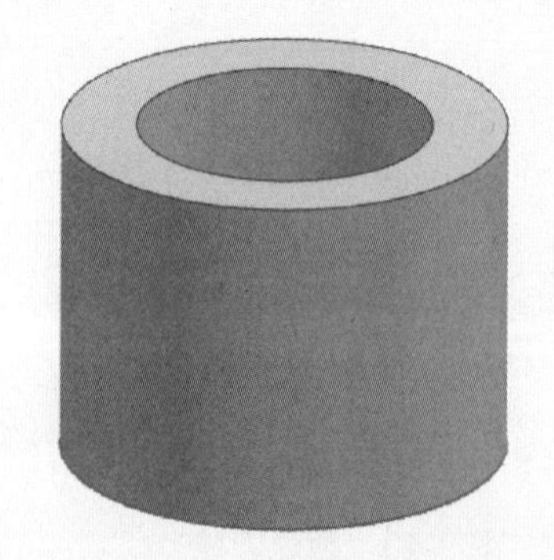

图 2-44 创建壳体主体

（2）创建底部三个耳板 选择【插入】→【草图】选项，在弹出的【创建草图】对话框中，【平面方法】选择【现有平面】，单击已建立的基准平面，其他选项为默认项，单击【确定】按钮，进入草图绘制界面；选择【圆】命令，选取坐标原点为起点，绘制 ϕ74mm 和 ϕ88mm 的同心圆；选择【直线】命令，绘制长度 =90mm 的水平直线。选择【圆】命令，以 ϕ88mm 的圆和水平直线交点为圆心，绘制 ϕ12mm 和 ϕ25mm 的同心圆；选择【直线】命令，以 ϕ25mm 的圆的上、下象限点为起点，绘制水平直线与 ϕ74mm 的圆相交。单击【快速修剪】命令，将多余的线剪掉，如图 2-45 所示。

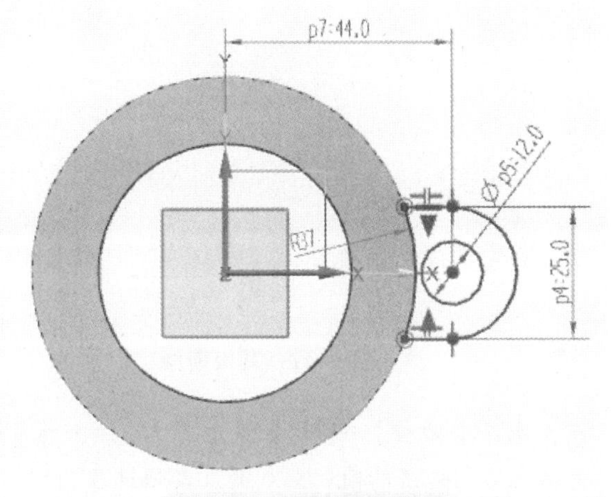

图 2-45　绘制耳板草图

单击【阵列曲线】命令，在弹出的【阵列曲线】对话框中，【要阵列的曲线】中【选择曲线】选择所绘制的草图，【阵列定义】中【布局】选取【圆形】，【旋转点】中【指定点】选取 ϕ74mm 圆心，【角度方向】中【间距】选取【数量和节距】，【数量】输入 3，【节距角】输入 120°，单击【确定】按钮；再单击【完成草图】按钮，如图 2-46 所示。

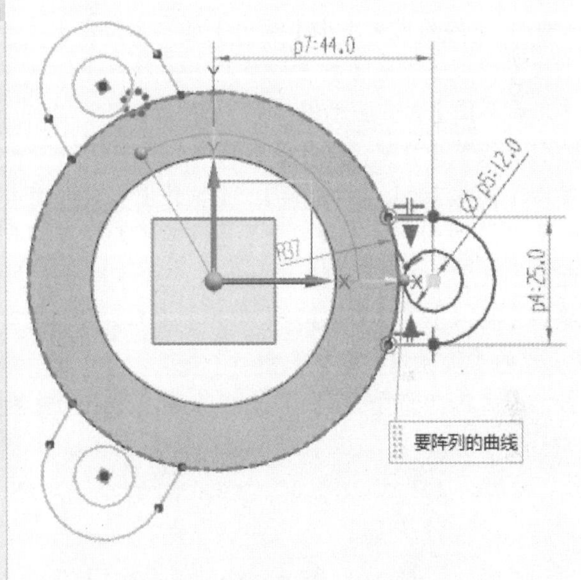

图 2-46　阵列三个耳板

选择【插入】→【设计特征】→【拉伸】选项，弹出【拉伸】对话框，【截面】中【选择曲线】选取三个耳板的草图，【限制】中的【开始】选取【值】，【距离】输入 0，【结束】选取【值】，【距离】输入 8mm，单击【确定】按钮，如图 2-47 所示。

（3）创建左侧凸起部分　选择【插入】→【设计特征】→【圆柱体】选项，弹出【圆柱体】对话框，【截指定矢量】选择 XC，【指定点】利用【点】对话框输入（X=-40，Y=0，Z=28）;【尺寸】中输入直径 =50mm，高度 =10mm;【布尔】选择【求和】，【选择体】选择圆筒，单击【确定】按钮。

选择【插入】→【设计特征】→【孔】选项，弹出【孔】对话框，【类型】选择【常规孔】，【尺寸】中【指定点】选取刚建立的圆柱边缘，系统自动选定圆心;【形状和尺寸】中的【形状】选择【沉头孔】，【尺寸】输入沉头直径 =25mm，沉头深度 =5mm，直径 =14mm，深度 =66mm，顶锥角 =0° ;【布尔】选择【求差】，【选择体】选择刚建立的圆柱，单击【确定】按钮，如图 2-48 所示。

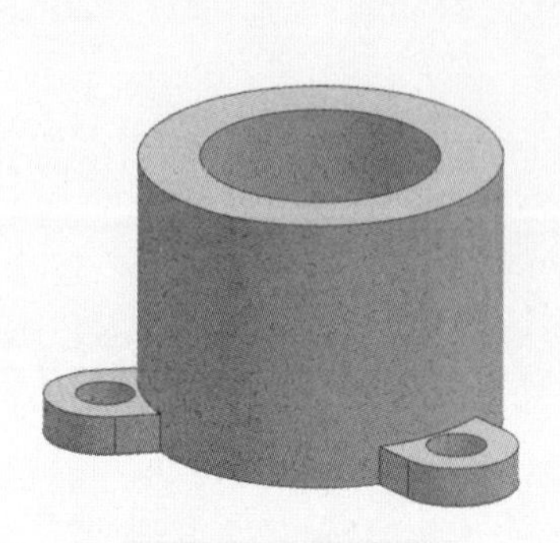

图 2-47　耳板模型

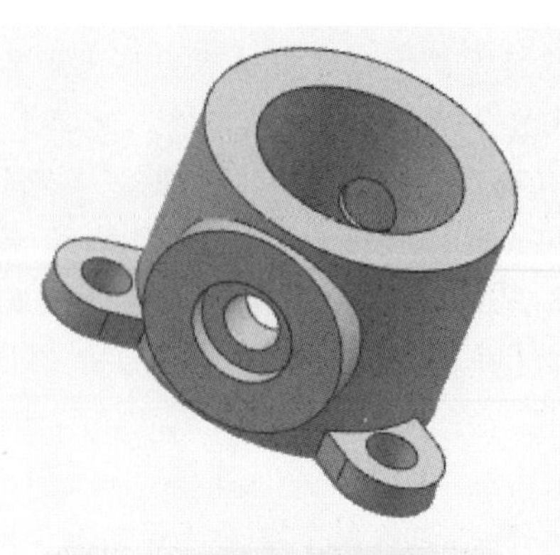

图 2-48　创建左侧凸起部分

选择【插入】→【草图】选项，在弹出的【创建草图】对话框中，【平面方法】选择【现有平面】，单击轴线为侧垂线的圆柱上表面，其他选项为默认项，单击【确定】按钮，进入绘制草图界面；选择【圆】命令，选取坐标原点为起点，绘制 ϕ38mm 圆；选择【直线】命令，绘制长度 =60mm 的竖直直线。选择【圆】命令，选取直线与圆弧交点为圆心，绘制 ϕ5mm 圆。

单击【阵列曲线】命令，在弹出的【阵列曲线】对话框中，【要阵列的曲线】中【选择曲线】选取 ϕ5mm 的圆，【阵列定义】中【布局】选取【圆形】，【旋转点】中【指定点】选取 ϕ38mm 的圆心，【角度方向】中【间距】选取【数量和节距】，【数量】输入 3，【节距角】输入 120° ，单击【确定】按钮；再单击【完成草图】按钮，如图 2-49 所示。

拾取直线单击右键，选择【转换为参考】，将 ϕ38mm 圆进行同样操作之后，单击【完成草图】按钮。

单击【插入】→【设计特征】→【拉伸】选项，弹出【拉伸】对话框，【截面】中【选择曲线】选取刚绘制的草图；【方向】中【指定矢量】选取【XC】；【限制】中的【开始】选取【值】，【距离】输入 0，【结束】选取【值】，【距离】输入 10mm；【布尔】选择【求差】，【选择体】选择圆柱，单击【确定】按钮。

单击【插入】→【组合】→【合并】选项，弹出【合并】对话框，【目标】中的【选择体】选取圆筒，【工具】中的【选择体】选取底部三个耳板，单击【应用】。

将草图、基准平面等其他元素隐藏后，壳体建模如图 2-50 所示。

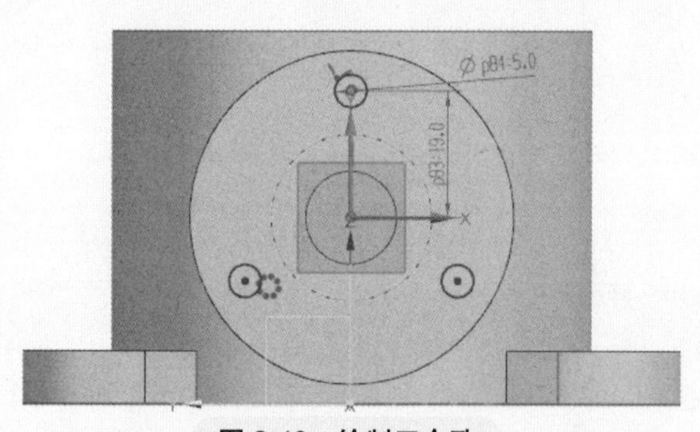

图 2-49　绘制三个孔

图 2-50　壳体建模

任务三　部件装配实例

1. 装配基础知识

（1）装配关系与要点　装配就是把零件按一定的顺序组装成整体，构成完整的产品，同时实现产品的功能。

装配设计模块是 NX 中的一个非常重要的模块，该模块能够将产品的各个零部件快速组合在一起，形成产品的整体结构。由于在零部件组合过程中使用了模拟真实装配工作中的顺序及配合关系，因此这种在软件中完成的模拟装配过程又称为虚拟装配，虚拟装配与参数化设计、关联性是三维 CAD 软件系统的重要技术特点。

（2）装配方法　产品装配结构的常用创建方式有两种：一种是自底向上装配（这种装配建模方法在产品设计中使用得较普遍），即先设计好了装配中各部件的几何模型，再将几何模型添加到装配中，该几何模型将自动成为该装配的一个组件；另一种是自顶向下装配，即先创建个新的装配组件，再在该组件中建立几何对象，或是将原有的几何对象添加到新建的组件中，则该几何模型成为一个组件。

（3）装配工具栏中常用按钮及使用方法

1）添加组件。使用已有零件或新建零件建立子一级装配。

2）移动组件。通过对零件的拖拽进行零件的初始定位，以方便后续的精确定位。

3）装配约束。装配约束是虚拟装配中的核心功能，通过该功能可以模拟真实场景来定义零部件间的几何位置关系及配合方式，主要包括同心、对齐、平行等关系，从而实现与真实产品一样的精确定位及配合方式。

4）WAVE 几何链接器。WAVE 是针对装配级的一种技术，是参数化建模技术与系统工程的有机结合，提供了实际工程产品设计中所需要的自顶向下的设计环境。

2. 连接部件的装配

观察连接部件装配图（图 2-51），结合前面的壳体、心轴等零件图，利用已建模的零件实体，对连接部件进行装配操作。

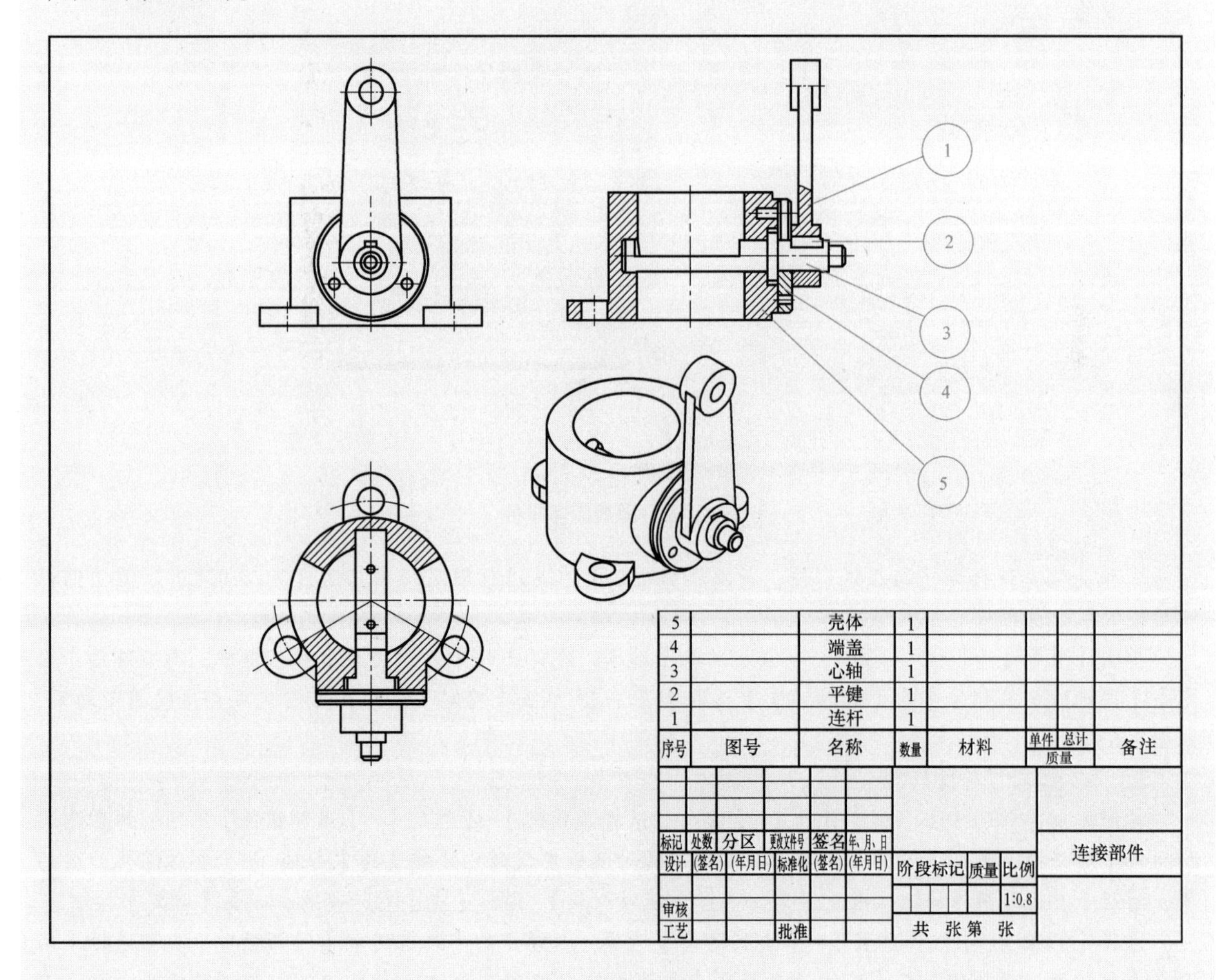

图 2-51　连接部件装配图

（1）装配分析　通过观察连接部件装配图可知，此装配图由5个零件，即连杆1、平键2、心轴3、端盖4和壳体5所组成。本产品的装配流程是：将心轴放入壳体中，并使其轴线与壳体轴线对齐，再用端盖扣紧；平键放入心轴后，连接连杆与心轴，从而实现运动。整个产品零件之间常用的定位关系以同轴为主，即壳体与心轴、端盖与壳体、心轴与连杆都要通过同轴来定位。其次是平键与心轴、连杆之间对齐，才能保证实现运动功能。

（2）装配方案　通过以上分析，连接部件的装配建模操作过程如下：

1) 建立一个总装配文件，以【.prt】为扩展名，这个文件不包含任何几何特征，仅记录装配关系。

选择【文件】→【新建】选项，弹出【新建】对话框，选择【装配】选项，单击【确定】按钮，进入装配工作界面。

2）添加壳体5并进行约束。

选择【装配】→【组建】→【添加组件】选项，弹出【添加组件】对话框中，单击【打开】按钮，在弹出新的对话框中找到已经建立的【壳体.prt】实体零件，定位、引用集、图层等其他选项均按默认设置，此时会出现组件预览窗口，如图2-52所示，单击【确定】按钮，弹出【点】对话框，按默认设置即可；单击【确定】按钮，即可完成文件的添加。

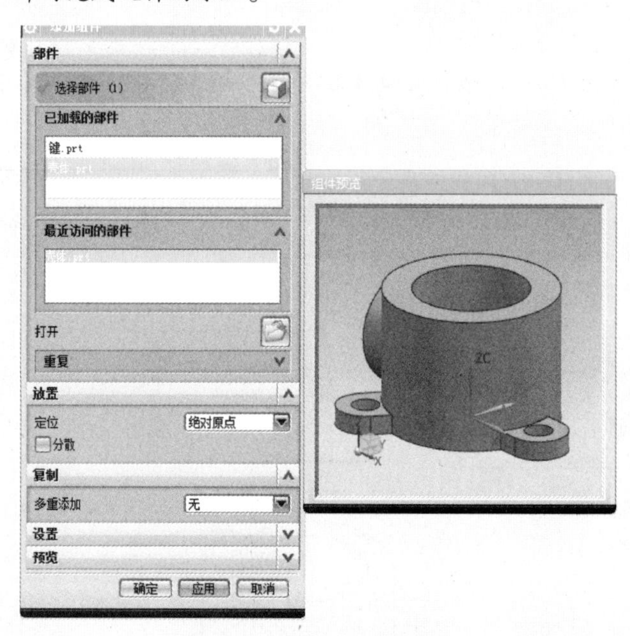

图2-52　添加壳体零件

由于壳体是连接部件的基体零件，所以添加之后要对其进行固定约束，这样可以固定其位置，保证在后续的装配过程中不发生偏移。

单击【装配】→【组件位置】→【装配约束】选项，在弹出的【装配约束】对话框中，类型选择【固定】，【要约束的几何体】中【选择对象】选取【壳体】，单击【确定】按钮，即可完成壳体的固定约束，如图2-53所示。

3）添加心轴3并进行约束。

按照添加壳体的方法添加【心轴.prt】零件。选择【装配】→【组建】→【添加组件】选项，弹出【添加组件】对话框，单击【打开】按钮，在弹出新的对话框中找到已经建立的【心轴.prt】实体零件，引用集、图层等其他选项均按默认设置，定位选择【绝对原点】，弹出【点】对话框时，单击【确定】按钮。

选择【装配】→【组件位置】→【装配约束】选项，在弹出的【装配约束】对话框中，类型选择【同心】，【要约束的几何体】中【选择两个对象】选取心轴右端面及壳体孔内端面（即相接触的两个端面），单击【确定】按钮，即完成心轴和壳体孔部分同心约束，如图2-54所示。

图 2-53　壳体的固定约束

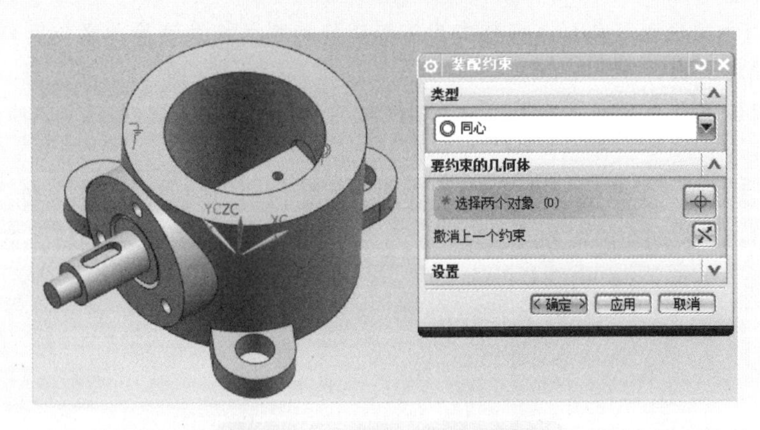

图 2-54　心轴与壳体装配约束

4）添加端盖 4 并进行装配约束。

按照前面的方法添加【端盖 .prt】零件，之后进行约束操作。

选择【装配】→【组件位置】→【装配约束】选项，在弹出的【装配约束】对话框中，类型选择【同心】,【要约束的几何体】中【选择两个对象】选取端盖 3 个孔中的 1 个孔外轮廓及壳体凸起部分左下孔的外轮廓（即相接触的两个端面），单击【应用】按钮，如图 2-55 所示。类型仍然选择【同心】,【要约束的几何体】中【选择两个对象】选取端盖 3 个孔中处于低部的 1 个孔轮廓及壳体凸起部分左下孔的外轮廓（即相接触的两个端面），单击【确定】按钮，如图 2-56 所示，完成两者约束。

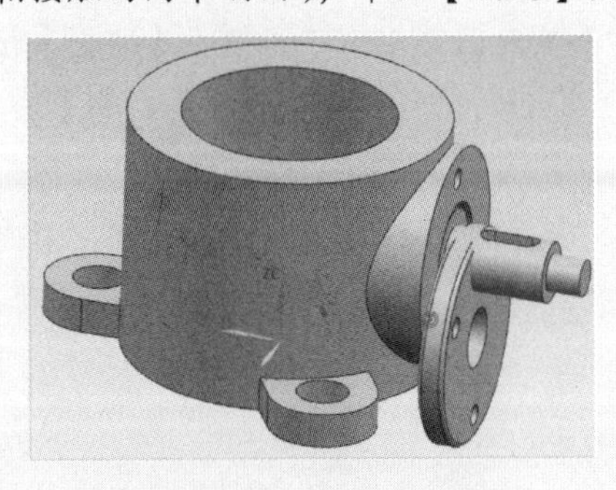

图 2-55　孔与孔同心约束

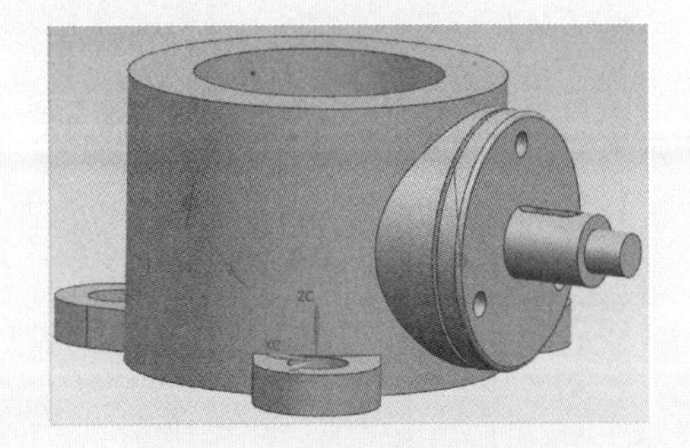

图 2-56　端盖与壳体同心约束

5）添加平键 2 并进行装配约束。

按照前面的方法添加【平键 .prt】零件，之后使其与心轴键槽部分接触约束。选择【装配】→【组件位置】→【装配约束】选项，在弹出的【装配约束】对话框中，类型选择【同心】选项，【要约束的几何体】中【选择两个对象】选取键槽底部右部圆弧及键端部圆弧，单击【确定】按钮，如图 2-57 所示，完成两者约束。

6）添加连杆 1 并进行装配约束。

按照前面的方法添加【连杆 .prt】零件，之后添加约束。

选择【装配】→【组件位置】→【装配约束】选项，在弹出的【装配约束】对话框中，类型选择【同心】选项，【要约束的几何体】中【选择两个对象】选取连杆内孔边缘及端盖中心孔边缘（即相接触的两个端面），单击【确定】按钮，如图 2-58 所示，完成两者约束。

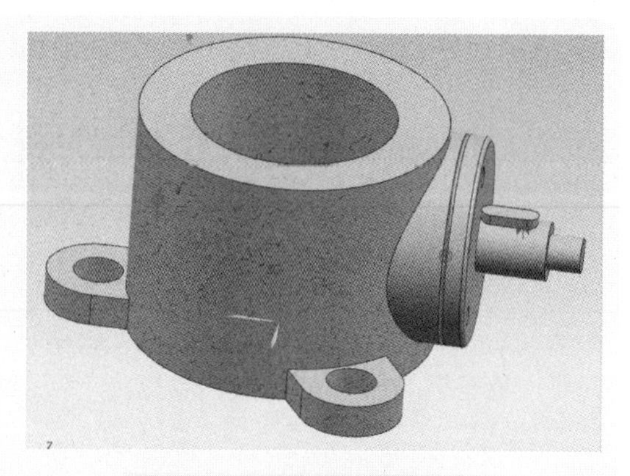

图 2-57　平键与心轴装配约束

（3）连接部件爆炸图　装配爆炸图一般是为了展现各个零件的装配过程以及整个部件或是机器的工作原理。爆炸图在本质上也是一个视图，是在装配模型中按照组件的装配关系偏离原来位置拆分图形。下面以钻头爆炸图为例讲解爆炸图的制作流程。

1）打开装配文件。在菜单栏中选择【文件】→【打开】选项，找到连接部件装配文件【连接部件 .prt】，单击【确定】按钮进入装配环境。

2）建立爆炸视图。在菜单栏中选择【装配】→【爆炸图】→【新建爆炸图】选项，在弹出的【新建爆炸图】对话框中，输入爆炸视图的名称为连接部件（也可以接受默认名称），如图 2-59 所示。

图 2-58　连接部件装配完毕

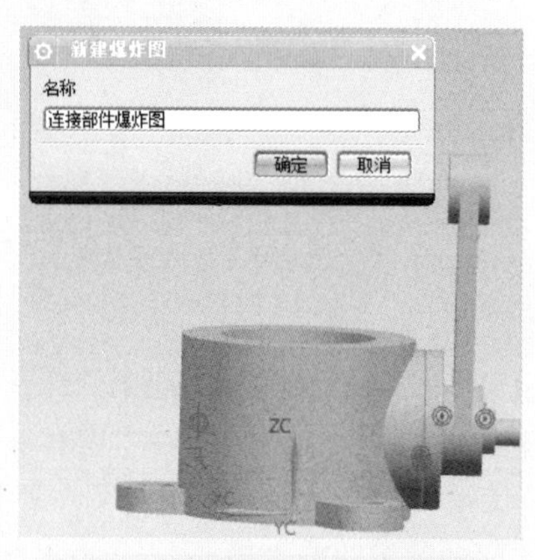

图 2-59 【新建爆炸图】对话框

3）自动爆炸组件。在菜单栏中选择【装配】→【爆炸图】→【自动爆炸组件】选项，在弹出的【类选择】对话框中，【选择对象】用框选的方法将连接部件的整个装配图选中，之后单击【确定】按钮，弹出【自动爆炸组件】对话框，距离可输入一定的数值，设置为 40mm，如图 2-60 所示。单击【确定】按钮，完成自动爆炸组件操作，如图 2-61 所示。

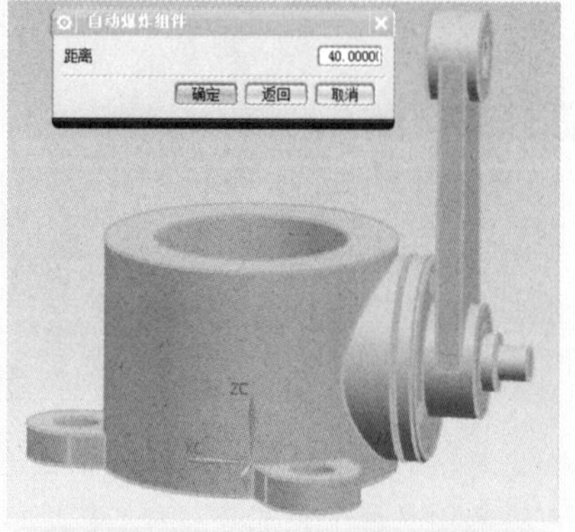

图 2-60　对自动爆炸组件设置距离

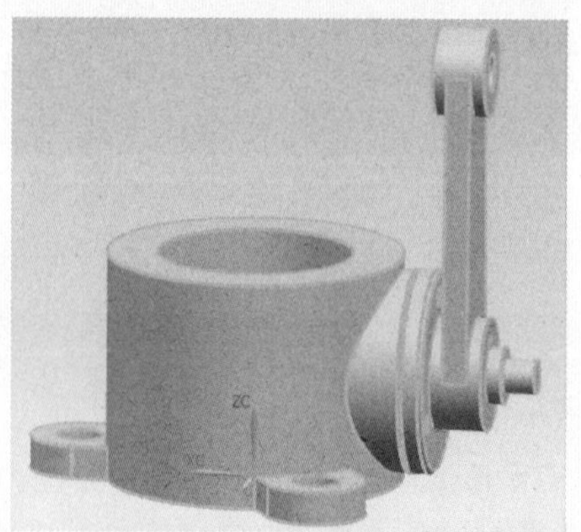

图 2-61　自动爆炸组件

4）编辑爆炸图。在菜单栏中选择【装配】→【爆炸图】→【编辑爆炸图】选项，弹出【编辑爆炸图】对话框，选中【选择对象】，单击左侧端盖组件，如图2-62所示，然后在【编辑爆炸图】对话框单击【移动对象】，用鼠标水平移动X轴，右侧【距离】随着鼠标的移动数字发生变化，在适当的位置单击【确定】按钮。

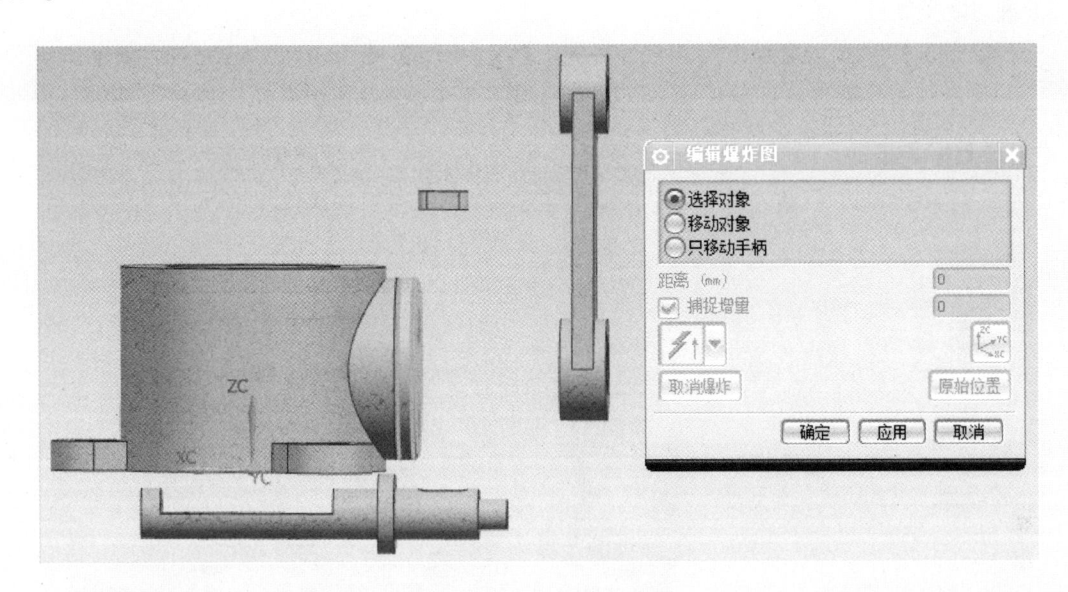

图2-62　选择端盖组件

完成的连接部件爆炸图如图2-63所示。

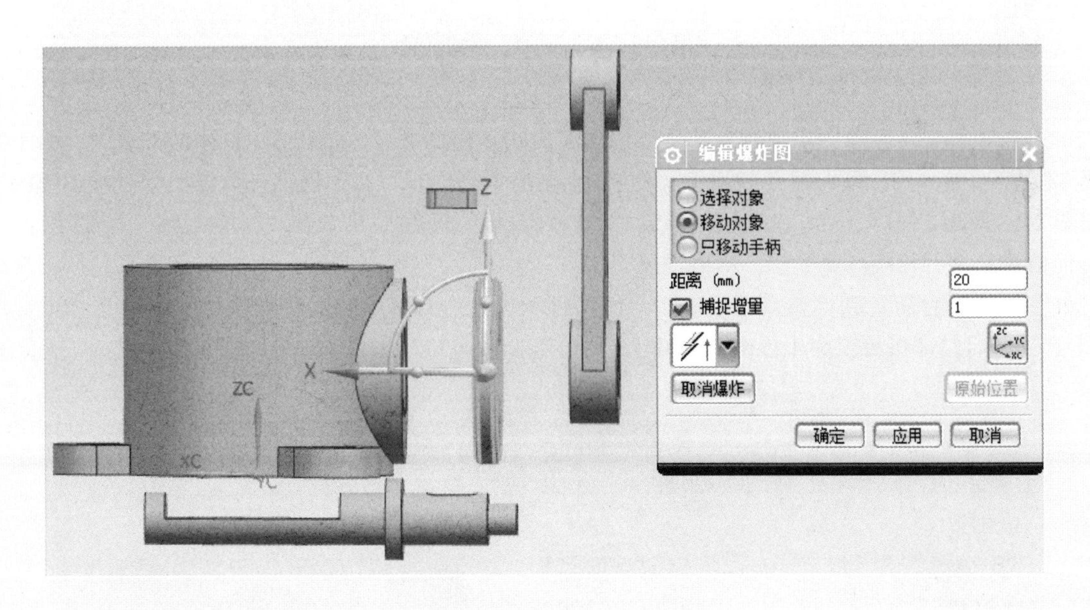

图2-63　连接部件爆炸图

任务四　二维CAD与三维CAD格式转换与输入输出

目前市场上存在很多不同种类的CAD/CAM软件，其中二维CAD软件主要是以AutoCAD为代表，其文件格式为DWG/DXF。三维CAD软件则包括NX、Creo、CATIA、Solidedge、SolidWorks等，这些软件的文件格式也有不同的，在文件传递过程中通常会将文件转存成符合国际标准的中间图形格式文件，这些中间图形格式通常采用 ASC Ⅱ格式或二进制格式，这样才能实现不同软件间文件的相互读取。这种文件格式的转换过程，是通过文件的导入、导出功能来实现的。

在 3D 打印时需要读取 STL 格式文件，下面以 STL 文件为例介绍文件的导入、导出操作方法，其他格式文件的处理与之类似。

（1）STL 格式文件导入　选择【文件】→【导入】→【.STL】选项，在弹出的对话框中，找到文件所在的位置，其他选项按默认即可，就可将【.STL】格式的文件导入 NX 软件中，进行文件的各种处理，如图 2-64 所示。

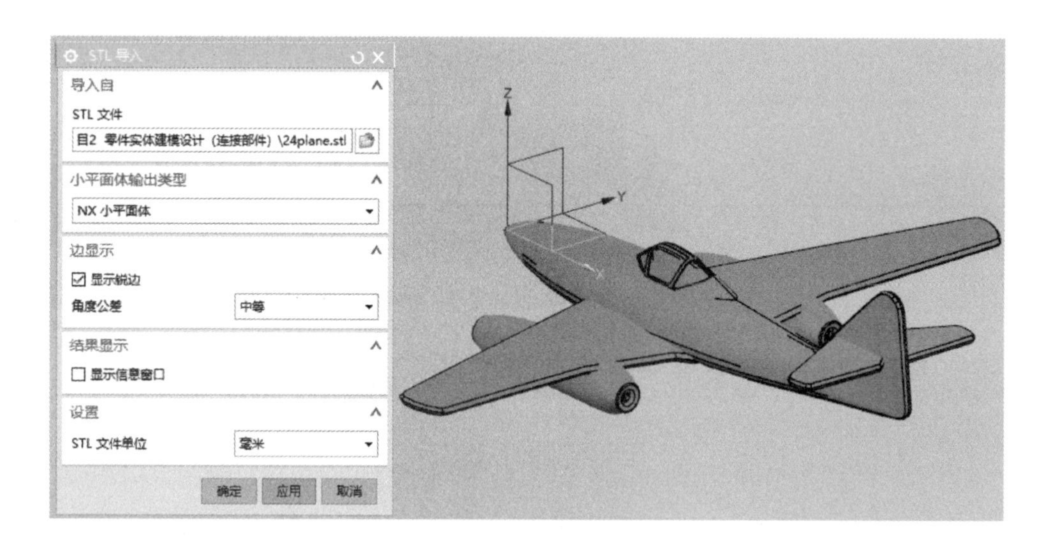

图 2-64　导入 STL 格式文件

（2）STL 格式文件导出　当使用 NX 软件创建完成实体模型之后，进行 3D 打印前处理时，由于切片软件识读 STL 格式的文件，此时需要利用【文件】→【导出】选项，对实体模型进行导出为可被识读的格式文件，如图 2-65 所示。

其他格式文件的转换与此类似，不再赘述。

另外，一些场合需要进行虚拟打印，即不使用打印机进行打印。在这种情况下，需要选择【文件】→【打印】选项，将打印机更换为【导出为 PDF】选项，输出为 PDF 格式的文件，即完成虚拟打印，如图 2-66 所示。

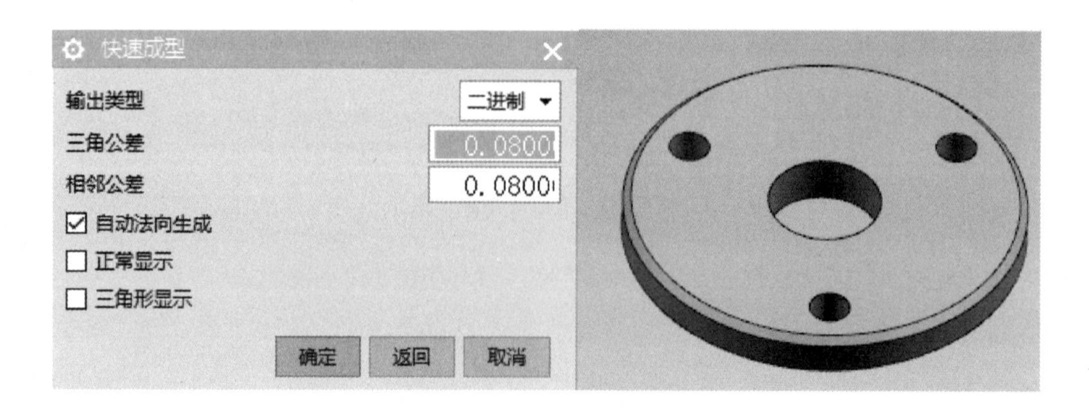

图 2-65　导出 STL 格式文件

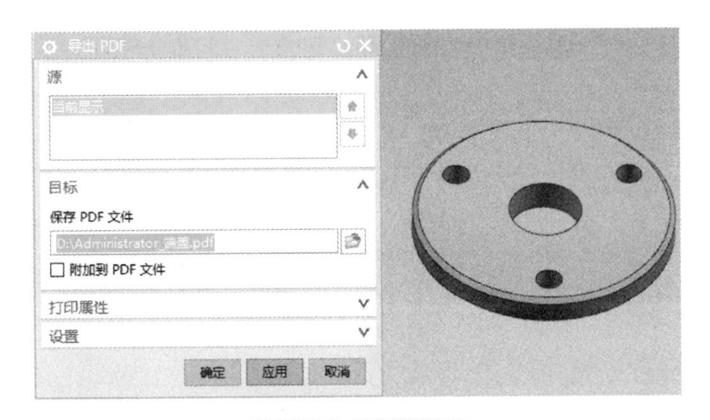

图 2-66　虚拟打印

〖项目总结〗

本项目着重介绍了 NX 软件中实体建模的常用命令，以连接部件的四个零件为载体，详细地讲解了建模的过程，并依托连接部件装配图，讲解了产品的装配操作流程及其爆炸图的制作过程。通过不断学习，学生逐渐地意识到，同一个物体建模的方式、方法并不唯一，正所谓“条条大路通罗马”。学习的道路还长，希望同学们能够利用自己所学，设计出更美的产品。

〖课后练习〗

1. 参照图 2-67 所示机身零件图选用适当的命令进行实体建模。

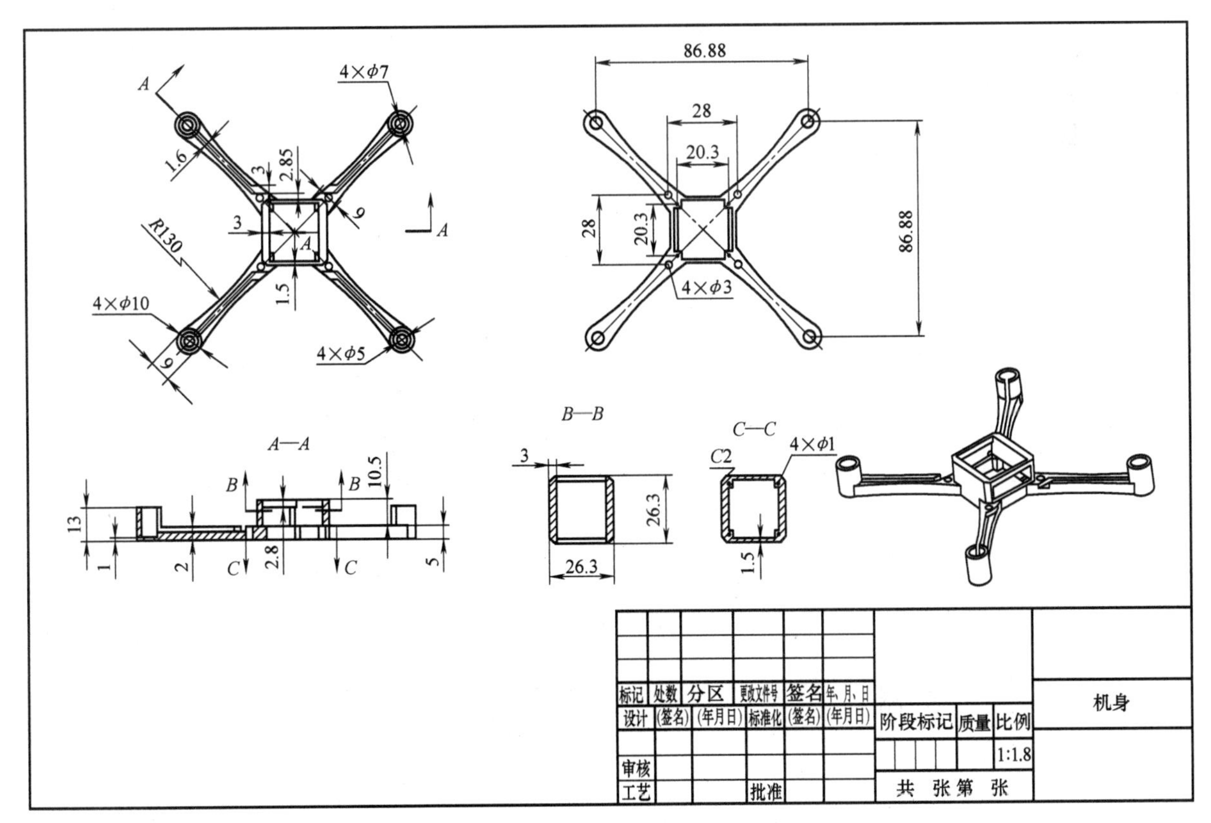

图 2-67　机身零件图

2. 参照图 2-68 所示保护罩零件图，构思建模思路，选用适当的命令进行实体建模。

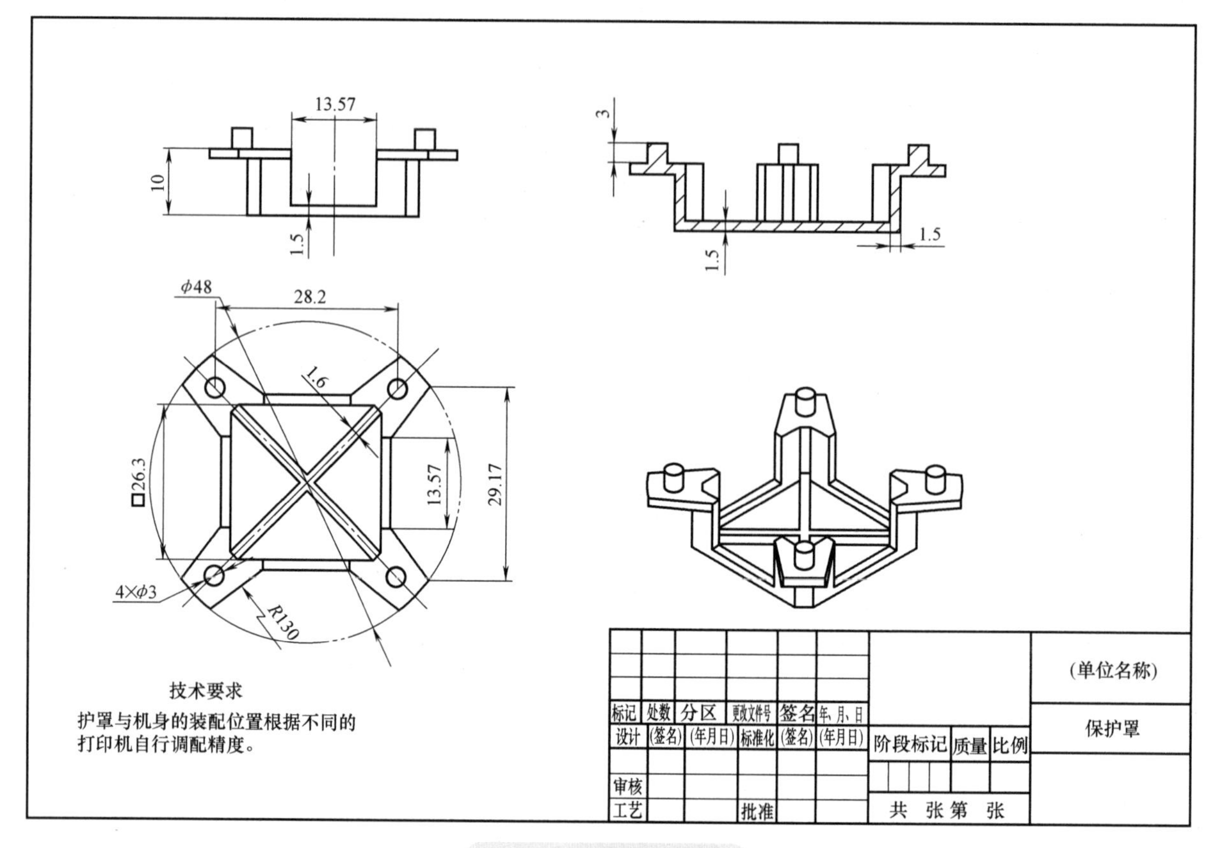

图 2-68　保护罩零件图

3. 参照图 2-69 所示底座零件图，思考建模思路，选用适当的命令进行实体建模。

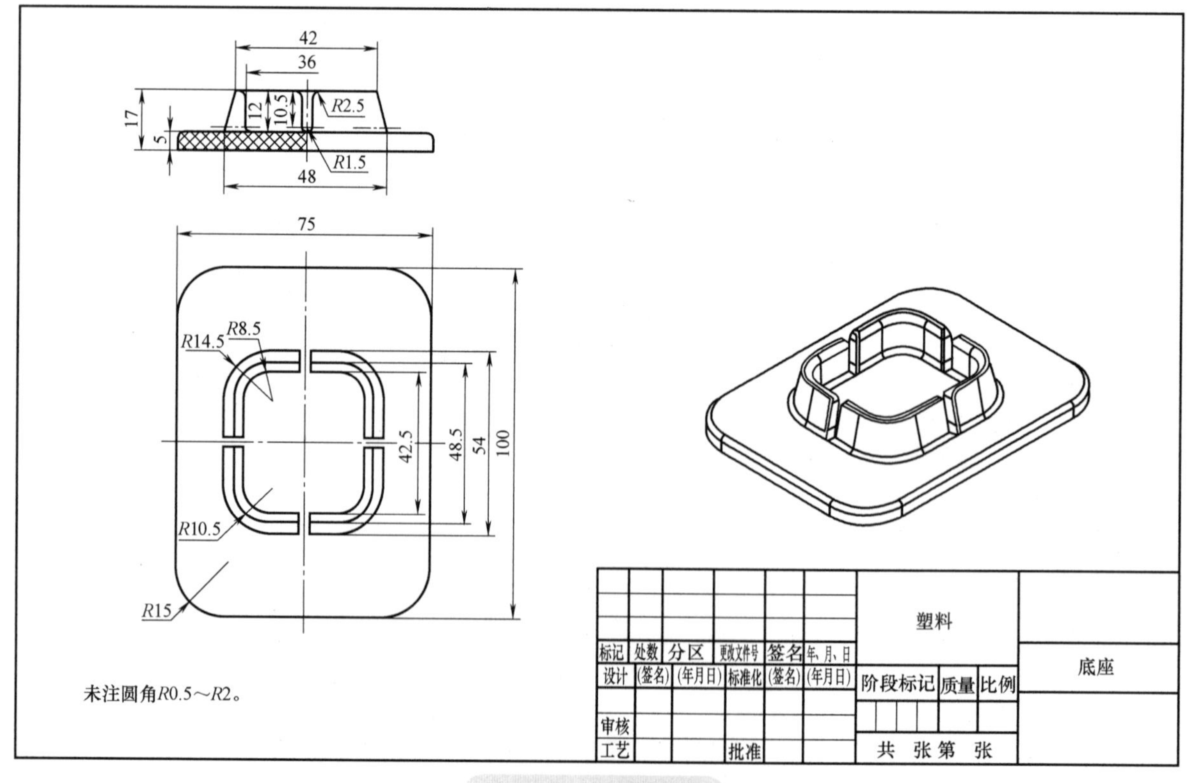

图 2-69　底座零件图

4. 参照图 2-70 所示转向灯配套支架零件图，思考建模思路，选用适当的命令进行实体建模。

30　R8　R50.32　7.5　29　12　3×ϕ6　⊔ϕ10↧5　30.6　14　60

R10　22　10.5　R5

30　R8　60　20.5　R4.5　R6　3　30　8　45

标记	处数	分区	更改文件号	签名	年、月、日	阶段标记	质量	比例	转向灯配套支架
设计	(签名)	(年月日)	标准化	(签名)	(年月日)			1:0.8	
审核						共　张 第　张			
工艺			批准						

图 2-70　转向灯配套支架零件图

5. 拓展题。图 2-71 所示为东方明珠电视塔模型，用所学建模知识进行建模，尺寸自拟。同时，思考自己的家乡是不是也有很明显的标志性建筑？让我们动动手指建立实体模型吧。

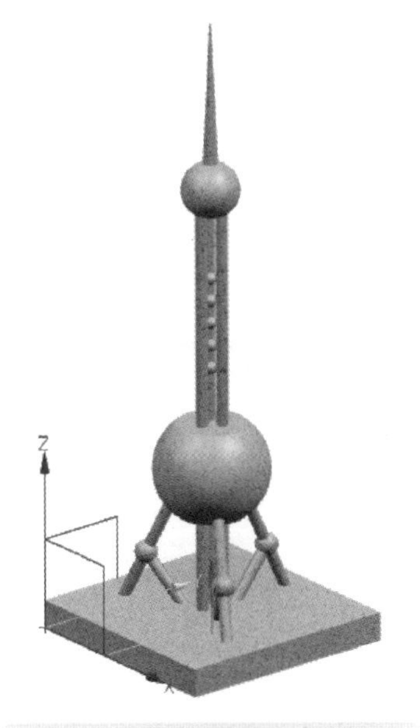

图 2-71　东方明珠电视塔模型

项目三

产品外形建模与设计

软件设备：NX10 中文版

项目载体：玩具帽子和紫砂壶（图 3-1 和图 3-2）

图 3-1　玩具帽子

图 3-2　紫砂壶

〖学习目标〗

能力目标：

（1）能按要求完成一般难度产品的外观设计；

（2）能基于图像完成产品的建模和设计。

知识目标：

（1）掌握曲面建模的基本概念和基础知识；

（2）掌握曲面和实体混合建模知识。

技能目标：

（1）会使用常见曲线构建与编辑命令进行曲线建模；

（2）会使用常见曲面构建与编辑命令进行曲面建模；

（3）能使用常用实体建模、编辑等命令进行实体建模。

素养目标：

（1）培养使用信息化工具进行知识和技能探索的能力；

（2）以敬业、勤业、创业、立业为核心培养职业精神；

（3）培养基本的工业设计美学素养，提高审美能力；

（4）培养以团队合作能力为主的人际交流、协调分析、领导组织等能力。

职业思考：

（1）传统美学与现代工业如何融合？

（2）产品外形设计如何做到精益求精？

〖数字资源〗

1+X 增材制造模型设计职业技能数字化设计部分培训

学习资料：

玩具帽子数字化模型

紫砂壶数字化建模

操作视频：

曲线和曲面构建

实体建模

图形导出

计算过程

草图描线

曲线曲面构建

过渡与把手处理

实体化

其他资源：

作业图档（下载）

〖基础知识〗

外形设计是产品创新设计的重要内容，美观的产品外形能给客户带来良好的体验，独特的设计和造型还能增加企业的竞争优势。设计是使当今大多数行业出现差异化的主要因素。 外形设计不仅要从视觉上具有吸引力，同时也需要考虑产品的功能性、可制造性、可维护性等要素。

1. 曲面的定义

曲面是指由空间具有两个自由度的点构成的轨迹。曲面与实体模型一样，都是模型的重要组成部分，但又不同于实体特征，区别在于曲面是有大小但没有质量，并且是零厚度、没有体积的薄片，在其特征生成过程中，不影响模型的特征参数。曲面建模广泛用于日常生活中的用品、汽车、电子产品、飞机、轮船等多种工业造型设计领域，用户利用它可以设计出复杂、光滑的自由曲面。

2. 一般创建过程

1）创建曲线。可以按照图样要求绘制曲线，或者从光栅图像勾勒所需曲线，或者用三维扫描设备得到的点云创建曲线，再使用桥接、组合投影、圆角等命令生成过渡曲线。

2）根据创建的曲线，利用过曲线、直纹、网格、扫掠等命令，创建产品的主要曲面。

3）利用桥接面、二次截面、软倒圆、N- 边曲面等命令，对前面创建的曲面进行过渡连接；利用裁剪、分割等命令编辑和调整曲面。

4）使用缝合、加厚等命令生成实体，便于后期结构设计、装配、有限元分析和快速成型制造等设计流程。

3. 曲面的连续性

常见的 4 种连续性表达方式是 G0、G1、G2、G3，用于表示两个对象之间的连续程度。

G0 表示两个对象相连、位置连续、没有缝隙的重合状态，称为连续。

G1 表示两个对象一阶微分连续，称为相切连续。

G2 表示两个对象二阶微分连续，称为曲率连续。

G3 表示两个对象三阶微分连续，称为曲率的变化率连续。

任务一　玩具帽子建模

玩具帽子建模流程如图 3-3 所示。新建模型文件，设置文件名和保存位置后进入建模模块。

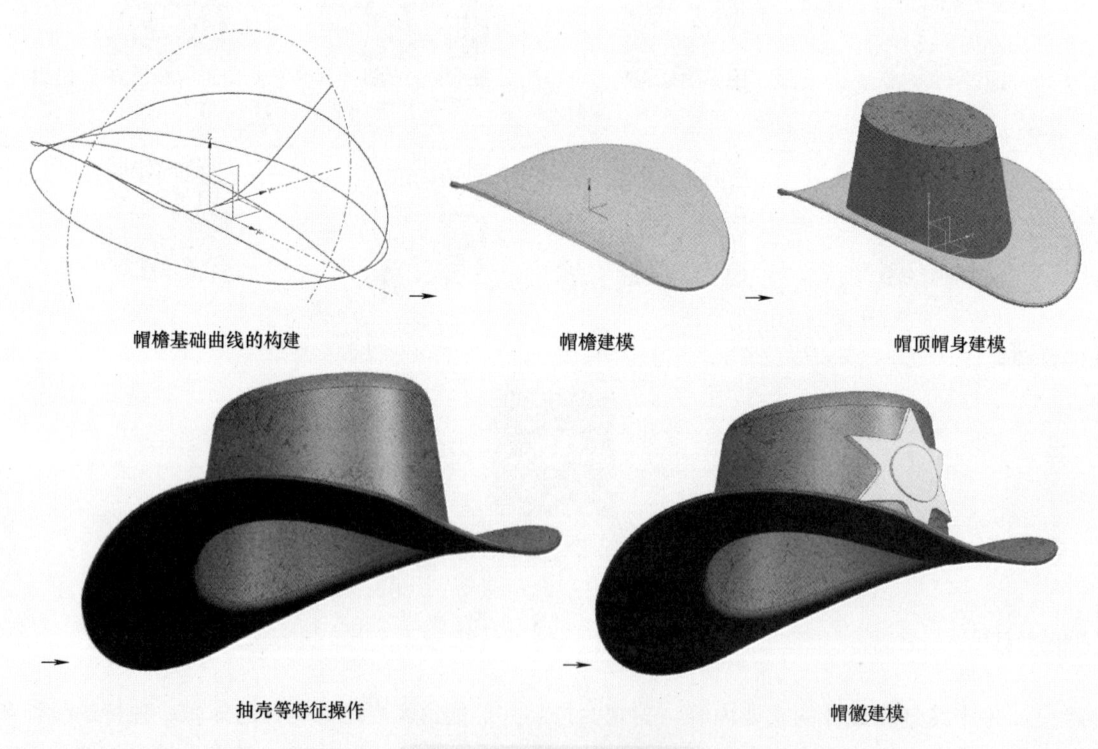

图 3-3　玩具帽子建模过程

1. 帽檐曲线的构建

在 XY 平面上绘制草图 1，即帽檐边线 XY 方向的投影曲线，如图 3-4 所示。草图由 *R*11.83mm、*R*41.88mm 四段圆弧构成，总长度 52mm，确定圆弧之间【相切约束】。

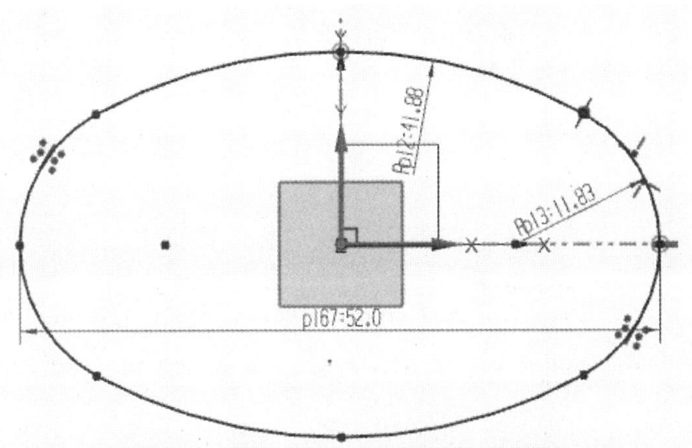

图 3-4　帽檐边线 XY 方向草图（草图 1）

在 YZ 平面上绘制草图 2，即帽檐边线 YZ 方向的投影曲线，如图 3-5 所示。草图由两条直线和一段 *R*13.3mm 圆弧构成，确定直线和圆弧【相切约束】。

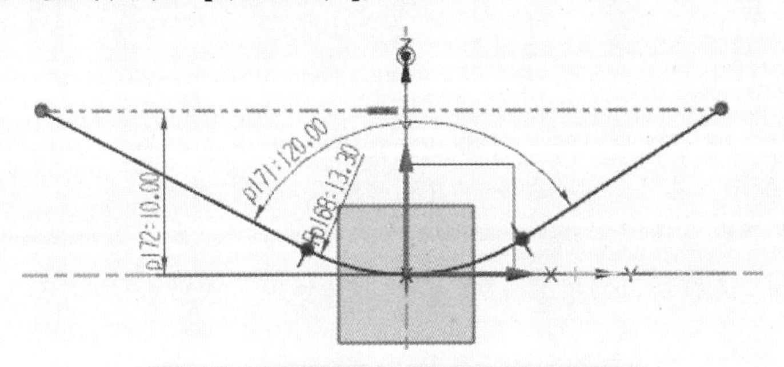

图 3-5　帽檐边线 XY 方向草图（草图 2）

执行【菜单（M）】→【插入（S）】→【派生曲线（U）】→【组合投影（C）】命令，弹出【组合投影】对话框，如图 3-6 所示，其作用为组合两个现有曲线链的投影交集以新建曲线。

在【组合投影】命令对话框内，曲线 1 单击【选择曲线】，然后单击图 3-4 所示草图 1，曲线 2 单击【选择曲线】，然后单击如图 3-5 所示草图 2，投影方向为默认，单击【确定】按钮，生成图 3-7 所示帽檐边线，即 3D 空间曲线。

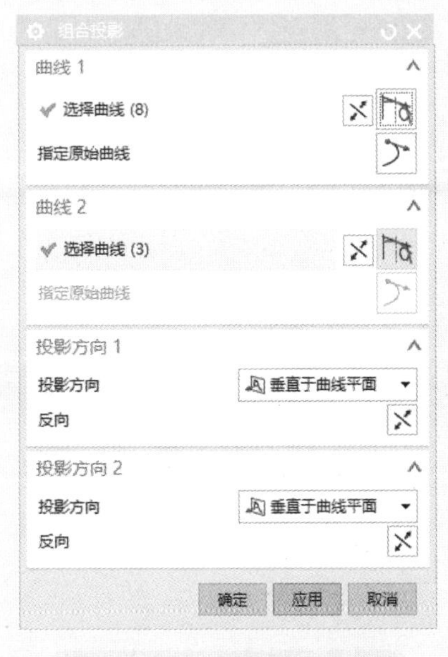

图 3-6 【组合投影】对话框

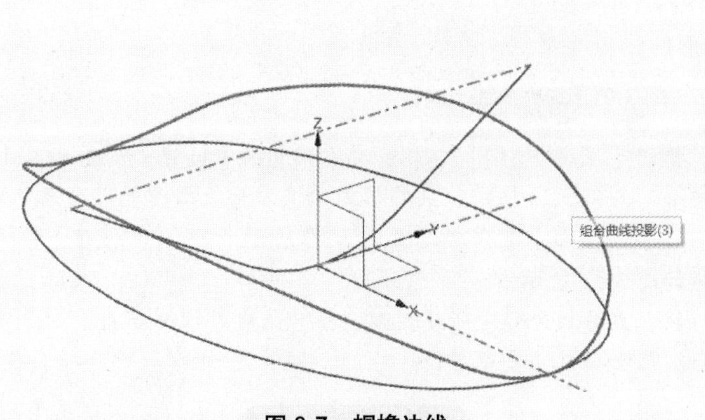

图 3-7　帽檐边线

在XZ平面上绘制草图3，即帽檐面与XZ平面的交线，如图3-8所示。草图为一条R100mm的圆弧，两端点和草图1及帽檐边线的两端点重合。

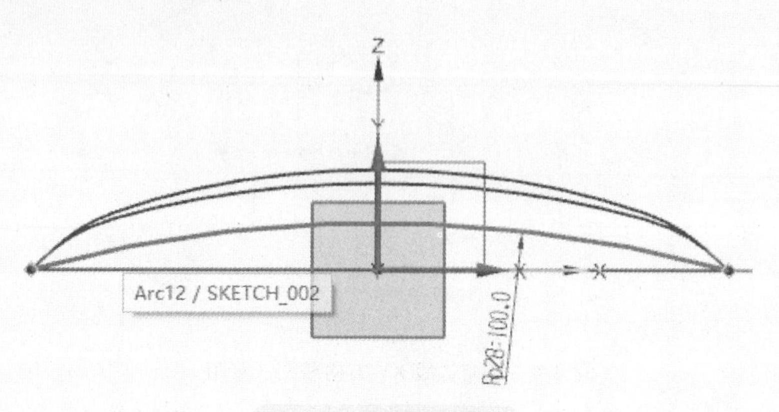

图 3-8　帽檐面中间线

选择【部件导航器】→【模型历史记录】中草图1，单击右键，在弹出的菜单中选择【隐藏】选项，草图2操作同草图1，将这两个辅助草图隐藏显示。

2. 帽檐曲面实体建模

执行【菜单（M）】→【插入（S）】→【曲面（R）】→【填充曲面（L）】命令，弹出【填充曲面】对话框，如图3-9所示，其作用为根据一组边界曲线或边创建曲面。

在【选择曲线】选项中选择图3-7所示帽檐边线（3D曲线）。在【形状控制】的方法中选择【拟合至曲线】，选择曲线为图3-8所示帽檐面中间线，生成的帽檐曲面如图3-10所示。

图 3-9 【填充曲面】对话框

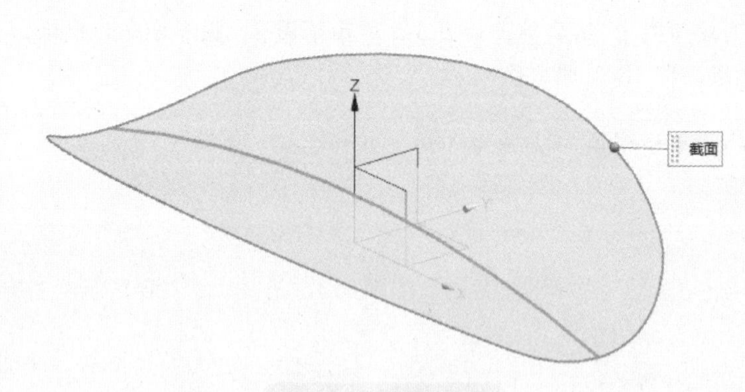

图 3-10　帽檐曲面

执行【菜单（M）】→【插入（S）】→【偏置/缩放（O）】→【加厚（R）】命令，弹出【加厚】对话框，如图3-11所示，其作用为通过为一组面增加厚度来创建实体。

在【选择面】选项中选择图3-10所示曲面，【偏置1】输入0.5mm，将平面向上加厚0.5mm形成的实体如图3-12所示。

将前期建模过程中所使用到的辅助曲线和辅助曲面全部隐藏处理。

3. 帽顶、帽身实体建模

使用【基准平面】功能，【类型】选择【按某一距离】，单击【选择平面对象】选择XY基准平面，在【偏置】→【距离】中输入18.97mm，完成帽顶辅助基准平面的定义，如图3-13所示。

图3-11 【加厚】对话框

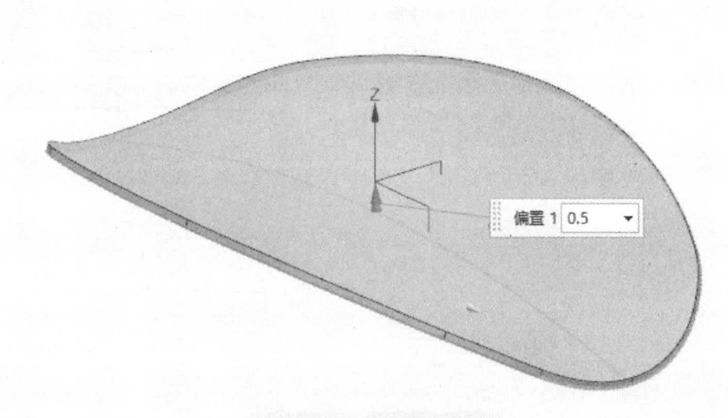

图3-12　帽檐面实体

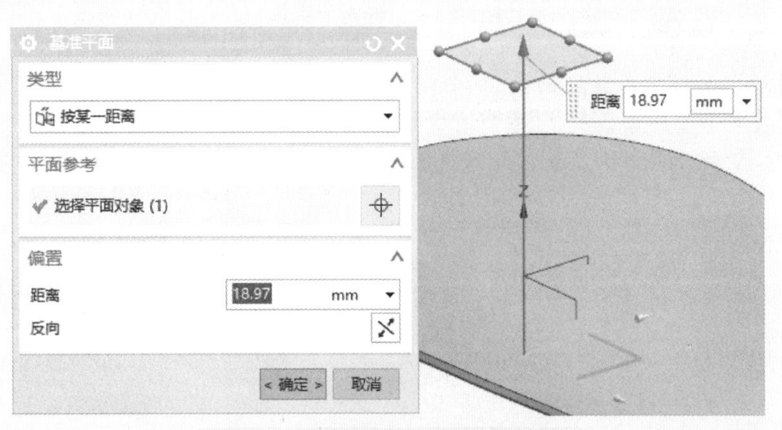

图3-13　帽顶辅助基准平面的定义

在辅助基准平面上新建草图。选择【草图曲线】→【椭圆】,【中心】指定点为草图原点,【大半径】输入12.785mm,【小半径】输入9.225mm，如图3-14所示。

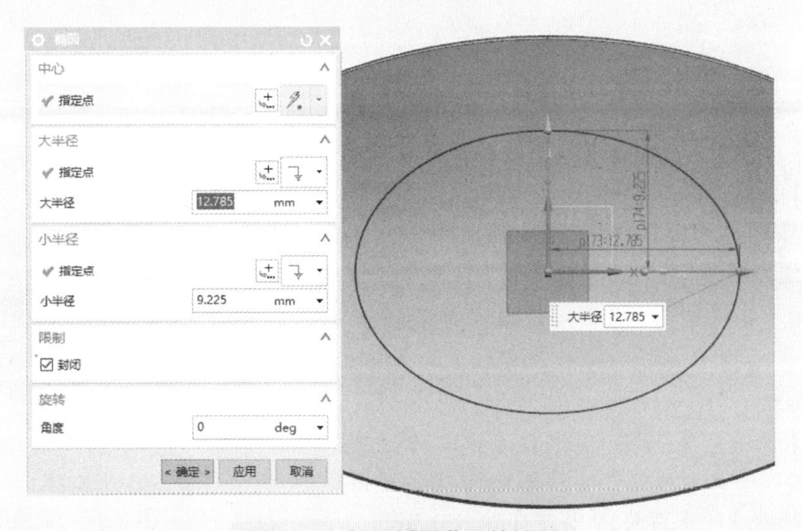

图3-14　帽顶椭圆草图的绘制

使用【特征】面板中【拉伸】命令，其作用为沿矢量拉伸一个截面以创建特征。在图 3-15 所示对话框中【选择曲线】选择图 3-14 所示椭圆草图曲线，【指定矢量】默认向下，【距离】输入 0mm 和 5mm，【拔模】中选择【从起始限制】，【角度】输入 -17.45/2deg，得到实体。

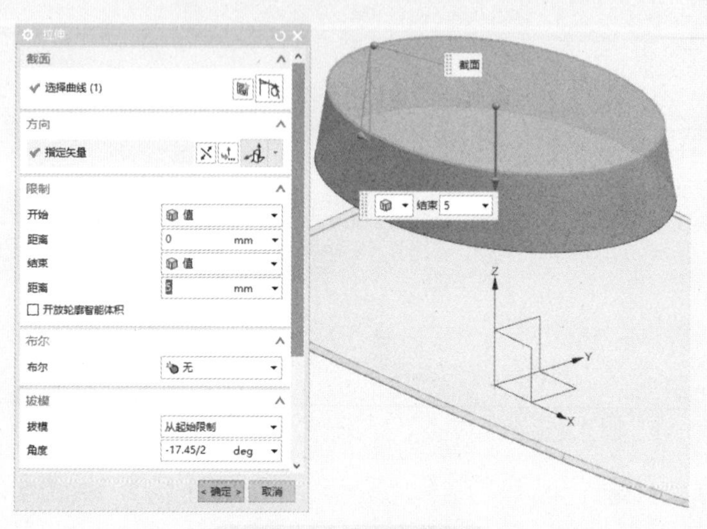

图 3-15 拉伸帽顶实体

使用【同步建模】面板中【替换面】命令，其作用为将一组面替换为另一组面。在图 3-16 所示对话框中【要替换的面】选择图 3-15 所示椭圆台的下底面，【替换面】选择帽檐实体的下底面，【偏置距离】为 0，得到图 3-17 所示实体。注意：此时是 2 个实体，下面的网格表示两个曲面重合的状态。

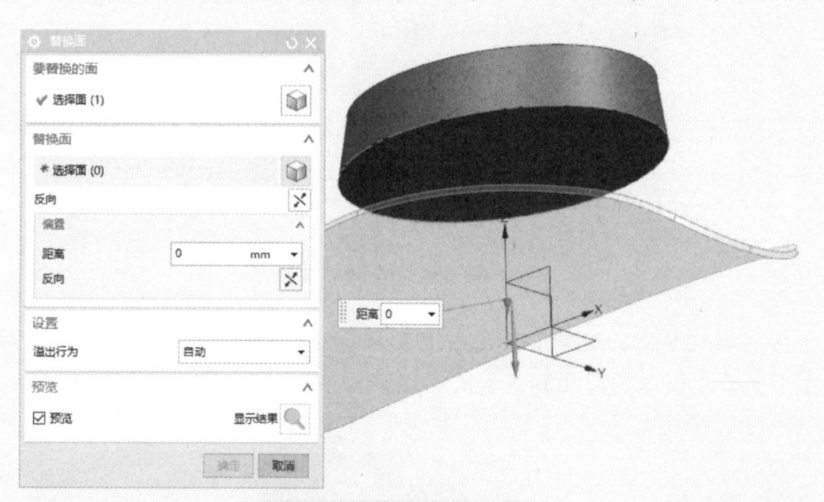

图 3-16 使用替换面命令

使用【特征】面板中【修剪体】命令，其作用为使用面或基准屏幕修剪掉一部分体。在图 3-18 所示对话框中【目标】选择体为帽檐实体，【工具】选择帽顶和帽身，注意观察结果预览，如果剪切反了，需要单击【反向】按钮进行切换。

图 3-17 替换面结果

4. 抽壳和圆角特征

使用【特征】面板中【抽壳】命令，其作用为通过应用壁厚并打开选定的面修改实体。在图 3-19 所示对话框中【要穿透的面】选择帽身的下曲面，【厚度】输入 0.5mm。

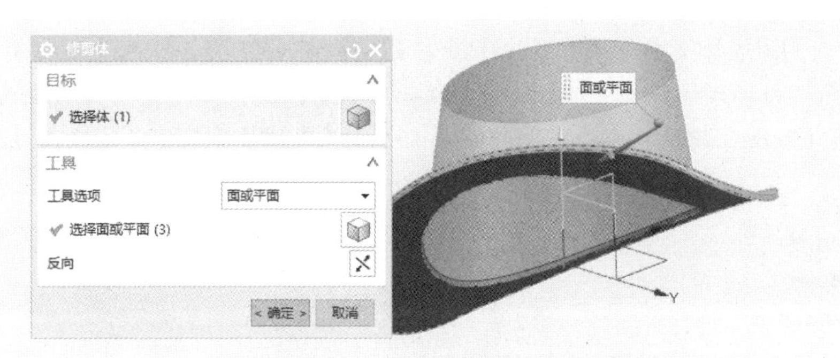

图 3-18　使用修剪体命令对帽檐实体进行修剪

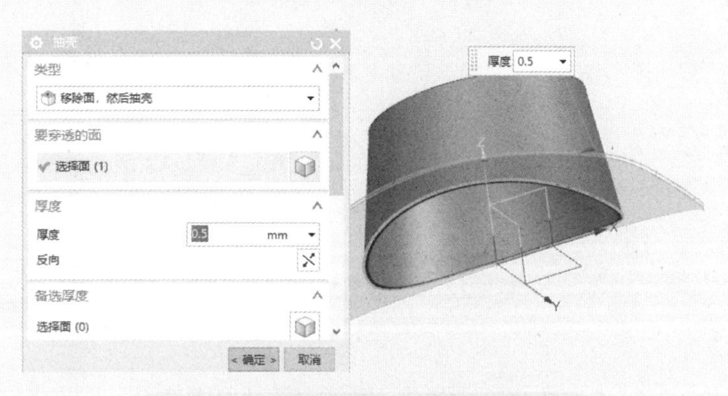

图 3-19　使用抽壳命令对帽身进行抽壳

使用【特征】面板中【求和】命令，其作用为将两个或多个实体的体积合并为一个体。如图 3-20 所示，在对话框中目标和工具分别选两个实体，然后合并成单个实体。

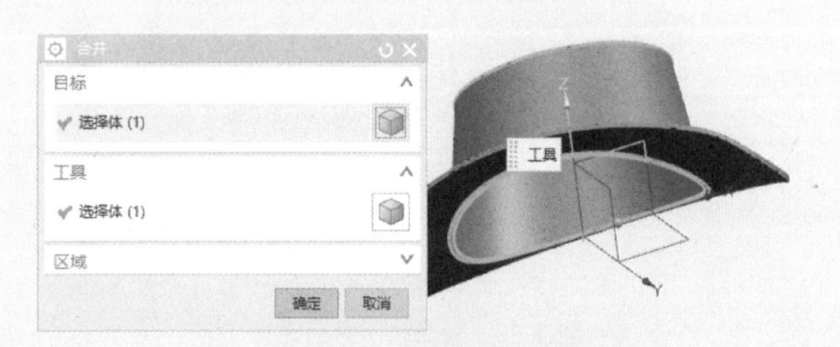

图 3-20　使用求和命令将两实体合并

若求和后帽身的窄面还存在的情况下，使用【替换面】命令，将窄面替换为帽檐的宽面，如图 3-21 所示。

图 3-21　使用替换面命令去除窄面

使用【特征】面板中【边倒圆】命令，其作用为对面之间的锐边进行倒圆。在图 3-22a 所示对话框中，此处将 6 处进行倒圆，5 个圆角值使用一个命令完成。由于曲面曲率要求不高，在【混合面连续性】

中选择【G1（相切）】，选择帽顶边线【形状】为【圆形】，保持不变，输入【半径 1】为 2mm，然后单击【添加新集】，再选择下一条边或者一组边线输入对应的半径。帽顶边线内侧半径为 1.5mm，帽身和帽檐之间半径为 1.8mm，帽身和帽檐内侧半径为 1mm，2 条帽檐边线圆角半径为 0.2mm。

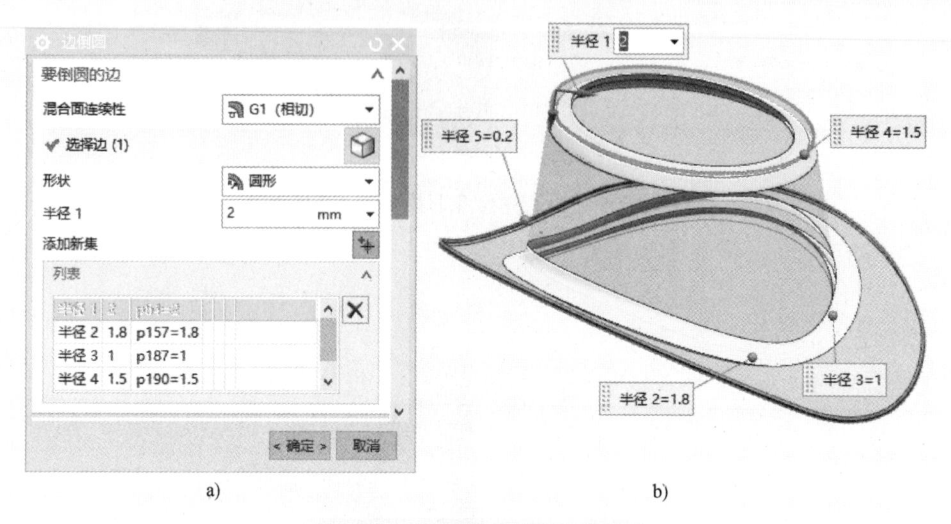

图 3-22　对帽子模型各边倒圆

5. 帽徽实体特征

使用【基准平面】命令，【类型】选择【按某一距离】，【选择平面对象】选择 XY 基准平面，在【偏置】距离中输入 30mm，完成辅助基准平面的定义，如图 3-23 所示。

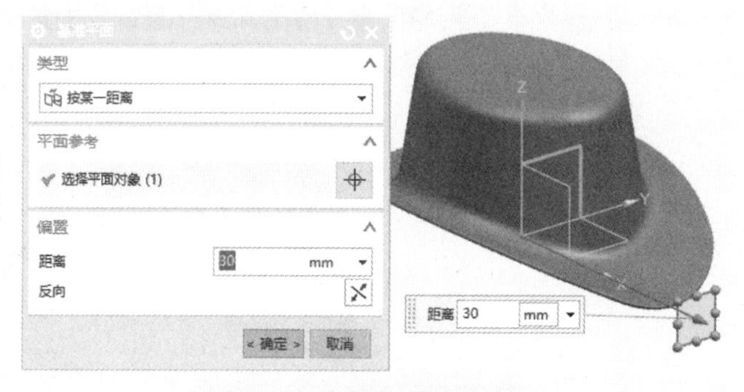

图 3-23　辅助基准平面定义

使用【草图】命令在设置的基准平面上绘制帽徽截面草图，其形状、尺寸和约束情况如图 3-24 所示。

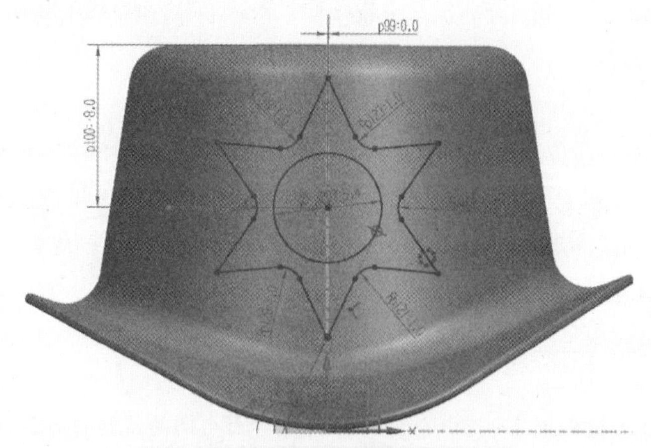

图 3-24　帽徽的辅助基准平面草图

使用【拉伸】命令，选择前面绘制好的六角形作为草图截面，方向的【指定矢量】朝向帽身，【结束】选项选择【直至下一个】，【布尔】操作选择【求和】，与帽身实体进行合并，如图 3-25 所示。

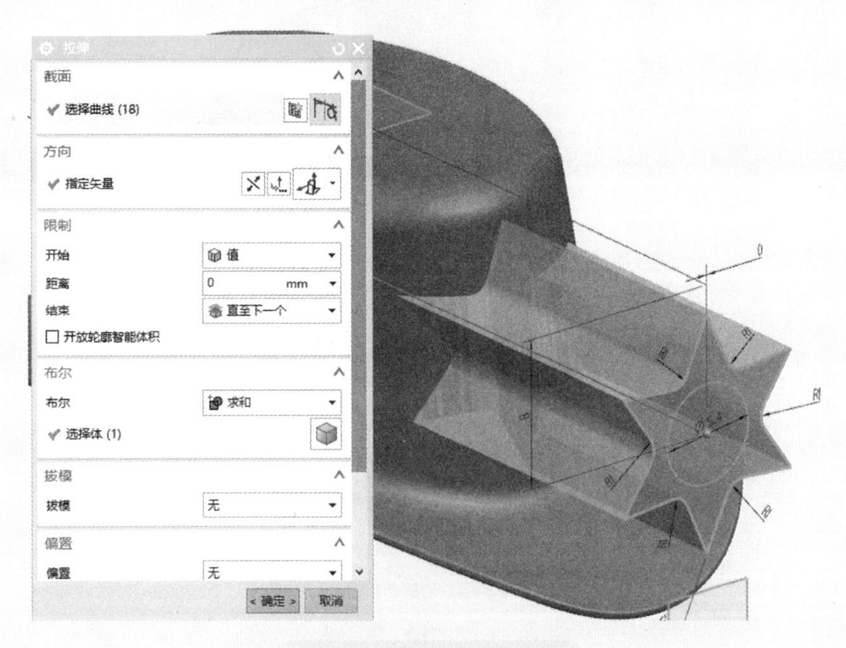

图 3-25　星形轮廓的拉伸

使用【替换面】命令，【要替换的面】选择图 3-25 中的右平面，【替换面】选择帽身外侧面，如图 3-26 所示，在【偏置】距离中输入 0.5mm 作为星形的凸起高度。

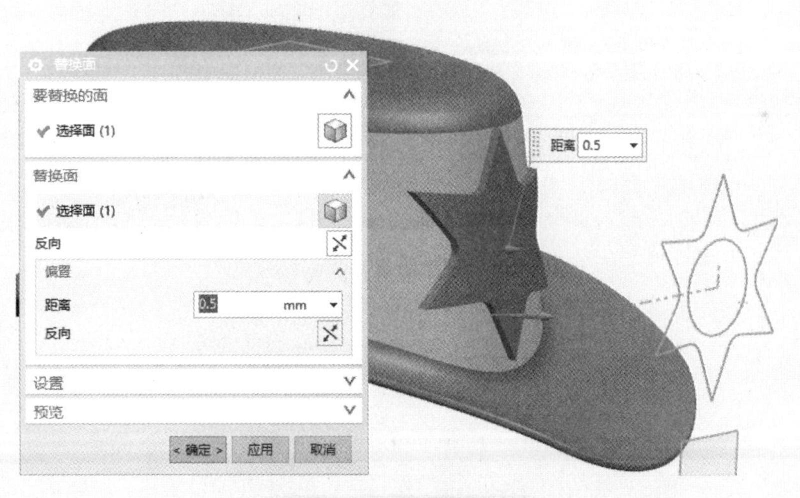

图 3-26　星形实体特征

使用【拉伸】命令，选择绘制好的圆形作为草图截面，方向的【指定矢量】朝向帽身，【结束】选项选择【直至下一个】，【布尔】操作选择【求和】，与帽身实体进行合并，如图 3-27 所示。

使用【替换面】命令，【要替换的面】选择图 3-27 所示的右平面，【替换面】选择星形表面，如图 3-28 所示，在【偏置】距离内输入 0.2mm 作为圆形的凸起高度。

完成后将草图曲线进行隐藏，多角度观察建模结构是否正确和合理。

6. 显示及颜色编辑

单击【视图】→【显示和隐藏】命令，其作用为按类型显示或隐藏对象，弹出的对话框如图 3-29 所示，这里可以方便地隐藏和显示要素，后续只需要对实体操作。可以先单击【全部】后面的

【-】把所有对象全部不显示，然后单击【几何体】→【体】→【实体】后面的【+】，把所有实体显示出来。

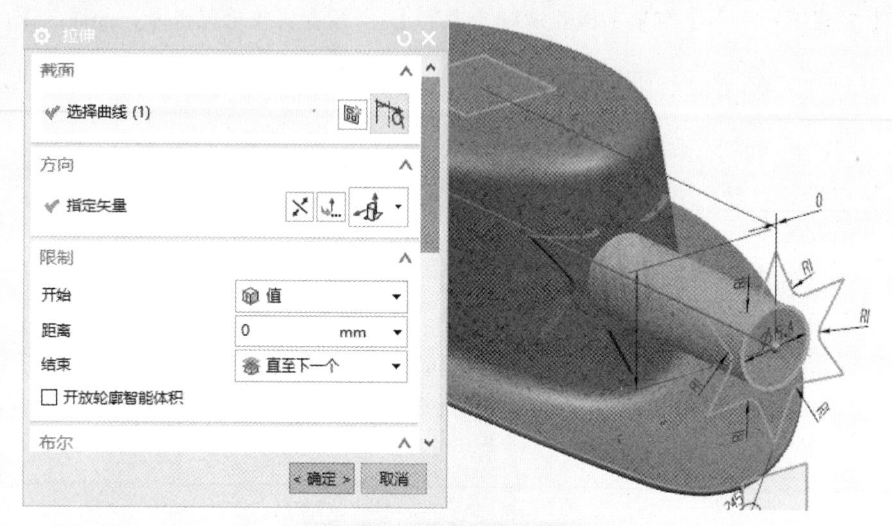

图 3-27　圆形轮廓的拉伸

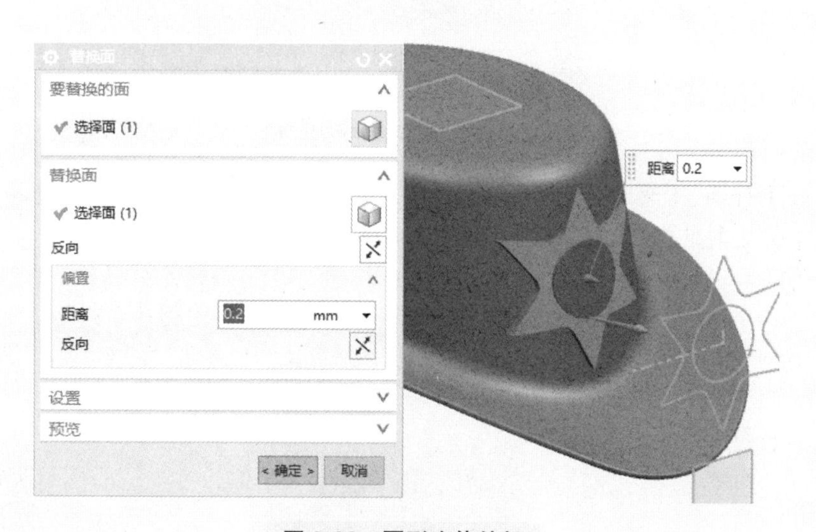

图 3-28　圆形实体特征

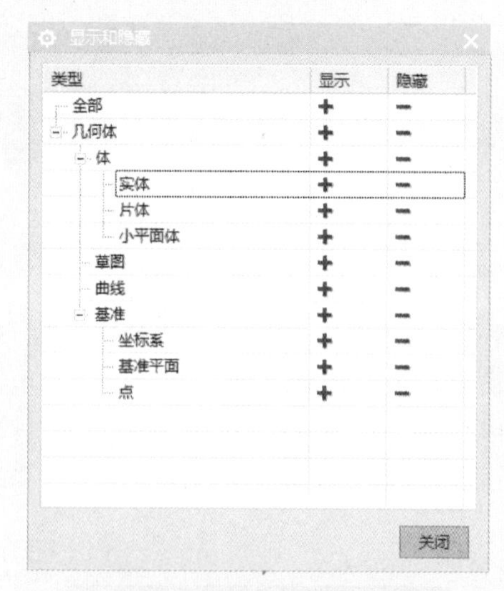

图 3-29 【显示和隐藏】对话框

单击【菜单（M）】→【编辑（E）】→【对象显示（J）】选项，弹出【类选项】对话框，如图 3-30a 所示，在图 3-30b 所示选择过滤器中选择【面】，表示仅单击面，依次单击星形和圆柱实体的顶面和侧面共计 21 个面。

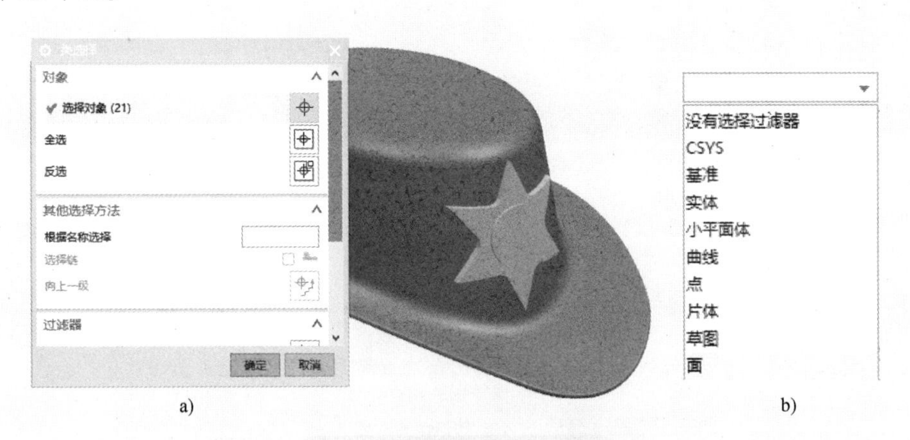

a)　　b)

图 3-30 【类选择】对话框

选择对象完成后，弹出【编辑对象显示】对话框，如图 3-31 所示，然后单击【颜色】右侧的色块，会弹出图 3-32 所示的【颜色】对话框，这里选择第一排左 4 颜色 Yellow，确定后所选的面更改为 Yellow 色（黄色），如图 3-32 所示。

对于该帽子模型可以对实体全部使用一种颜色，再对帽徽指定其他颜色。有的可以设置某个面或者某个实体呈现一定程度的透明度，在图 3-31 所示对话框【透明度】条内 0 ~ 100 进行调节，其数值越大，透明度越大。

设置完成后结果如图 3-33 所示。

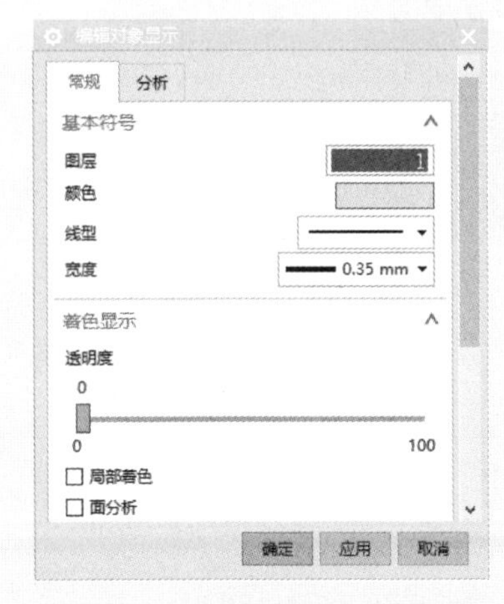

图 3-31 【编辑对象显示】对话框

图 3-32 【颜色】对话框

图 3-33 定义颜色完成的效果

7. 真实着色编辑

选择【菜单（M）】→【视图（V）】→【可视化（V）】→【真实着色编辑器（U）】选项，弹出【真实着色编辑器】对话框，如图 3-34 所示。这里可以定义实体材料的材质，还可以在【全局反射】→【图像】中选择和定义反射的效果，在【背景】→【背景类型】中选择和定义背景类型，以完成着色效果。

设置完成后结果如图 3-35 所示。

单击【视图】选项，在【可视化】特征面板中有导出图片功能，如图 3-36 所示，可以选择 PNG、JPEG、GIF、TIFF 中的一种格式，选择保存路径后得到模型的真实着色图片。

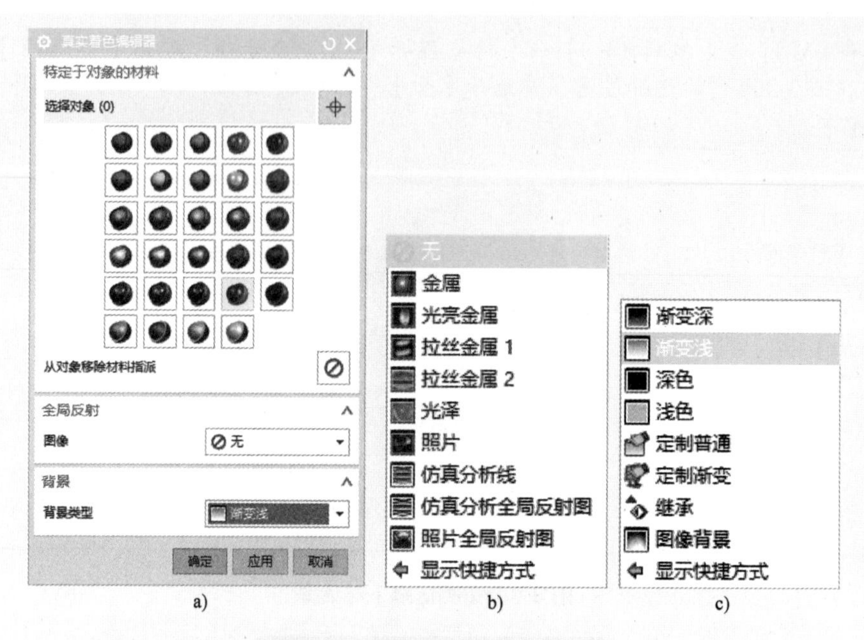

图 3-34　真实着色编辑器与选项

图 3-35　真实着色效果

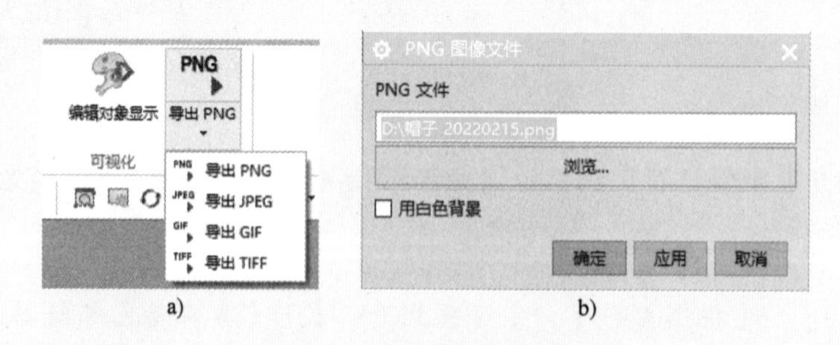

图 3-36　图片格式与导出

8. 高质量图像

选择【菜单（M)】→【视图（V)】→【可视化（V)】→【高质量图像（H)】选项，弹出【高质量图像】对话框，如图 3-37a 所示，单击图标可以更改图像首选项，如图 3-37b 所示；然后选择方法后单击【开始着色】得到结果，最后保存为高质量图像。

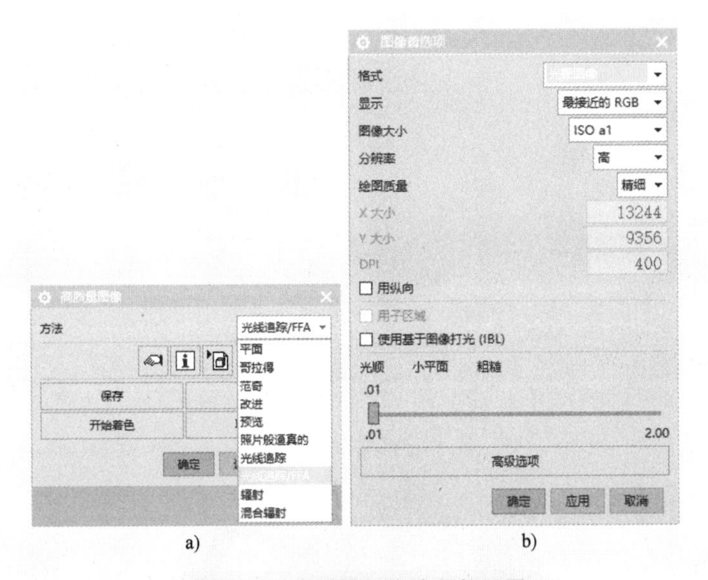

图 3-37　高质量图像选项与设置

通过【高质量图像】方式输出的图片可以达到非常高的分辨率，如图 3-38 所示，图片大小达到 59MB，分辨率达到 13244×9356、400dpi，就可以满足广告、印刷等图文需要。

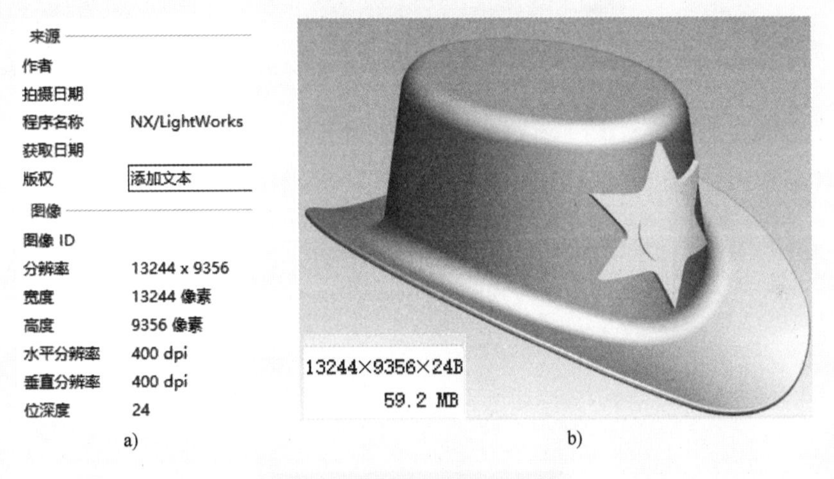

图 3-38　输出的图片信息

任务二　紫砂壶建模

紫砂壶建模流程如图 3-39 所示。使用描绘法绘制模型关键曲线，使用曲面命令生成外形曲线，使用曲面和实体混合建模生成茶壶模型实体。

新建模型文件，设置文件名和保存位置后进入建模模块。

1. 轮廓草图描线

单击【菜单（M）】→【插入（S）】→【基准 / 点（D）】→【光栅图像（R）】，其作用为将光栅图像导入模型。在弹出的【光栅图像】对话框中，如图 3-40 所示，【目标对象】中的【指定平面】使用默认的 XY 平面，在【图像源】中【当前图像】单击浏览找到紫砂壶图片，在【方向】的【基点】中单击选择中心。由于图片初始方向有问题，这里进行了旋转 90°，然后拖动 XC 和 YC 方向箭头使图像尽可能左右对称，图像下方位于坐标轴之上。

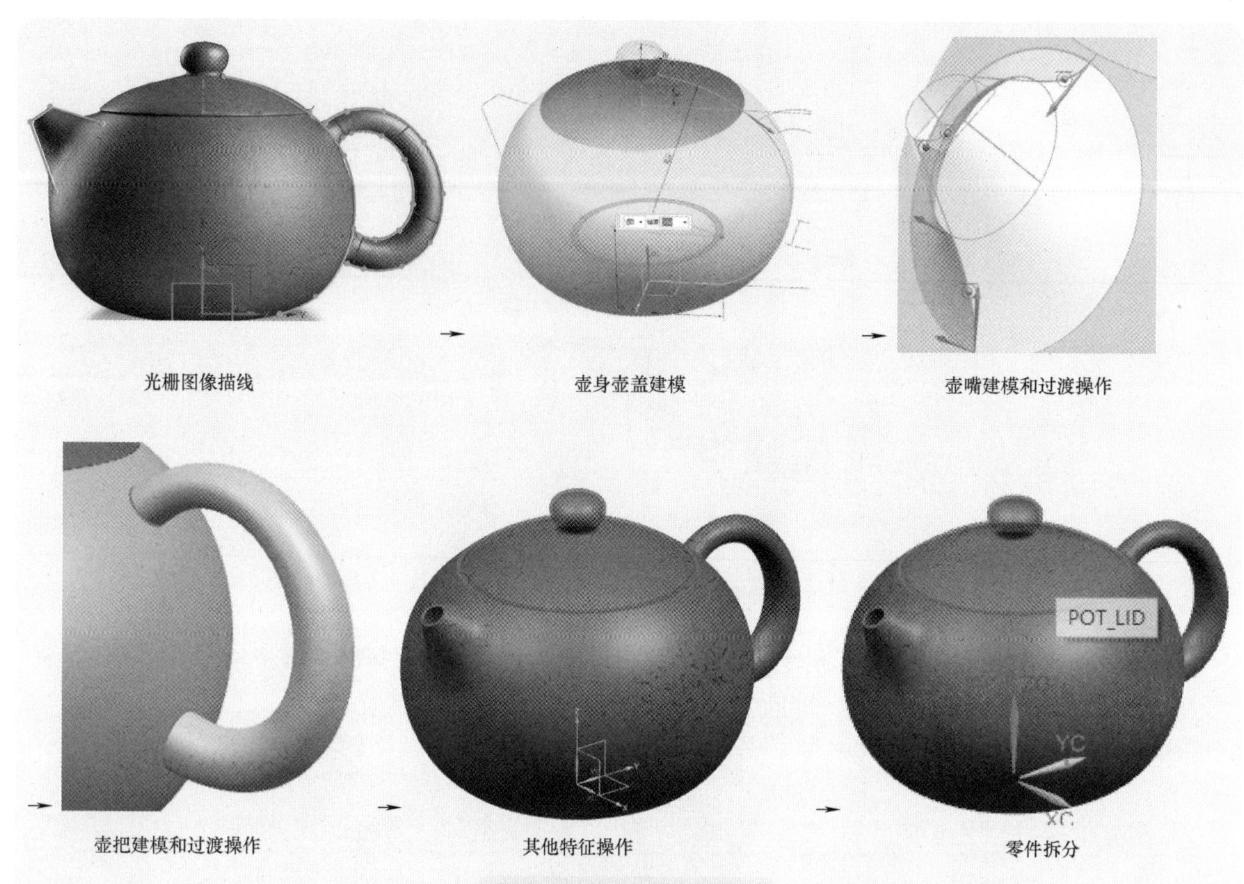

图 3-39　紫砂壶建模流程

图 3-40 【光栅图像】对话框

使用草图功能在XZ平面绘制草图，使用直线、圆弧或者二次曲线勾勒壶身一侧曲线、壶盖曲线、壶嘴曲线和壶把曲线，绘制结果如图3-41所示。注意壶盖和壶身侧面曲线要断开，后面作为两个零件进行建模。

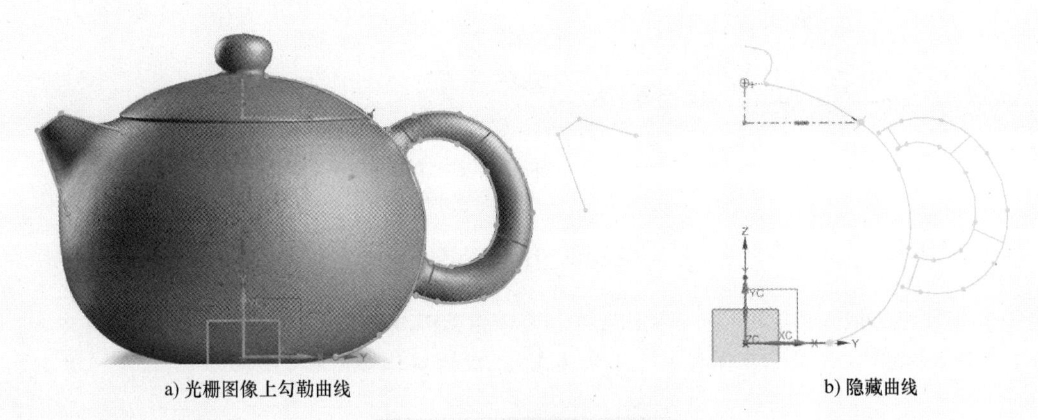

a) 光栅图像上勾勒曲线　　　　b) 隐藏曲线

图3-41　XZ面勾勒的草图

单击【菜单（M）】→【格式（R）】→【移动至图层（M）】，其作用为将对象从一个图层移动到另一个图层。单击光栅图像，移动到第62层，如图3-42所示。

单击【菜单（M）】→【格式（R）】→【图层设置（M）】，其作用为设置工作图层、可见和不可见图层，并定义工作图层的类别名称。选择工作图层，单击光栅图像，移动到第62层，如图3-43所示。

图层的应用：把不同的图形元素放到不同的图层，或将不同功能的实体放在不同的图层。根据需要打开或关闭图层，方便视图显示管理。图层状态有：工作图层，指当前工作都放在此图层；可选图层指里面的内容可以选择、修改和删除；只可见图层指里面的内容看得到，但是不能选择、不能修改和删除；不可见图层指关闭图层显示后的效果。

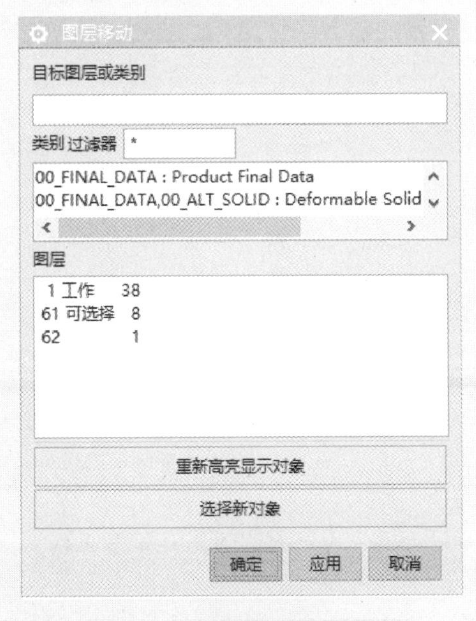

图3-42 【图层移动】对话框

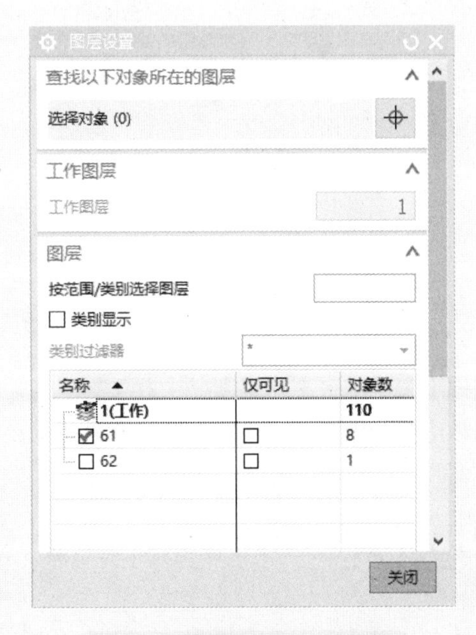

图3-43 【图层设置】对话框

2. 壶身和壶盖建模

使用【特征】面板中【旋转】命令，其作用为通过选择截面绕轴来创建特征。快捷命令单击【主页】→【拉伸】下方的箭头图标→【旋转】，如图3-44所示，也可以在【菜单】→【插入】→【设计特征】中找到命令。

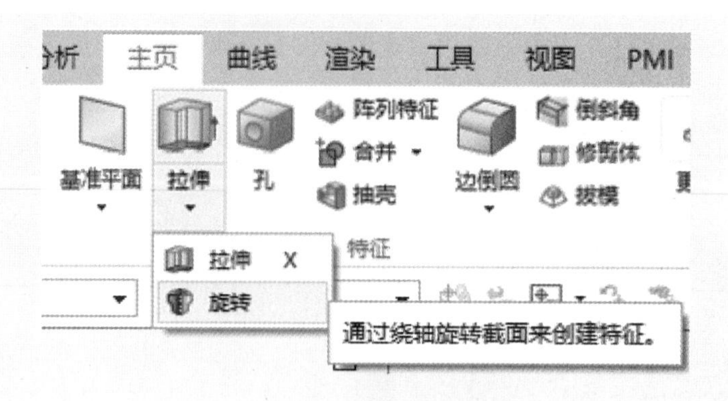

图 3-44 【旋转】命令

【旋转】特征对话框如图 3-45a 所示，【截面】选择壶盖部分曲线，【轴】的矢量选择 Z 方向，指定原点，【角度】输入 360°，设置【体类型】为【实体】，生成的实体如图 3-45b 所示。

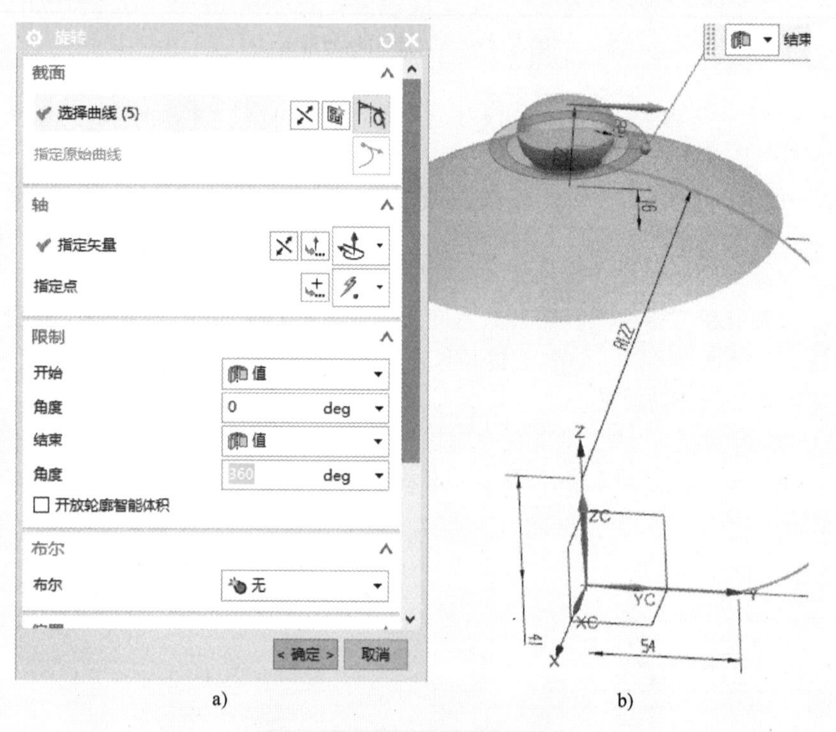

图 3-45 旋转生成壶盖曲面

选择【菜单】→【编辑】→【对象显示】命令，将壶盖修改成半透明显示。

选择【旋转】命令，选择壶身部分曲线，生产壶身曲面。在【体类型】中选择【片体】，对话框的设置和生成的片体如图 3-46 所示。

3. 壶嘴曲面建模

单击【拉伸】命令，【选择曲线】为前步完成的草图中壶口处 1 条曲线、壶把处 4 条曲线，拉伸尺寸随意，如图 3-47 所示生成辅助平面。

在壶口辅助平面上绘制草图，壶口为圆形，圆心在壶口线段的中点，半径为壶口线段的一半。绘制的曲线如图 3-48 所示。

单击【菜单（M）】→【插入（S）】→【扫掠（S）】，其作用为通过沿一条或多条引导性扫掠截面来创建实体，使用各种方法控制引导线的形状。【截面】选择壶口草图圆形曲线，【引导线】选择前面草图中已绘制的上下两条曲线，如图 3-49 所示。

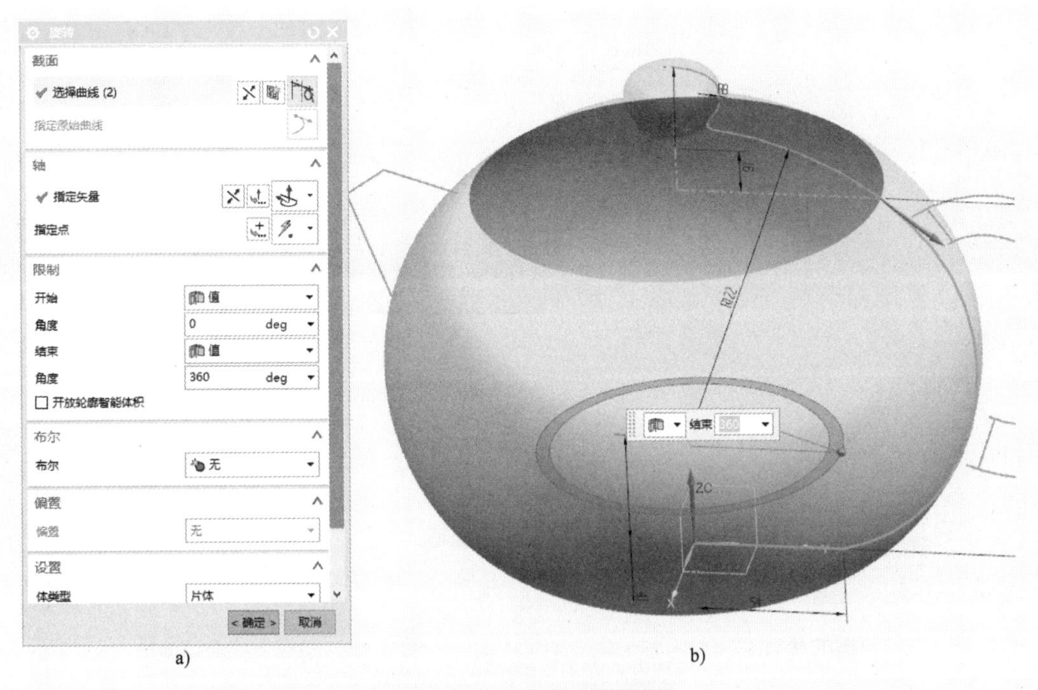

图 3-46　旋转生成壶身曲面

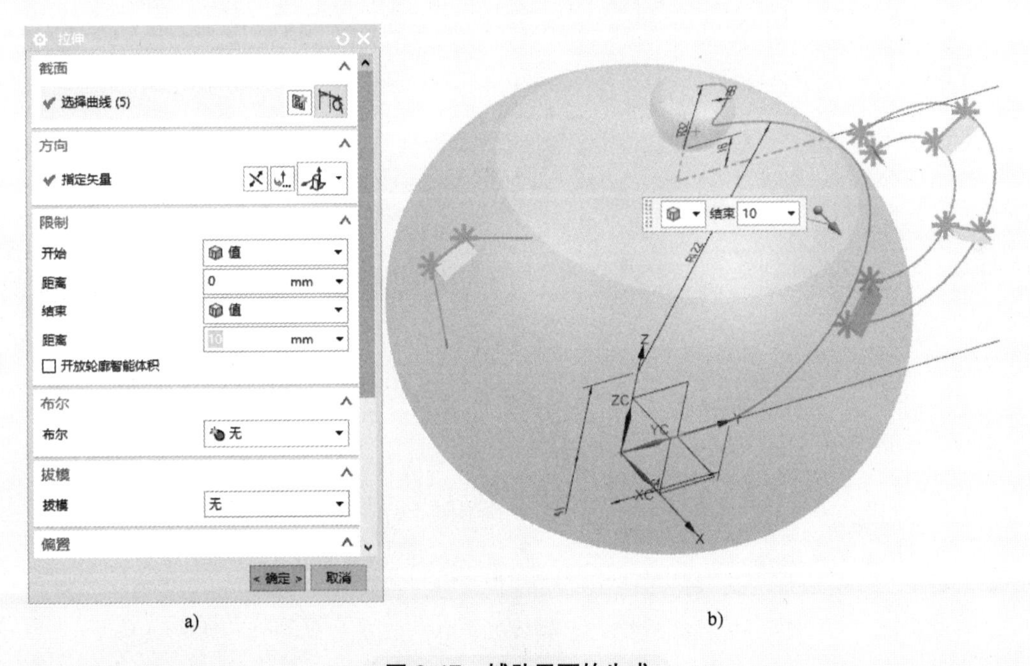

图 3-47　辅助平面的生成

为了提高壶口与壶身过渡的流畅性，这里使用曲面进行过渡，其好处是过渡曲线（曲面）通过调节参数，以达到设计或建模的要求。

在 YZ 平面上绘制草图，绘制剪切曲线如图 3-50 所示，可以是直线或者圆弧，位于壶嘴中下部和壶身与壶嘴相交的部分。

单击【菜单（M)】→【插入（S)】→【修剪（T)】→【修剪片体（R)】，其作用为用曲线、面或者基准平面修剪片体的一部分，对话框如图 3-51a 所示，【目标】的【选择片体】为壶嘴，【边界】的【选择对象】为曲线，【投影方向】选择草图垂直方向，【区域】中的【选择区域】可以选择保留或者放弃的部分。采用同样的方法剪切壶身曲面。

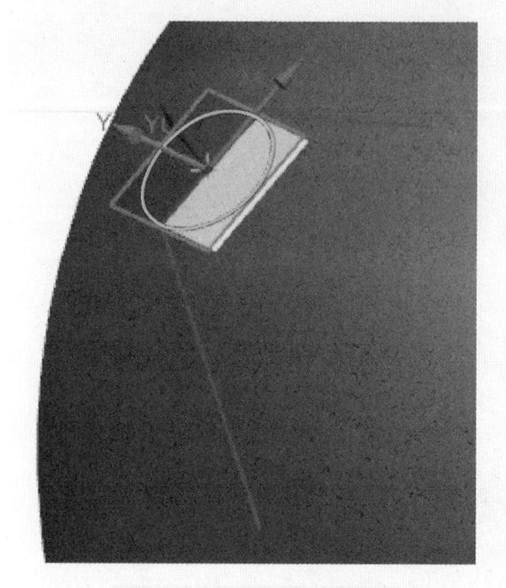

图 3-48　壶口草图的绘制

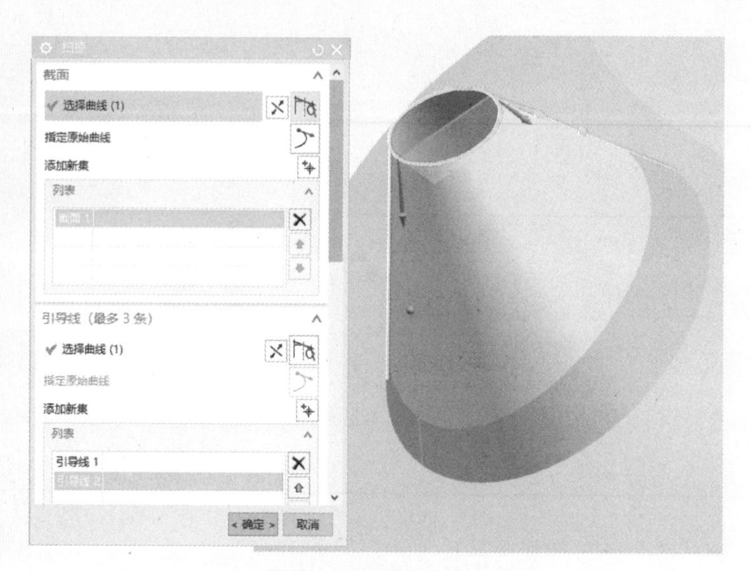

图 3-49　扫掠生成壶口曲面

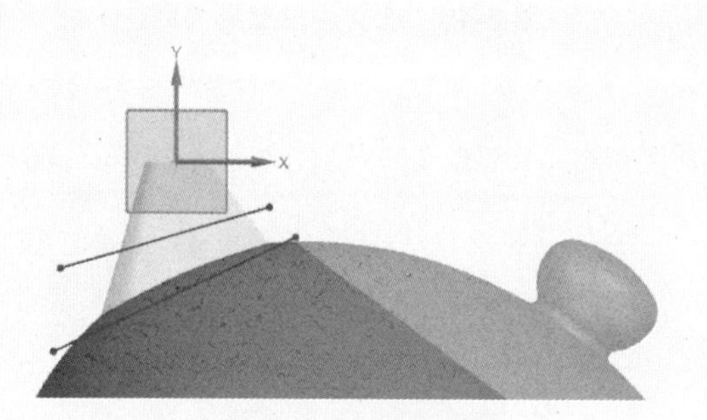

图 3-50　绘制剪切曲线

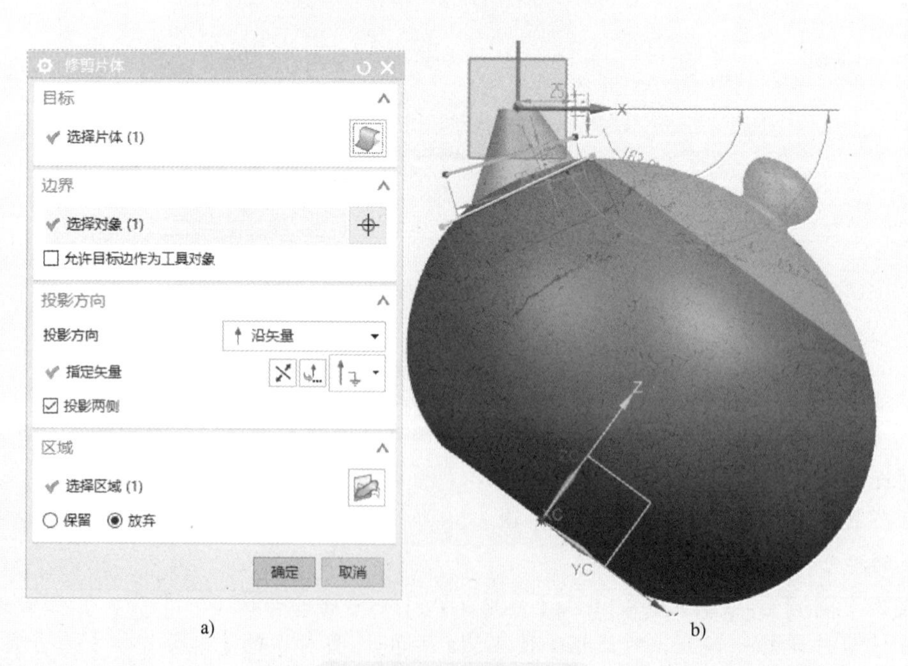

图 3-51　修剪壶口壶身

单击【菜单（M）】→【插入（S）】→【派生曲线（S）】→【等参数曲线（A）】，其作用为沿某个面的 U、V 参数曲线创建曲线，对话框如图 3-52a 所示，【面】选择壶口曲面，【方向】选择【U】，数量为 5。中间两条曲线可以隐藏处理。

单击【菜单（M）】→【插入（S）】→【派生曲线（S）】→【相交（I）】，其作用为创建两个对象集之间的相交曲线，对话框如图 3-53a 所示。

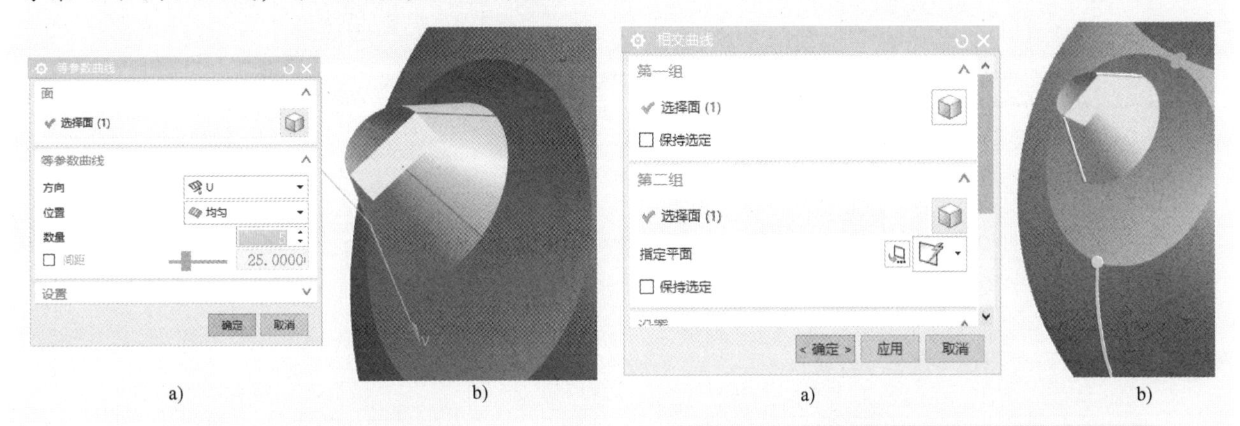

图 3-52　扫掠生成壶口曲面

图 3-53　用相交曲线命令生成壶身上的曲线

单击【菜单（M）】→【插入（S）】→【派生曲线（S）】→【桥接（B）】，其作用为创建两个对象之间的相切圆角曲线，对话框如图 3-54a 所示，选择等参数曲线和相交曲线，提供调节【形状控制】参数的方法，以生成 2 条桥接曲线。

单击【菜单（M）】→【插入（S）】→【网格曲面（M）】→【通过曲线网格（M）】，其作用为通过一个方向的截面网格和另一个方向的引导线创建实体，此时直纹形状匹配曲线网格，对话框如图 3-55a 所示，【主曲线】选择一个方向的点或者曲线，【交叉曲线】选择交差方向的曲线（即另一个方向），在【连续性】中选择【全部应用】和【G1（相切）】。

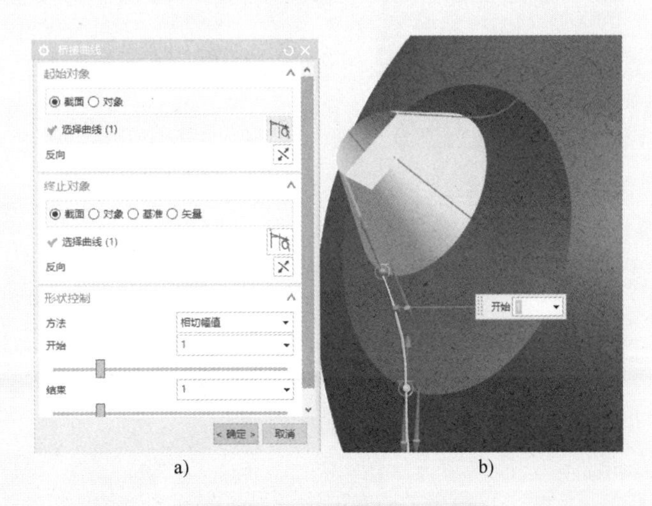

图 3-54　扫掠生成壶口曲面

4. 壶把曲面建模

在壶把处前步骤生成的 4 个平面上分别绘制 4 个草图，草图为椭圆形，椭圆中心为 4 个拉伸平面原始边线的中点，椭圆的一根轴长度等于边线长度，另一根轴长度比前一根轴略长。由于图像没有表达，壶把手中间位置略大，两端与边线长度接近，如图 3-56 所示。

单击【菜单（M）】→【插入（S）】→【扫掠（S）】，其作用为通过沿一条或多条引导性扫掠截面来创建实体，使用各种方法控制引导线的形状。【截面】选择 4 个截面草图曲线，注意保持箭头方向一致，如反向可以双击以换向；【引导线】选择壶把两条轮廓曲线，【体类型】选择片体，如图 3-57 所示，生成壶把曲面。再用过的辅助曲面、曲线隐藏。

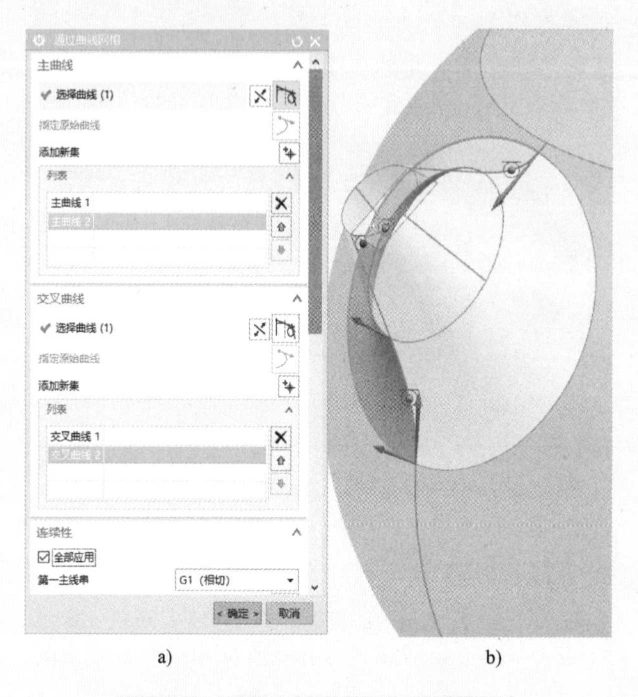

图 3-55　通过曲线网格生成过渡曲面

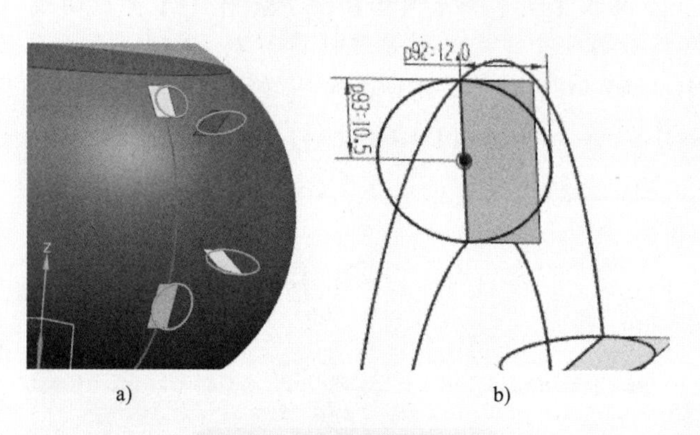

图 3-56　壶把截面草图

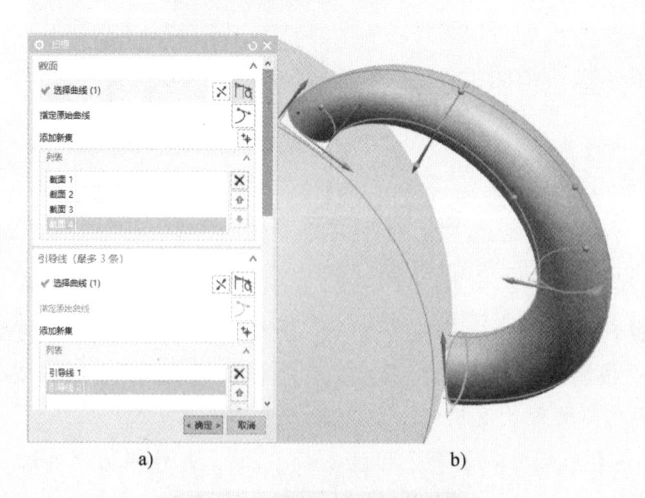

图 3-57　扫掠生成壶把曲面

5. 壶嘴和壶身修剪与加厚

单击【菜单（M）】→【插入（S）】→【修剪（T）】→【延伸片体（X）】，其作用为将片体延伸一个偏置量，或与其他体相交，此时直纹形状匹配曲线网格。对话框如图 3-58a 所示，【边】选择壶把曲面的一条边，偏置量为 15mm，另一条边采用相同操作。

单击【菜单（M）】→【插入（S）】→【修剪（T）】→【修剪片体（R）】。对话框如图 3-59a 所示，【目标】中的【选择片体】为壶把，【边界】的【选择对象】为壶身，用【区域】中的【选择区域】选择保留或者放弃的部分，将壶把曲面剪切至壶身。

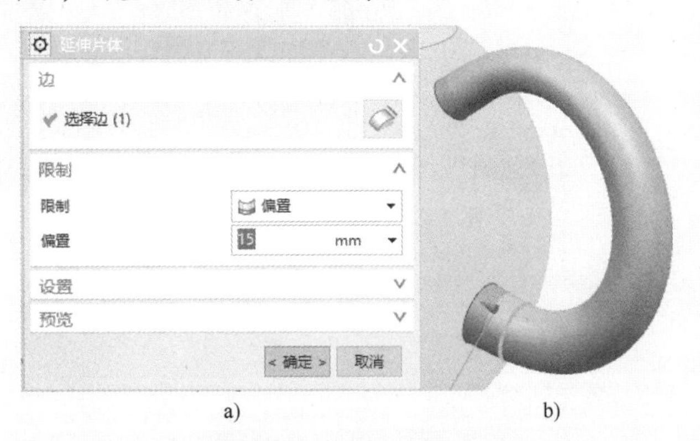

图 3-58　壶把曲面延伸

图 3-59　曲面修剪

使用【延伸片体】命令将壶口曲面处和壶盖口处曲面做出一定量的延伸，为后期壶身加厚后修正做准备，如图 3-60 所示。将壶盖曲面也做一定量的延伸如图 3-61 所示。

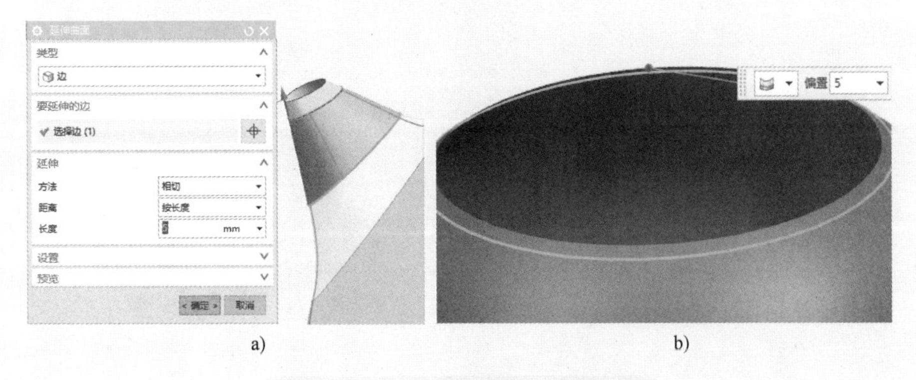

图 3-60　壶口和壶盖口处曲面延伸

单击【菜单（M）】→【插入（S）】→【组合（B）】→【缝合（W）】，其作用为通过将公共边缝合在一起组合片体，或通过缝合公共面组合实体，对话框如图 3-62a 所示，【目标】选择壶身，【工具】选择壶嘴和过渡曲面，如图 3-62b 所示。

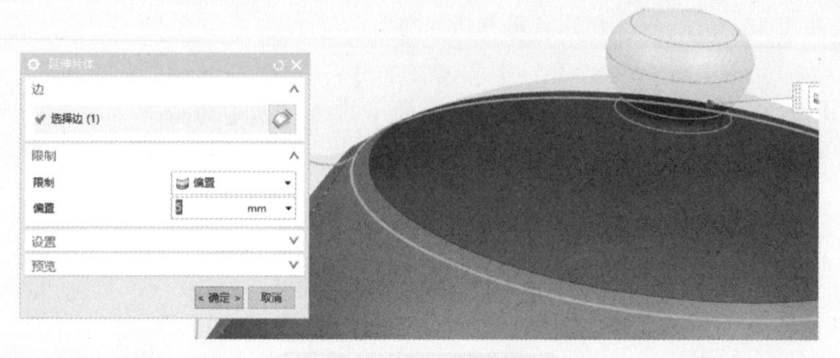

图 3-61　壶盖曲面延伸

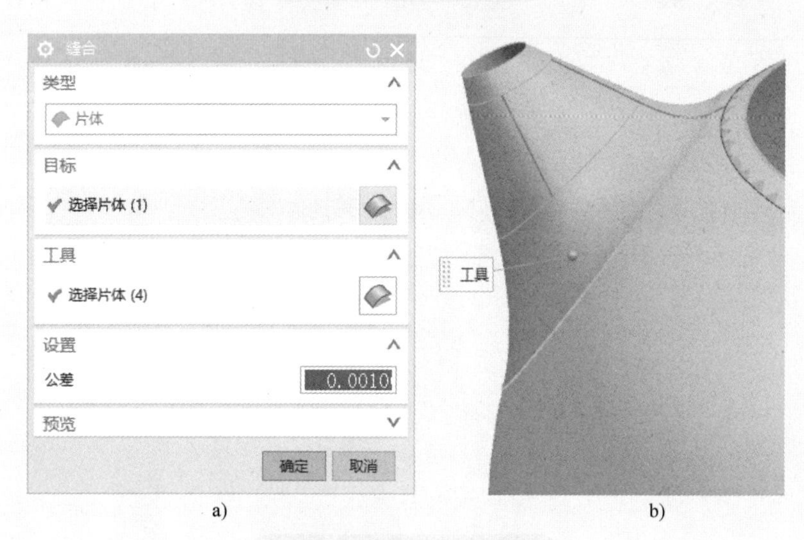

图 3-62　缝合壶身和壶嘴

单击【菜单（M）】→【偏置 / 缩放（O）】→【加厚（W）】，其作用为通过为一组面增加厚度来创建实体，对话框如图 3-63a 所示，【面】选择壶身曲面，【厚度】输入 2mm，如图 3-63b 所示，方向向内生成壶身壶嘴实体。

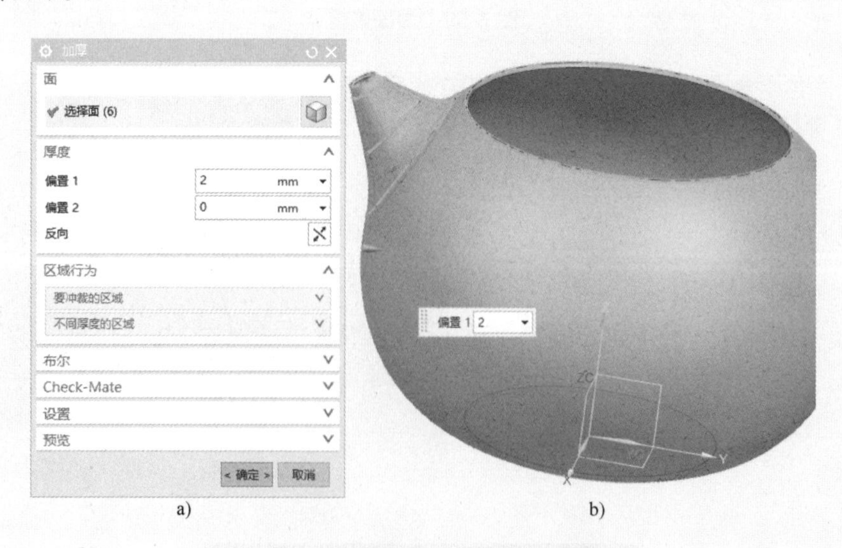

图 3-63　用加厚命令生成壶身壶嘴实体

6. 壶身和壶把编辑与合并

选择【视图】→【可见性】→【图层设置】选项，将光栅图层勾选，在XY平面绘制草图，如图3-64所示，注意壶盖口和壶口直线尽量符合图片要求。

图3-64 壶盖口和壶口截面草图

使用【拉伸】命令，将前步骤草图做拉伸，【限制】选择【对称值】,【距离】输入80mm,【布尔】选择【求差】，如图3-65所示，对壶盖口和壶口做切平处理。

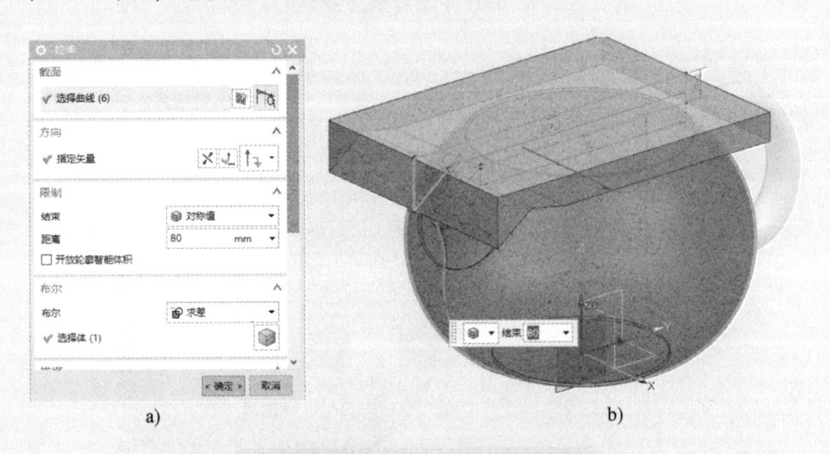

图3-65 壶盖口和壶口实体求差

将壶身实体和壶盖曲面进行隐藏，单击【菜单(M)】→【网格曲面(M)】→【N边曲面】按钮，其作用为由一组端点相连曲线创建封闭的曲面，对话框如图3-66a所示，【外环】选择壶把曲面的一端曲线生成片体，另一端相同，如图3-66b所示。

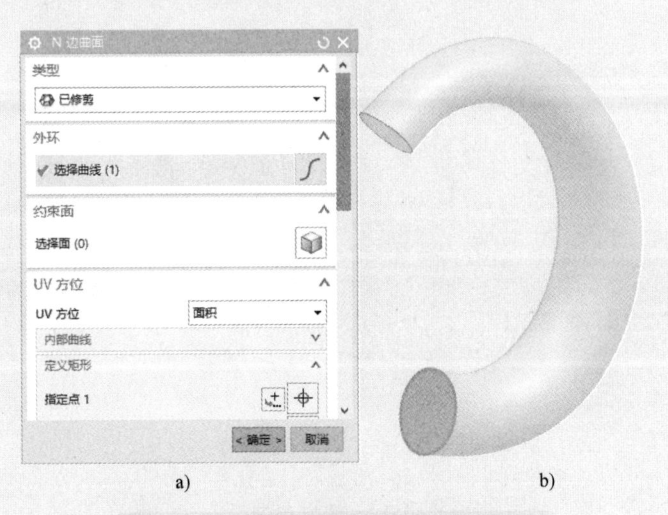

图3-66 用N边曲面命令生成端面曲面

使用【缝合】命令，将壶把曲面和两个端面曲面缝合，形成壶把实体，如图 3-67 所示。

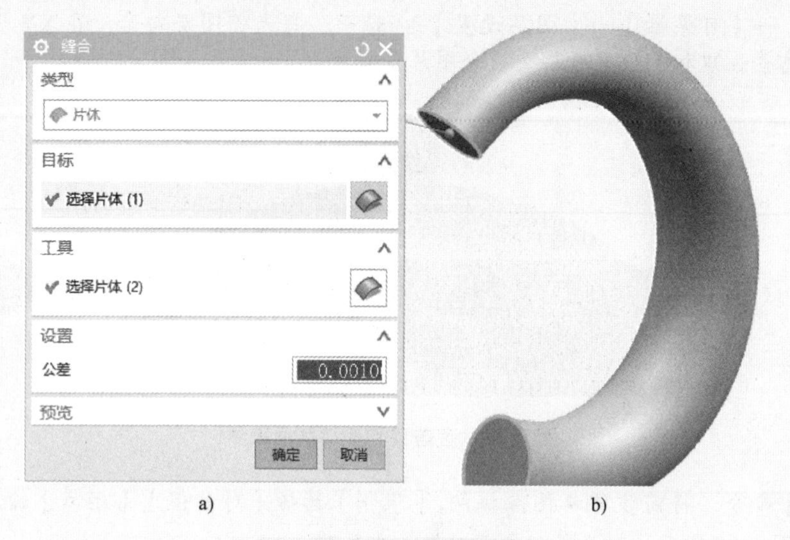

图 3-67　缝合壶把实体

单击【主页】→【特征】→【合并】命令，其作用为将两个或者多个实体合并为单个体，这里将壶把和壶身实体合并，如图 3-68 所示。

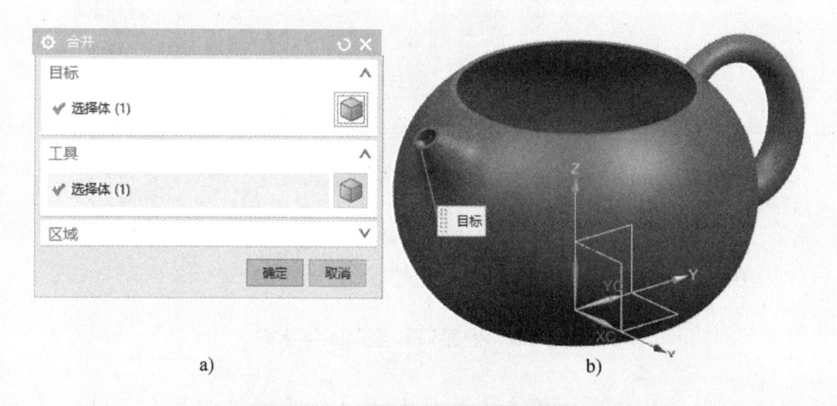

图 3-68　合并壶把和壶身实体

使用【边倒圆】命令，将壶把、壶口与壶身结合处，壶盖口、壶底处分别进行边倒圆角操作，如图 3-69 所示。

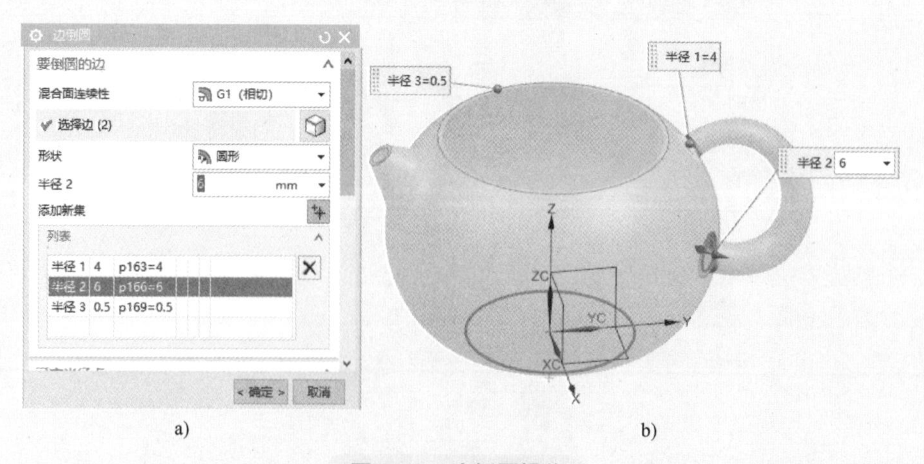

图 3-69　边倒圆操作

7. 壶盖编辑与抽壳

使用【基准平面】命令，在壶盖口处新建基准平面，如图3-70所示。

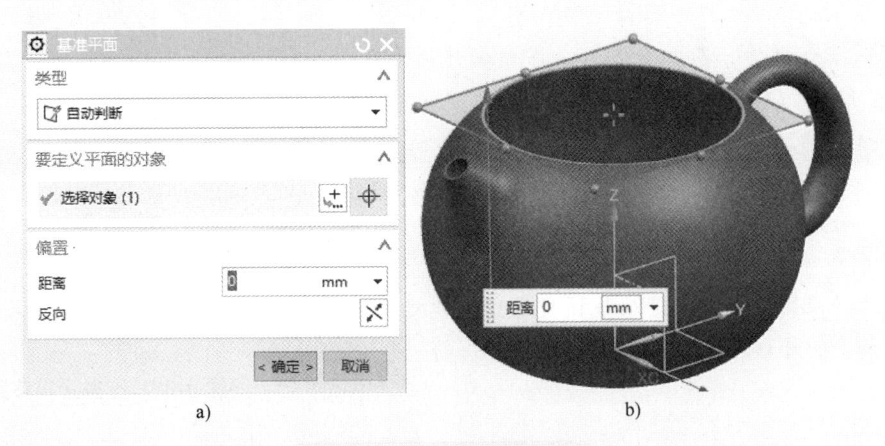

图3-70　壶盖口基准平面

使用【修剪体】命令，使用基准平面对壶盖进行实体修剪，如图3-71所示。

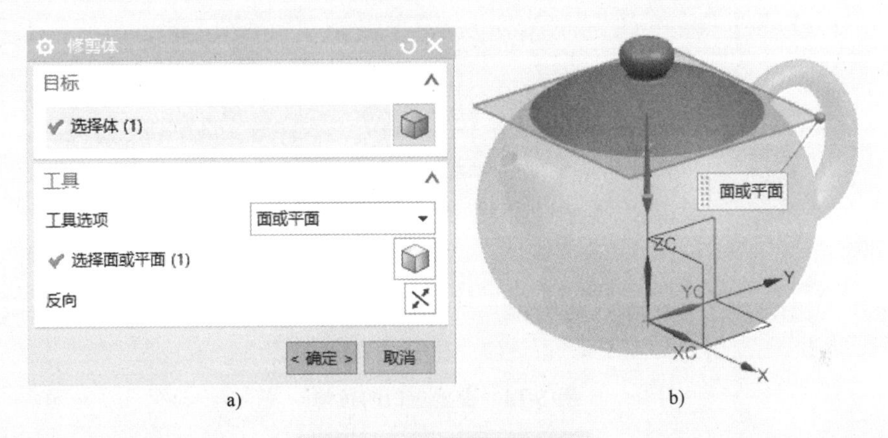

图3-71　壶盖实体的修剪

使用【特征】面板中【抽壳】命令，在弹出对话框中【要穿透的面】选择壶盖底面，【厚度】输入2mm，如图3-72所示。

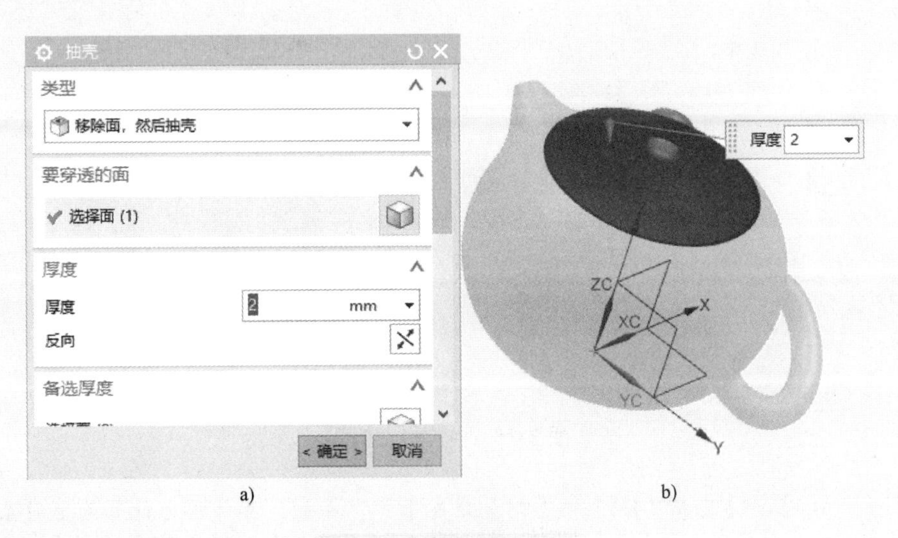

图3-72　壶盖抽壳操作

在壶盖底面绘制草图，如图3-73所示，两个同心圆作为壶盖止口，外圈比壶盖内圈略小，内圈直径比外圈直径小4mm。

对草图进行拉伸操作，高度为2mm，布尔操作为【求和】，形成壶盖止口，如图3-74所示。

对壶盖实体进行锐边倒圆操作，半径为0.5mm，如图3-75所示。

8. 模型比例缩放变换

在将光栅图像导入模型时，紫砂壶光栅图像尺寸和实物大小不符合，为此需要将紫砂壶实体模型进行缩放处理。经查询得知紫砂壶的外形尺寸如图3-76所示。

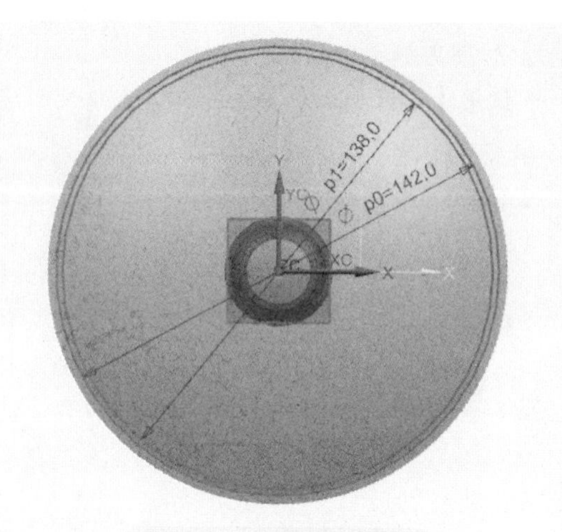

图3-73　壶盖止口草图

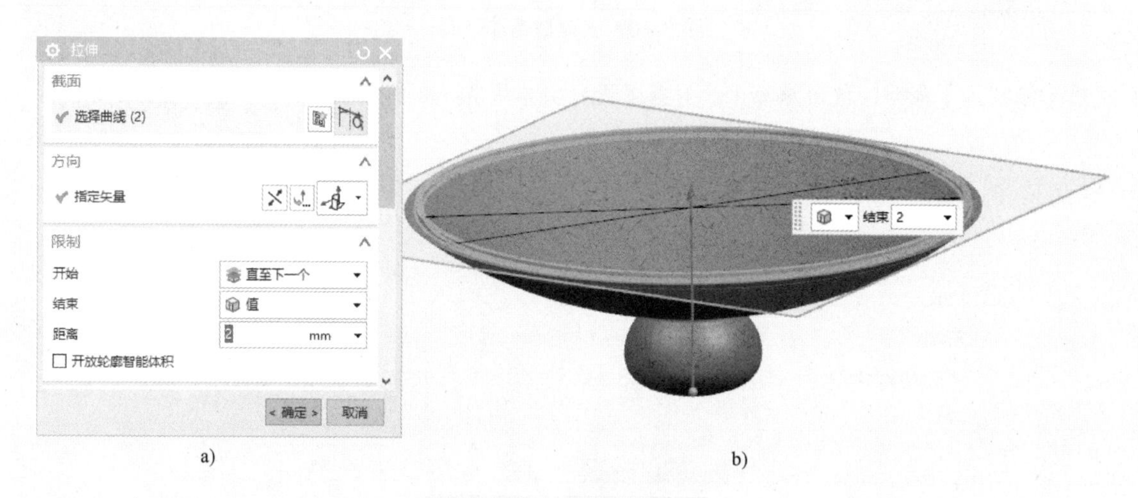

a)　　　　　　　　　　b)

图3-74　壶盖止口的拉伸

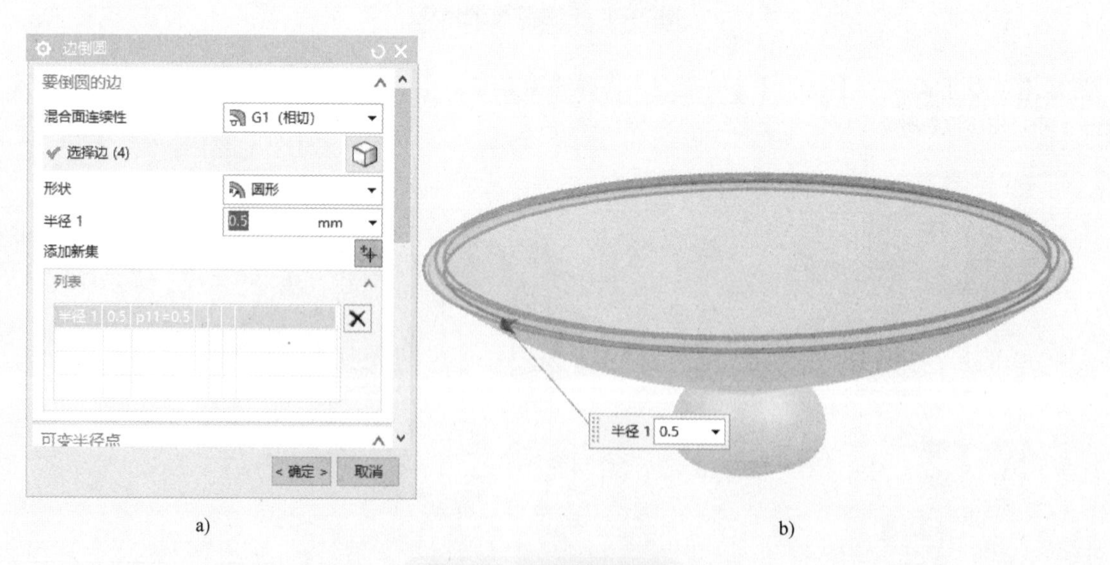

a)　　　　　　　　　　b)

图3-75　壶盖锐边倒圆

单击【菜单（M）】→【分析（L）】→【测量距离】按钮，其作用为计算两个对象之间的距离、曲线长度，或者圆弧、圆周边或圆柱面的半径，对话框如图3-77a所示，【起点】选择壶顶点，【终点】选择壶底，测得紫砂壶外形高度为183.3838mm，因此需要将实体缩放至70/183.3838≈0.382倍。

单击【菜单（M）】→【编辑（E）】→【变换】按钮，其作用为缩放、镜像、拟合或创建对象的阵列或对象的副本，对话框如图3-78所示。【选择对象】为壶身和壶盖2个对象，选择【变换】类型为【比例】，缩放点为原点（0，0，0），变换比例输入0.382，变换方式选择【移动】，然后单击【移除参数】按钮完成缩放变换操作，如图3-79所示，将实体缩放至实际大小。注意移除参数后，草图及各特征的参数将无法修改。

图3-76　紫砂壶外形尺寸

a)

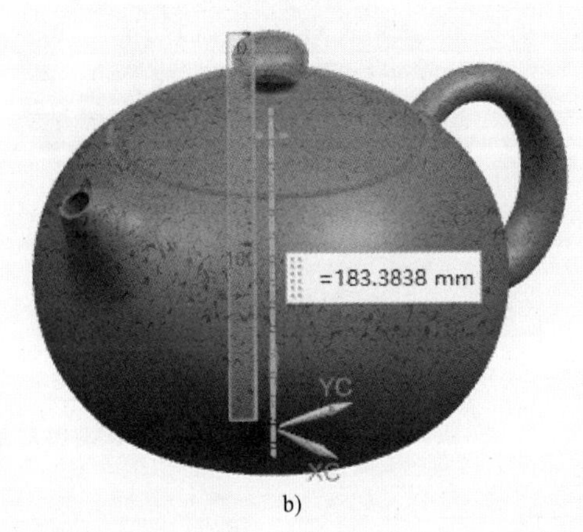

b)

图3-77　设置紫砂壶外形尺寸

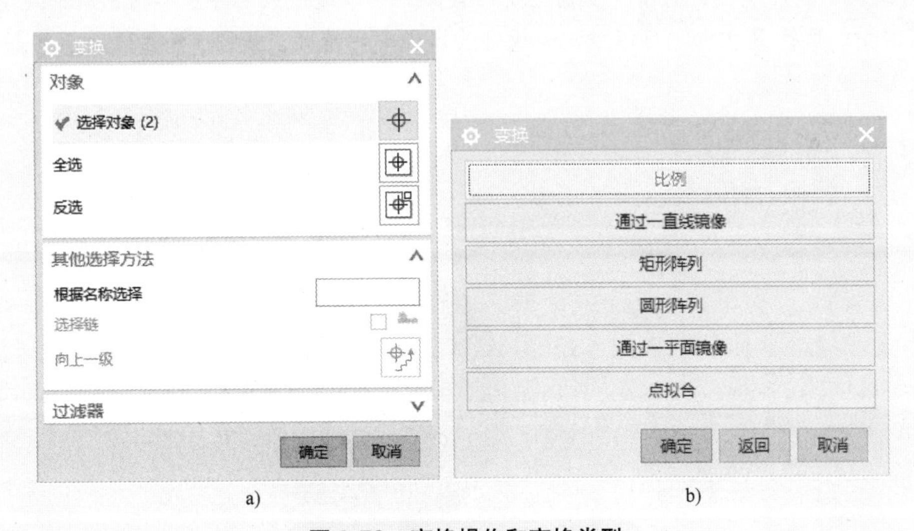

a)　　b)

图3-78　变换操作和变换类型

重新测量模型尺寸，检查结果如图3-80a所示。此时，壶身和壶盖完成了去参数操作，完成后部件导航器如图3-80b所示，仅剩2个体。

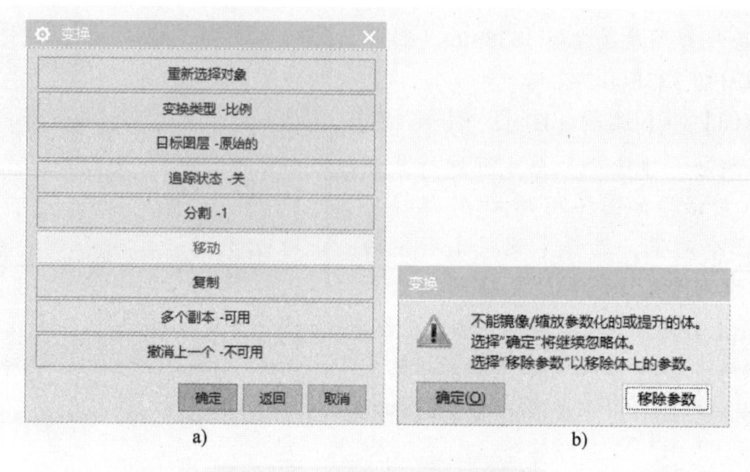

图 3-79　变换操作和移除参数

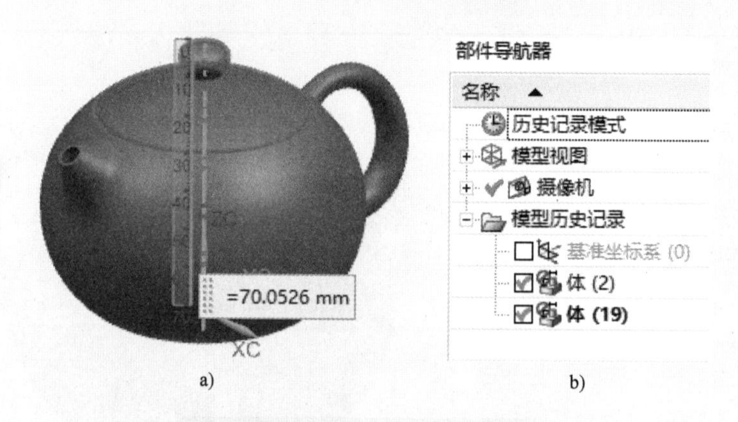

图 3-80　尺寸测量及部件导航器

9. 模型内部检查

因为紫砂壶是一个空壳结构，可以使用【视图】→【可见性】→【编辑截面】命令，其作用为编辑工作视图截面或者在没有截面的情况下创建新的截面，以及通过装配导航器列出所有现有截面，对话框如图 3-81a 所示，选择 X 方向，可以方便地观察物体内部的情况，如图 3-81b 所示。单击【剪切截面】按钮可以关闭效果显示。

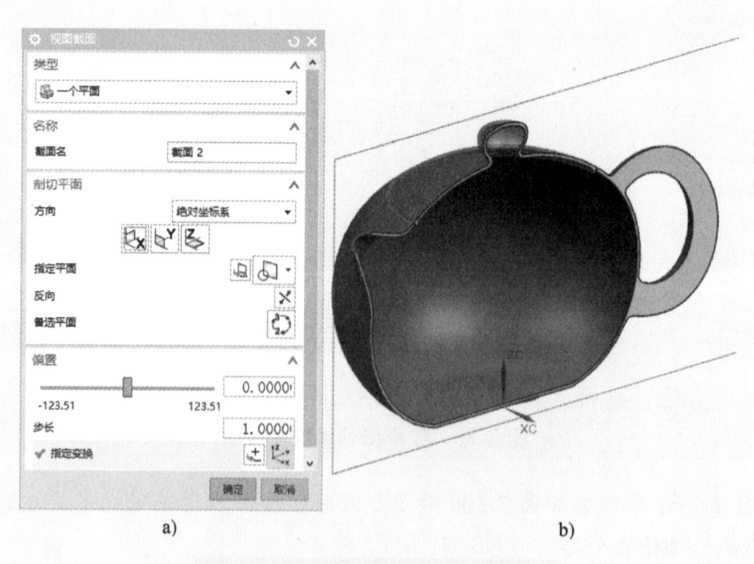

图 3-81　设计完成的紫砂壶实体

10. 拆分装配体

单击【主页】→【装配】→【添加】下方的小三角图标，选择【新建】选项，其作用为几何体保存为组件，以及在装配中新建组件，如图 3-82a 所示；选择组件保存目录和文件名，然后选择壶盖；同样进行壶身组件的创建。

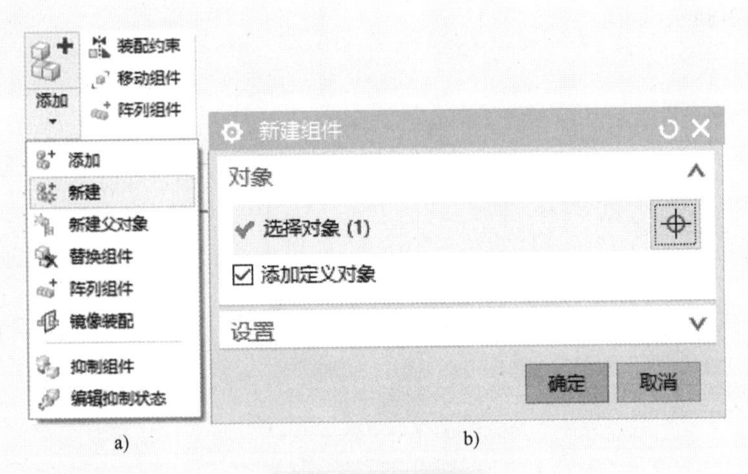

图 3-82　新建组件

单击【装配导航器】，可见原来的设计文件转化为 1 个装配体文件和 2 个零件的装配结构，如图 3-83 所示。

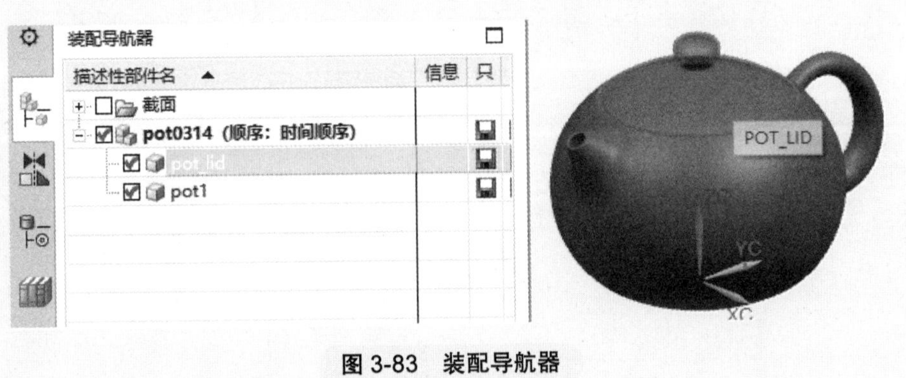

图 3-83　装配导航器

〖项目总结〗

曲面设计的一般过程：

新建模型文件→创建曲面线框→创建曲面→编辑曲面→曲面实体化→细节特征操作。

学习产品外观设计需要注意以下事项：

1）应学习必要的基础知识，包括自由曲线（曲面）的构造原理，正确地理解造型设计的一般思路和软件功能命令的作用。

2）细致学习软件功能命令，学习常用的命令和主要参数的作用，重点学习命令的各种应用，理解其基本原理和应用方法。

3）重点学习造型基本思路。造型设计的核心是造型的思路，尝试多种方法进行建模比较优缺点。掌握了造型的思路和技巧，更换同类 3D 软件也能很快得心应手。

4）需要具有严谨的态度和工作作风。每步操作都要做到精益求精，特别是曲面建模差之毫厘，模型效果谬以千里，从开始的操作都要做到准确无误，才能保证产品设计的高质量。

〖课后练习〗

水壶的建模（图 3-84）。

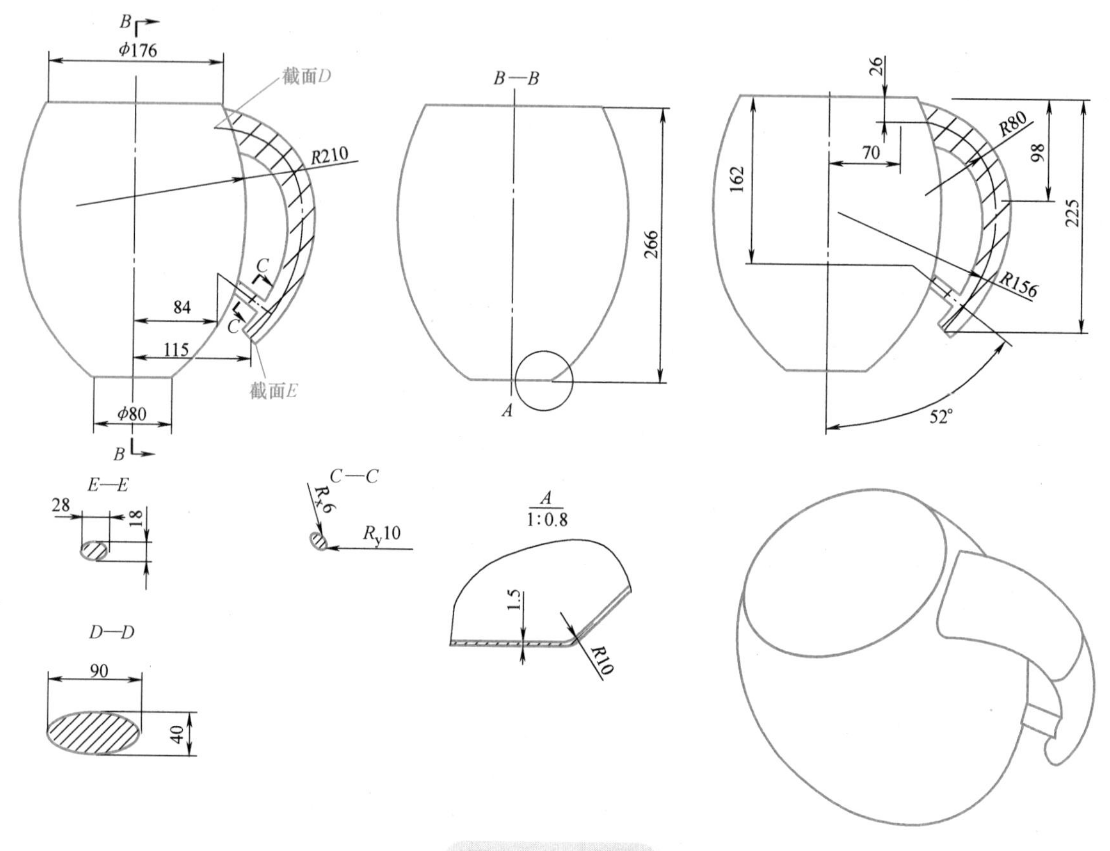

图 3-84　练习题

项目四

锥顶座零件图与装配图制作

软件设备：NX10 中文版

项目载体：锥顶座（图 4-1）

图 4-1　锥顶座

〖学习目标〗

能力目标：

（1）能够根据产品结构及特征完成视图的创建；

（2）能够正确进行视图标注；

（3）能对数据进行文本及标注格式处理。

知识目标：

（1）掌握各种视图制图模块的参数设置；

（2）掌握工程图创建的基本方法和技巧；

（3）掌握工程图的标注方法；

（4）掌握剖视图的创建方法。

技能目标：

（1）掌握各种视图制图模块的参数设置方法；

（2）掌握工程图创建的基本方法和技巧；

（3）掌握工程图的标注方法；

（4）掌握剖视图的创建方法。

素养目标：

（1）具有礼貌诚信、团结友善、勤俭自强、敬业奉献的道德情操；

（2）以敬业、勤业、创业、立业为核心培养职业精神；

（3）具有使用常用的搜索引擎对文献库进行知识和技能的搜索与学习能力；

（4）培养以精益求精为主的工作能力。

职业思考：

（1）设计专业知识与软件实操是如何结合的？

（2）软件绘图思路与制图基本要求相比，有何特点？

〖数字资源〗

1+X 增材制造模型设计职业技能数字化设计部分培训

学习资料：

底座零件图

锥顶座部件装配图

操作视频：

制作底座零件图

制作锥顶座装配图

其他资源：

模型文件（下载）

〖基础知识〗

工程图一直都是机械制造过程中必备可少的技术文件，CAD 软件为技术人员进行工程图的制作提供了极大的便利，但软件终究只是一种工具，软件如何应用依赖于技术人员对专业知识的掌握。要较好地掌握 CAD 软件的工程图导出功能，就需要对机械制图的相关知识具有深刻的理解。

NX 软件的基本制图命令与机械制图概念的对应关系：

基本视图：对应机械零件图中的第一个视图；

剖视图：对应机械制图中的全剖视图、半剖视图、旋转剖视、展开剖视图和平行剖视图等类型视图；

投影视图：对应机械制图中的视图；

局部放大图：对应机械制图中的局部放大图。

对于 NX 等一些 3D 软件的应用，相关格式设置需要提前完成。NX 制图模块绝大多数的设置通过【制图首选项】功能完成，对话框如图 4-2 所示，从而使得图样更加规范，符合国家标准要求。

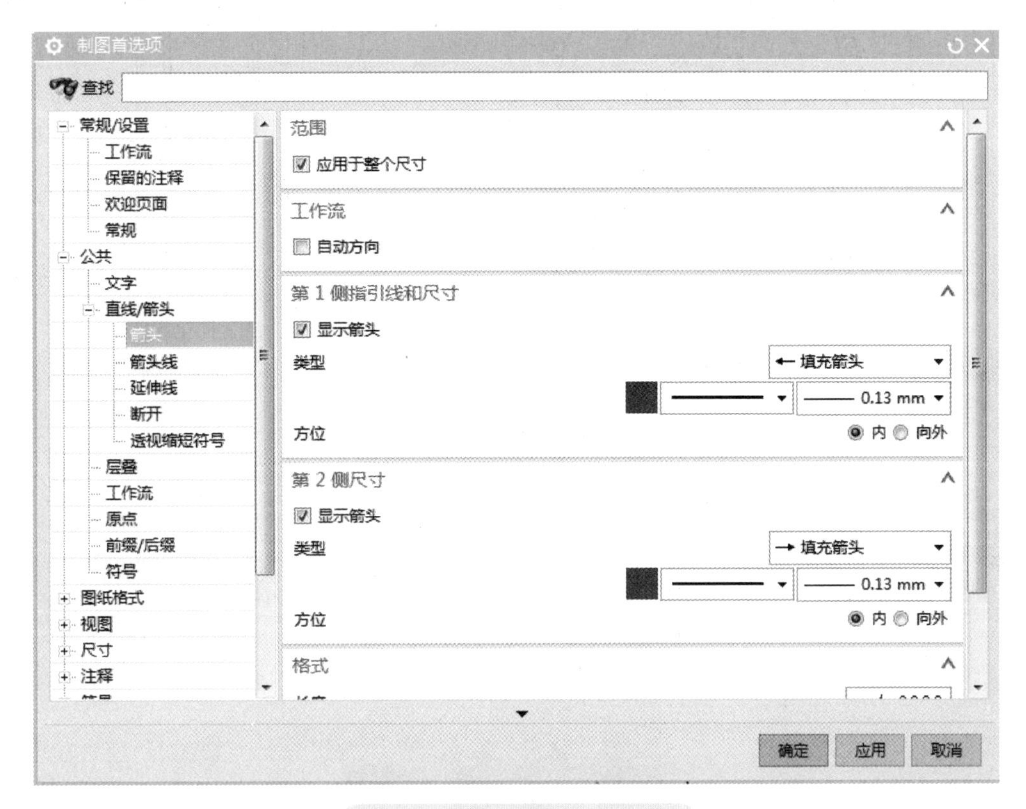

图 4-2 【制图首选项】对话框

需要注意的是，制图首选项中的参数设置需要软件重启后生效。

NX 软件一般制图过程：

打开零件模型→创建基本制图→创建投影视图等附加视图→完成图样标注→保存图样文件

任务一　制作底座零件图

底座零件图制作过程如图 4-3 所示。

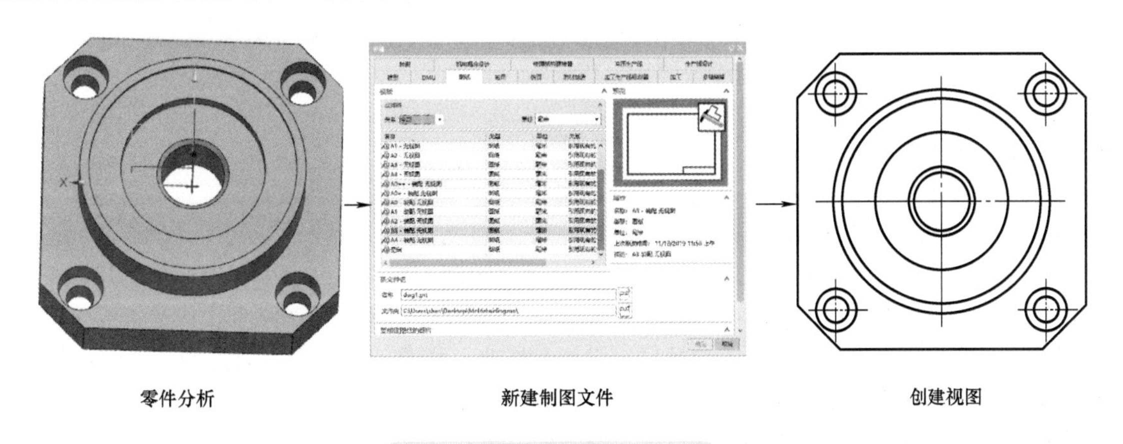

图 4-3　底座零件图制作过程

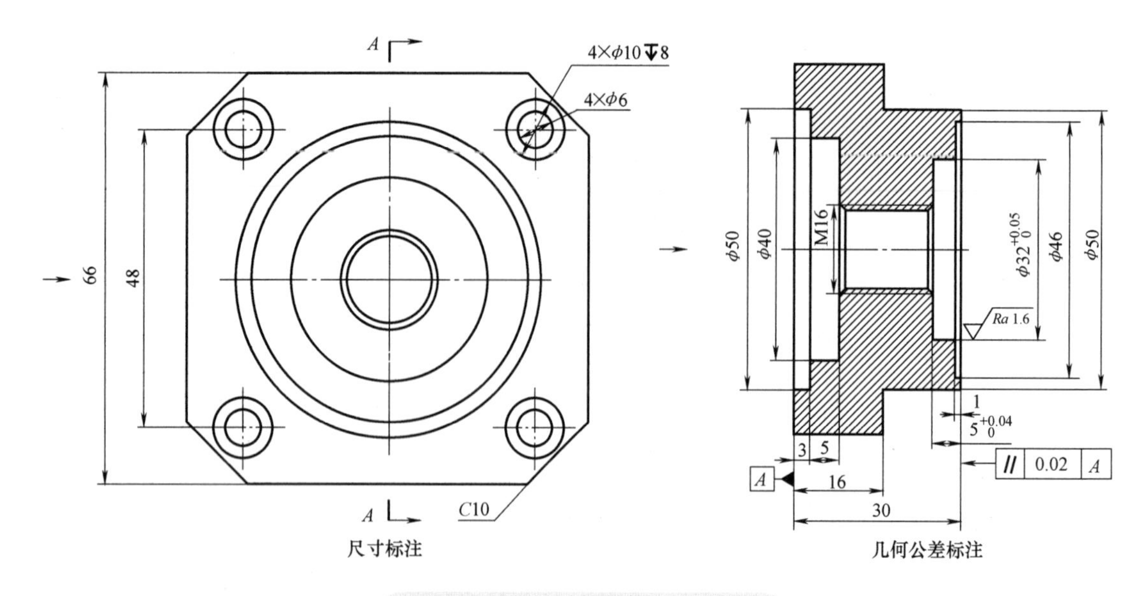

图 4-3　底座零件图制作过程（续）

1. 打开模型文件

使用 NX 软件打开底座零件的模型文件，观察零件形状特点，确定视图方向，如图 4-4 所示。

单击【应用模块】选项卡，在【设计】组中选择【制图】，如图 4-5 所示，进入制图模块。

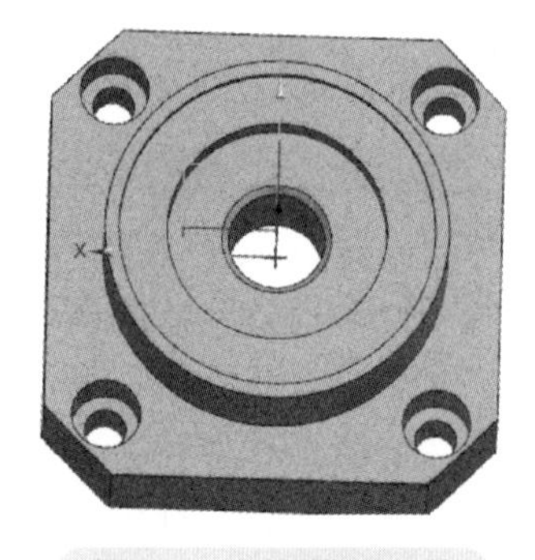

图 4-4　打开模型文件

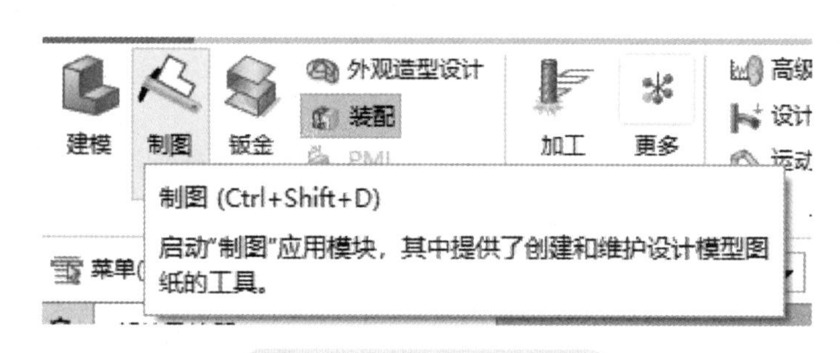

图 4-5　新建制图文件界面

2. 创建基本视图

进入制图模块之后，单击软件右上角【新建图纸页】，弹出选择【图纸页】对话框，如图 4-6 所示，这里使用 A3 图纸模板。单击【确定】按钮后，进行【视图创建向导】设置，默认为当前加载的部件。

单击【下一步】按钮或者选择【选项】，可以对视图显示进行设置，包含视图比例、隐藏线等各种线型参数进行设置，如图 4-7a 所示。

单击【下一步】按钮或者选择【方向】，可以对视图的方位进行选择和设置，以选择合适的零件投射方向作为视图方向，如图 4-7b 所示。

单击【完成】按钮后生成图样和第一个视图。此时在左侧【部件导航器】图纸栏中出现一个图纸页设置栏，如图 4-8 所示。图纸页里有一个视图，有时零部件也可以创建多个图纸页。双击【图纸页…】可以对图纸页的大小、比例、单位、投影等参数进行设置和修改，如图 4-9a 所示。双击图 4-8 所示【导入的…】可以对线型、公差、比例等参数进行设置和修改，如图 4-9b 所示。

单击视图后可以对视图进行拖动，并且摆放到图纸合适的位置，如图 4-10 所示。

此处底座零件需要两个视图才能表达清楚，在此再使用一个剖视图。

图 4-6　图纸页与部件的选择

图 4-7　视图创建向导

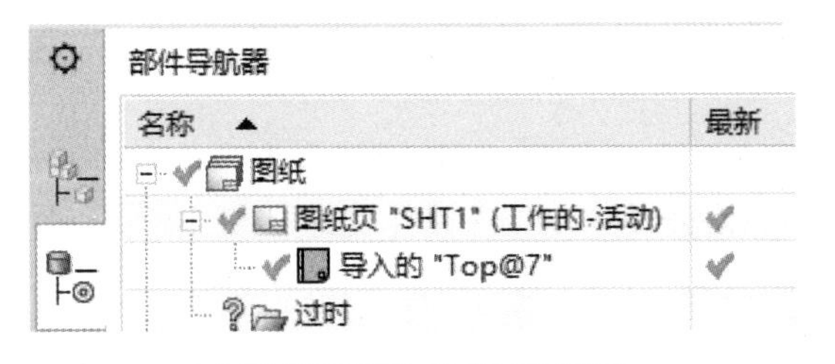

图 4-8　图纸页与部件选择

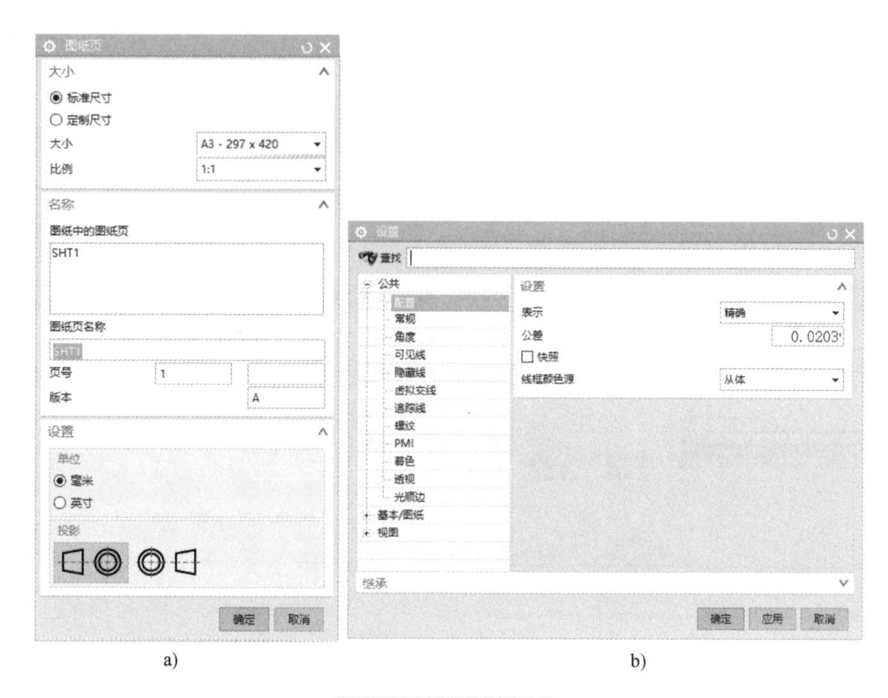

a) b)

图 4-9 图纸页设置

3. 创建剖视图

在【主页】选项卡的【视图】组中，单击【剖视图】命令，系统弹出【剖视图】对话框，并进入创建剖视图的状态，【剖视图】对话框如图 4-11 所示。

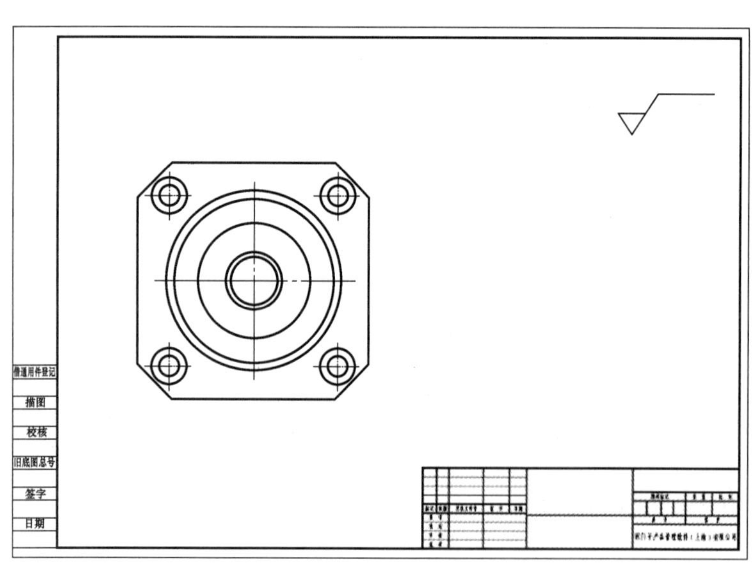

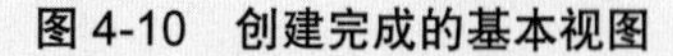

图 4-10 创建完成的基本视图

图 4-11 【剖视图】对话框

在剖视图对话框的【剖切线】组中，将【方法】设置为【简单剖 / 阶梯剖】，【铰链线】组的【矢量选项】设置为【自动判断】。在【截面线段】组中单击【指定位置】，然后在刚才创建的基本视图中，移动光标至视图中心圆弧附近，当高亮显示圆心的时候，单击完成剖切位置的指定，再放置剖切线符号，如图 4-12 所示。

在视图外部拖动光标，直到视图正确定位，然后单击放置剖视图，并关闭剖视图对话框，完成剖视图的创建。结果如图 4-13 所示。

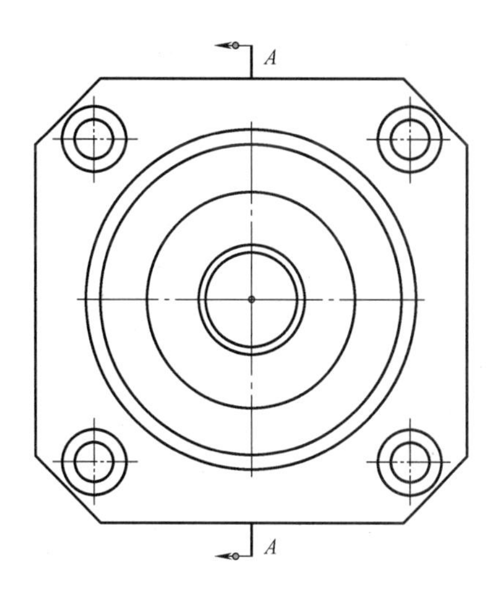

图 4-12　选定剖切位置

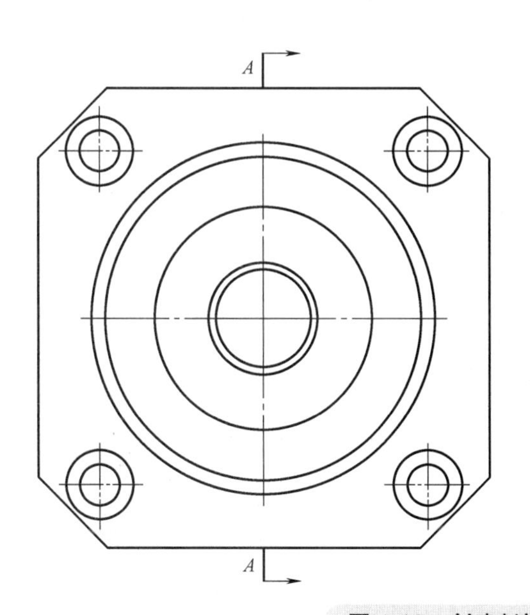

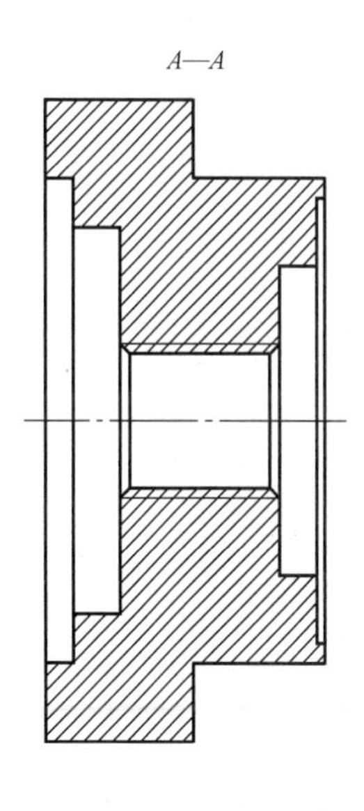

图 4-13　创建剖视图

为了便于读图，在图纸的右下方放置正等测图作为补充。操作方法如下：在【视图】组中单击【基本视图】命令，在【要使用的模型视图】中选择【正等测图】，选择合适的位置作为视图原点，确定视图位置并关闭对话框，结果如图 4-14 所示。

4. 尺寸标注

在 NX 软件的制图模块中，绝大多数的尺寸通过快速尺寸完成标注，对于特殊类型的尺寸标注，例如倒角尺寸，则可以通过【主页】选项卡【尺寸】组中的【倒斜角】等命令完成，整体而言，尺寸标注较为简单，重点在于标注完成后的尺寸位置的调整与格式修改，相对比较烦琐，需要以严谨认真的态度完成每个尺寸的标注。

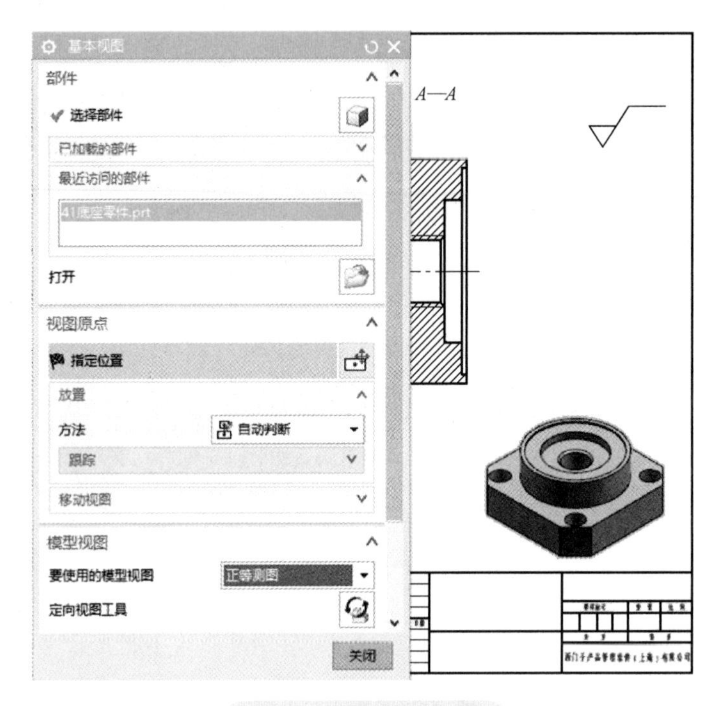

图 4-14　创建正等测图

在底座零件的标注中，通过【主页】中【快速】尺寸和【倒斜角】命令完成尺寸标注，相关命令如图 4-15 所示。

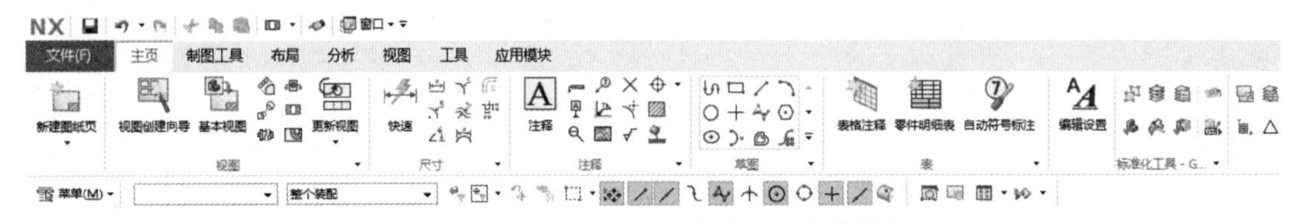

图 4-15 【尺寸】与【注释】面板命令

基于【快速】尺寸和【倒斜角】命令完成初步的标注，结果如图 4-16 所示。

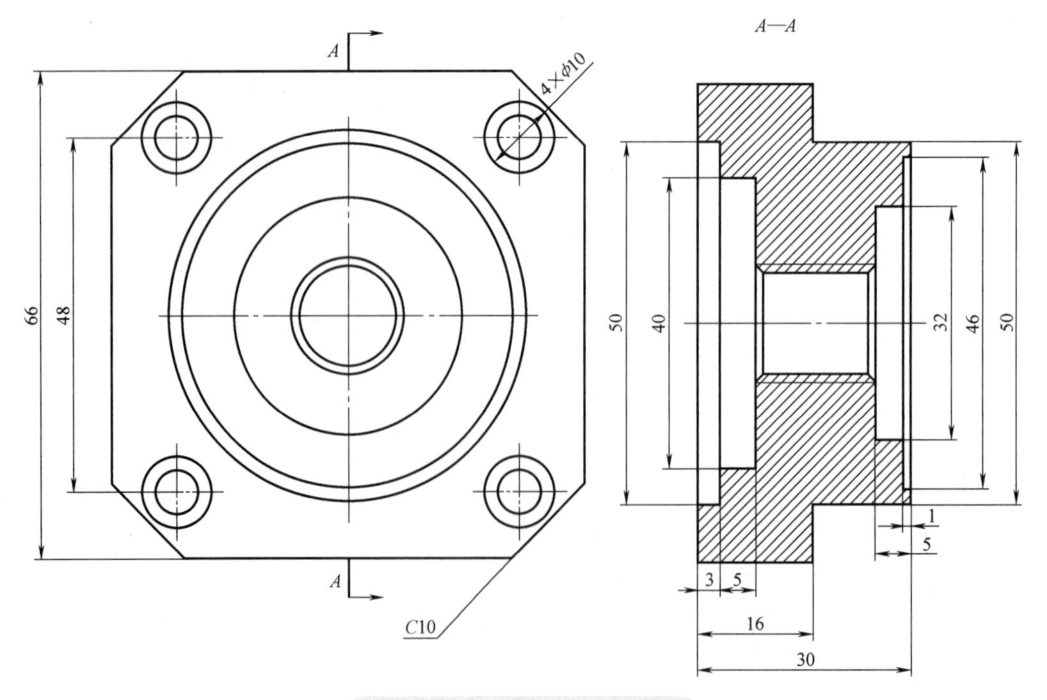

图 4-16　完成的基本尺寸标注

在标注过程中，只需要选择【标注】命令，单击要标注的对象即可完成标注对象的选取，随后移动鼠标并在合适位置单击完成尺寸的放置。对于标注完成的尺寸，单击并移动光标，即可调整尺寸的位置。

从图 4-17 可以看出，直接使用命令完成的尺寸标注与工程图规范并不相符，一些直径尺寸及尺寸公差要求等在软件中没有自动显示，需要使用者对尺寸格式进行修改，包含尺寸的公差、前后缀、字体高度、字体格式等，才能达到制图标准要求。尺寸编辑可以在标注时进行，也可以在尺寸放置完成后再进行编辑。对于单个尺寸公差的标注和格式调整，其方法是：

1）选择尺寸。

2）单击右键，选择【编辑】，弹出【线性尺寸】及【尺寸格式设置】对话框。

3）在【尺寸格式设置】对话框中，选择合适的格式即可，如图 4-17b 所示对话框。

下面以零件右端面 ϕ32mm 内孔尺寸为例，进行尺寸修改的讲解。在图 4-17b 所示弹出的尺寸格式设置对话框中，单击尺寸公差样式的下拉按钮，即可选择相应的公差格式，如图 4-18 所示。

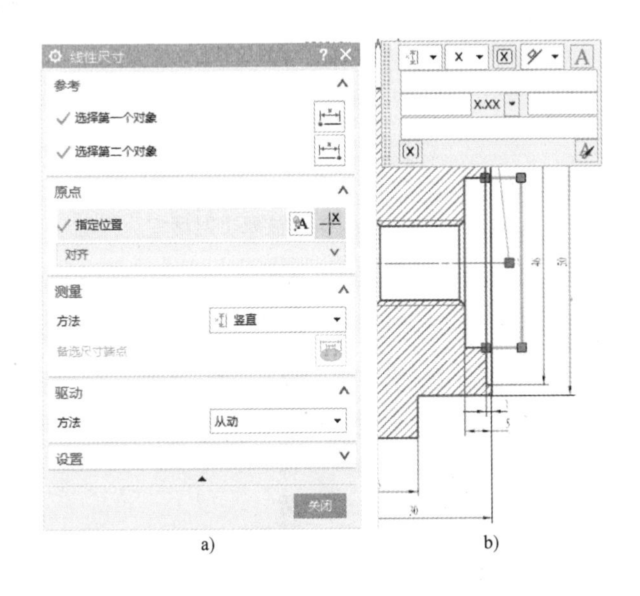

a)　　b)

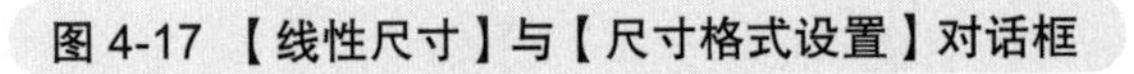

图 4-17 【线性尺寸】与【尺寸格式设置】对话框

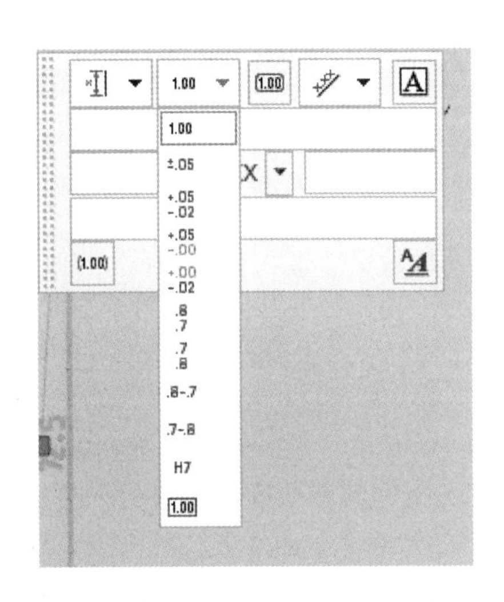

图 4-18 选择合适的公差格式

在选择下极限偏差为 0 的单向偏差后，如图 4-19 所示，在偏差输入框输入上极限偏差 0.05mm，即可完成公差值的设定，其他类型公差的修改方式类同。在这一修改过程中，上极限偏差值输入框右侧的方框用于输入下极限偏差，因为此处下极限偏差默认是 0，因此无须输入。

对于直径符号的标注，只需在图 4-19 中单击第一行的编辑附加文本命令 A，系统会弹出图 4-20 所示的【注释】对话框。在该对话框中，【文本输入】选项用于控制附加符号相对于尺寸数字的位置，此处接受默认设置即可。在【符号】列表中单击所需的附加符号，相应符号即可输入到【格式设置】文本框中，从而完成附加符号的添加。此处单击所需的直径符号，然后关闭附加文本对话框，完成直径符号的标注。结果如图 4-21 所示，重复以上步骤即可完成其他尺寸格式的修改。

5. 基准特征符号标注

基准特征符号的标注较简单，只需在【主页】选项卡的【注释】组中单击【基准特征符号】命令，系统会弹出【基准特征符号】对话框，即可进行基准符号的标注，如图 4-22 所示。

首先在【基准标识符】下方的【字母】文本框中输入合适的基准字母，然后进行基准特征标注。在底座零件图中，剖视图左端面为基准平面，因此在左侧边线上单击并拖动，在合适的位置再次单击以放置基准符号即可完成标注，如图 4-23 所示。

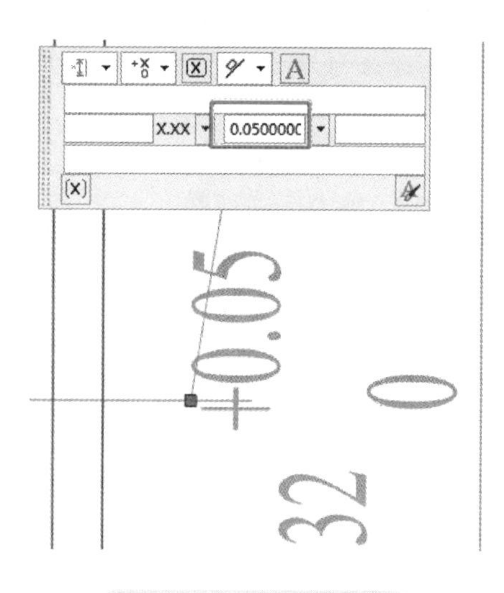

图 4-19　公差值的修改

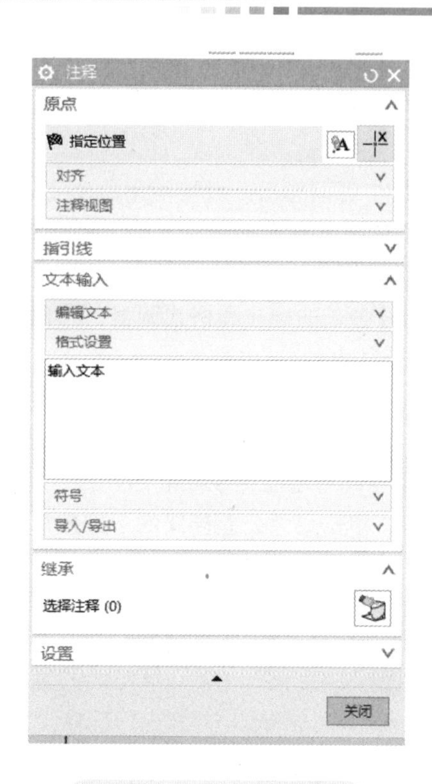

图 4-20 【注释】对话框

6. 几何公差标注

几何公差标注类同于基准特征符号标注，其命令位于【主页】选项卡的【注释】组中，单击【特征控制框】命令，系统弹出【特征控制框】对话框，即可进行几何公差标注，如图 4-24 所示。

在进行标注之前，建议提前在特征控制框中对几何公差的类型、数值及基准等其他要素进行设置，然后再进行标注。即使没有提前进行相关设置，完成标注以后也可以继续对不合适的几何公差进行修改。

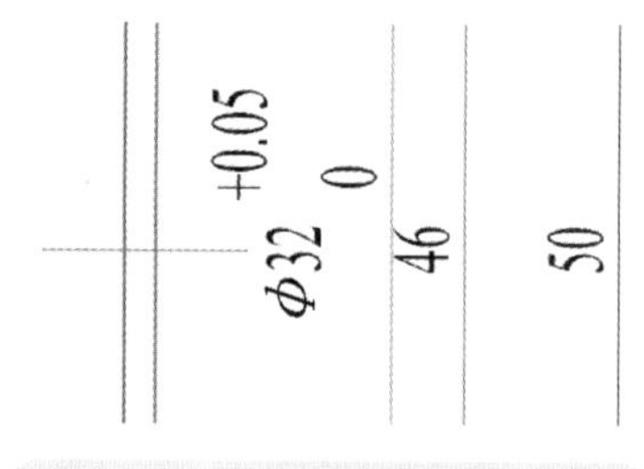

图 4-21　完成标注的直径尺寸

在弹出【特征控制框】对话框后，在需要标注的几何对象上单击然后移动鼠标并松开，此时几何公差标注框随同光标移动，在合适的位置再次单击，即可完成几何公差的放置。本例完成后的几何公差标注如图 4-25 所示。

图 4-22 【基准特征符号】对话框

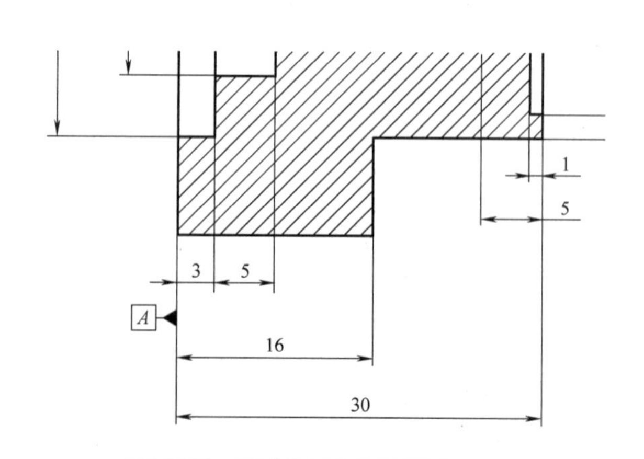

图 4-23　完成放置的基准特征符号

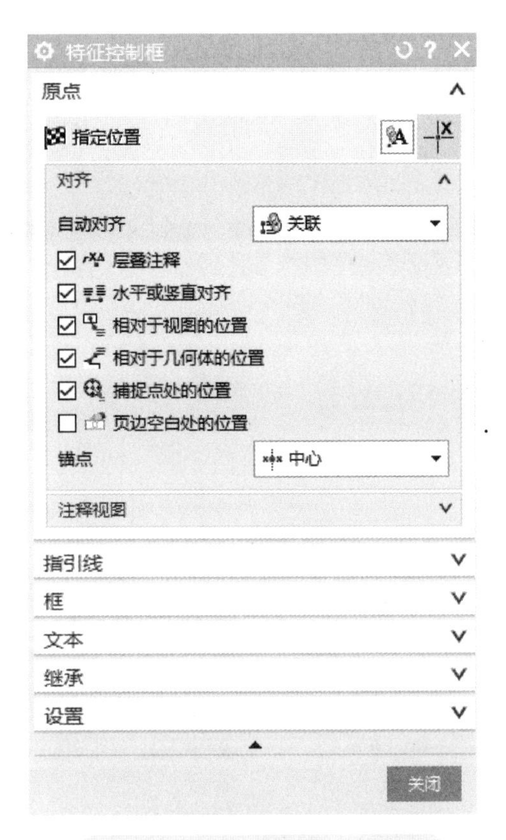

图 4-24 【特征控制框】对话框

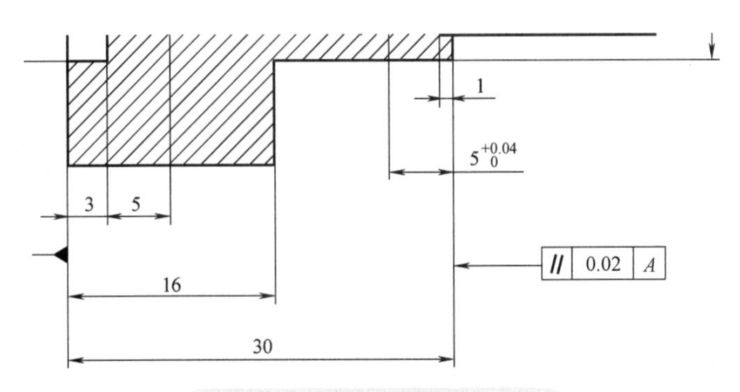

图 4-25　完成标注的几何公差

7. 表面粗糙度标注

表面粗糙度标注命令位于【主页】选项卡的【注释】组中，单击【表面粗糙度符号】命令，系统弹出【表面粗糙度】对话框，即可进行表面粗糙度标注，如图 4-26a 所示。在【除料】选项中选择【修饰符，需要除料】，在【波纹（c）】框中填写 1.6，然后在视图上单击放置位置。如果需要旋转标注，在下方【设置】中可以修改【角度】和 A 字体设置，如图 4-26b 所示。

完成表面粗糙度标注如图 4-27 所示。

8. 技术要求标注

在 NX 软件中技术要求的标注相比尺寸及几何公差的标注较为简单。在【主页】选项卡的【注释】组中，单击【注释】命令，系统弹出【注释】对话框，如图 4-28 所示。

在【格式设置】下方的文本框中输入技术要求文字，然后在图样的合适位置单击完成文本放置即可。底座零件最终完成的零件图如图 4-29 所示。

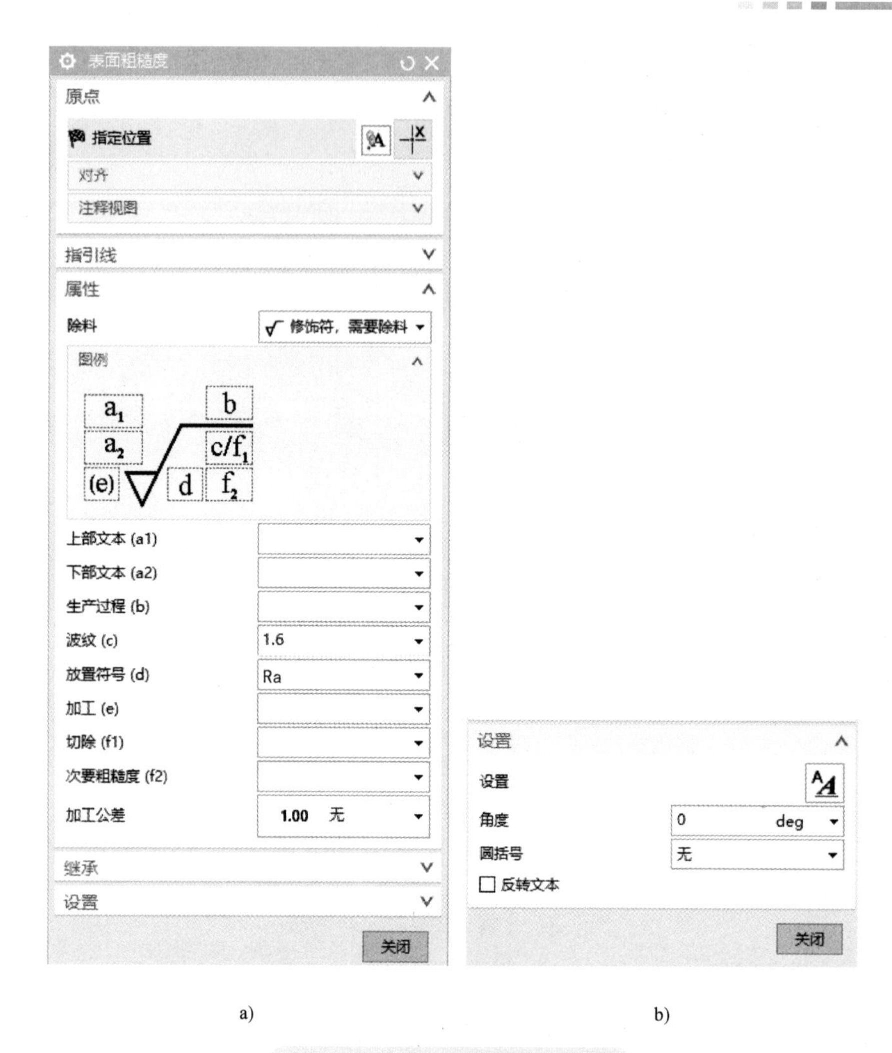

a) b)

图 4-26 【表面粗糙度】对话框

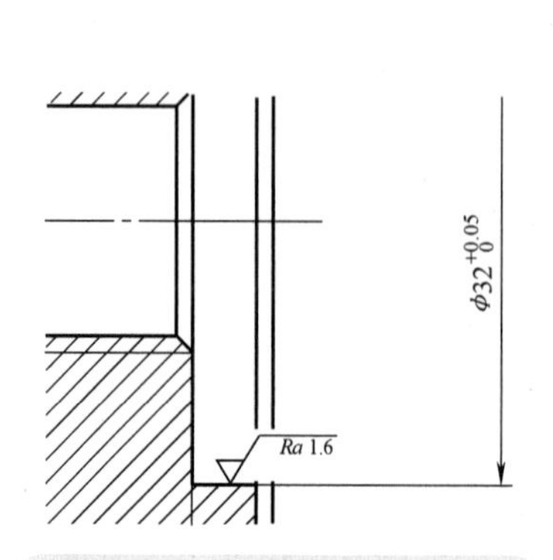

图 4-27 完成表面粗糙度标注

图 4-28 【注释】对话框

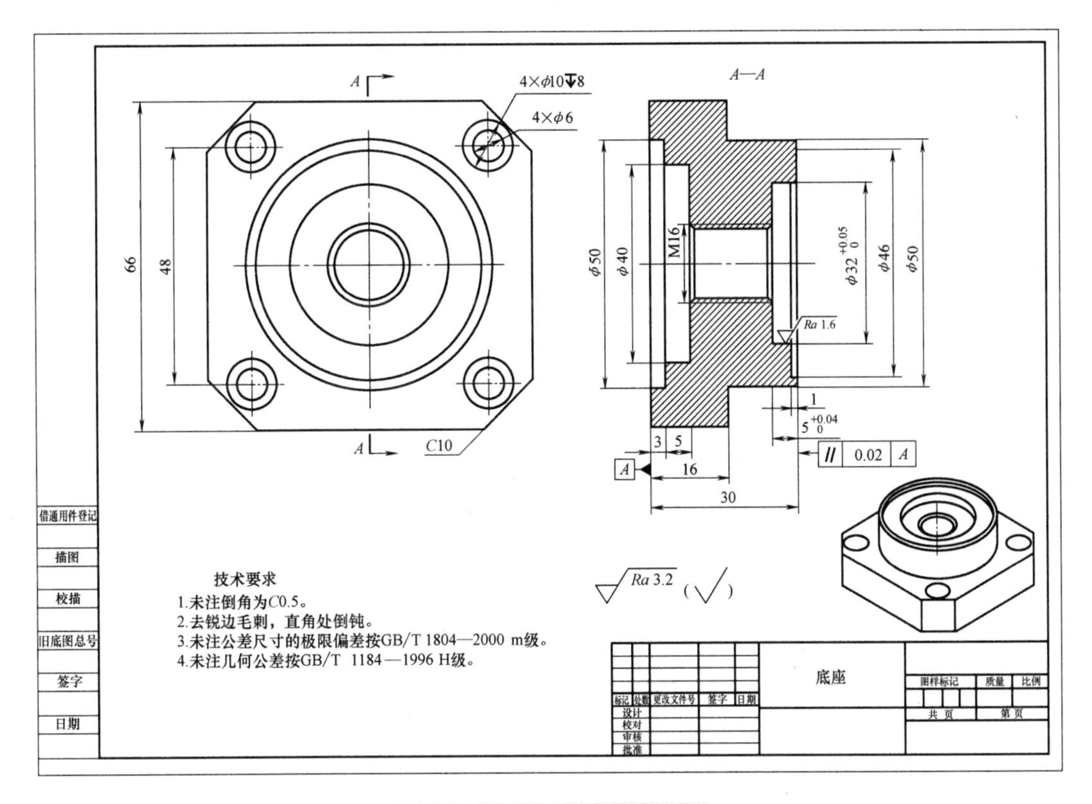

图 4-29 完成的底座零件图

任务二 制作锥顶座装配图

制作装配图流程如图 4-30 所示。

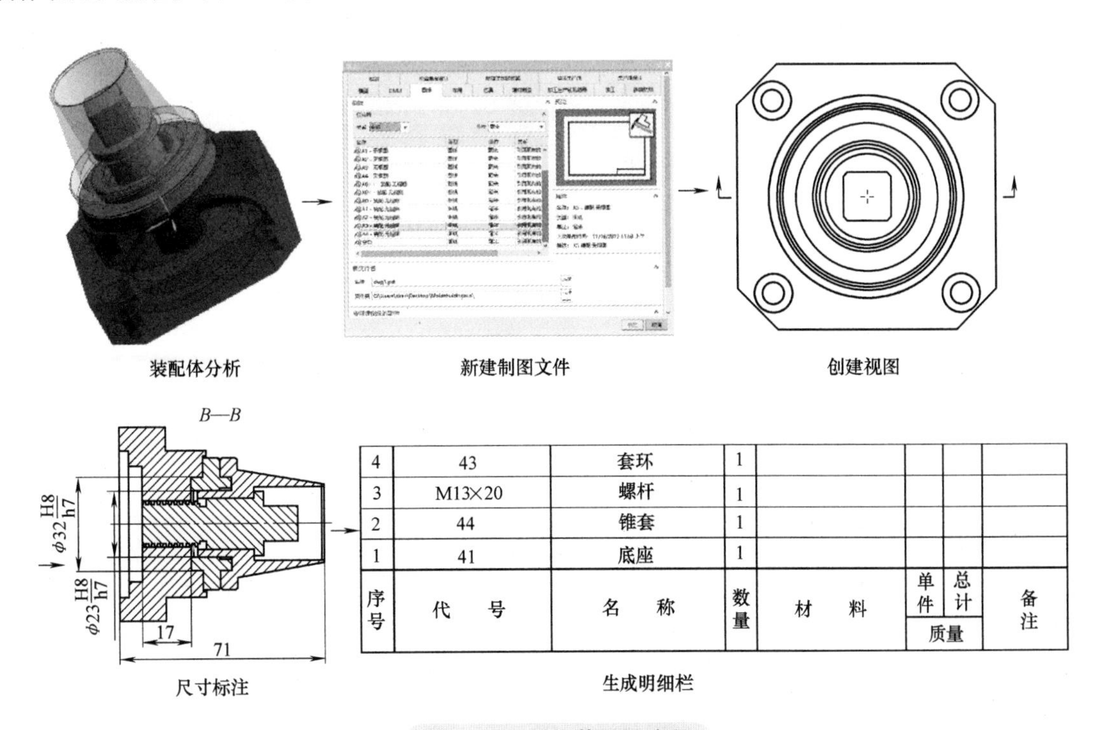

4	43	套环	1				
3	M13×20	螺杆	1				
2	44	锥套	1				
1	41	底座	1				
序号	代　号	名　称	数量	材　料	单件	总计	备注
					质量		

图 4-30 制作装配图流程

输出装配图工作首先需要为制图模块导入装配体的三维模型。可采用以下两种方式：

1）打开装配体三维模型，再新建制图文件，系统默认这种方式。

2）直接新建制图文件，在【新建】对话框中，利用创建图纸的命令，选择需要的装配体三维模型，如图 4-31 所示。

为了在装配图制作过程中便于调整模型，本任务采用第 1 种方式创建制图文件。

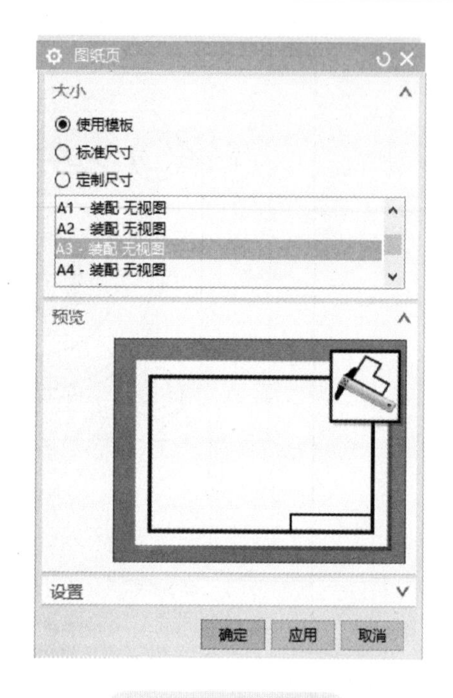

图 4-31　新建界面

1. 装配关系分析

锥顶座装配体共有 4 个零件，且有 1 个零件装配在其他零件内部，从外观不易直接查看其装配情况，因此需要通过剖视图进行表达。结合零件的装配关系，可以确定通过 1 个俯视图和 1 个剖视图即可完整表达该装配体的装配情况，因此只需创建 1 个基本视图和 1 个全剖视图。

2. 设置相关选项参数

工程图制作时有一些默认参数可以通过【菜单（M）】→【首选项（P）】→【制图（D）】进行修改，【制图首选项】对话框如图 4-32 所示，可以取消【边界】下的【显示】选项。

通过【菜单（M）】→【首选项（P）】→【背景（A）】可以对屏幕背景进行修改，【颜色】对话框如图 4-33 所示，选择一个颜色作为显示区域的背景。

图 4-32 【制图首选项】对话框

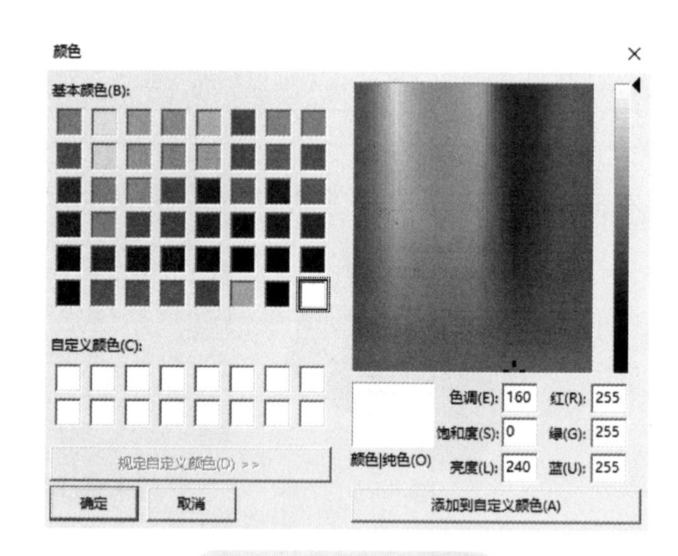

图 4-33 【颜色】对话框

3. 视图创建向导

完成图纸页创建后自动进入【视图创建向导】对话框，如图 4-34 所示，【部件】为装配体，【选项】采用默认设置，【方向】采用的【后视图】，【布局】采用默认设置，单击【完成】按钮，生成第一个投影视图。

拖动视图到在图纸页中合理的位置，如果需要黑白显示，可以全选后使用【对象显示功能】将所有元素改成黑色，结果如图 4-35 所示。

4. 创建剖视图

完成基本视图创建后，进行剖视图的创建。单击【剖视图】命令，弹出【剖视图】对话框如图 4-36 所示。

图 4-34 【视图创建向导】对话框

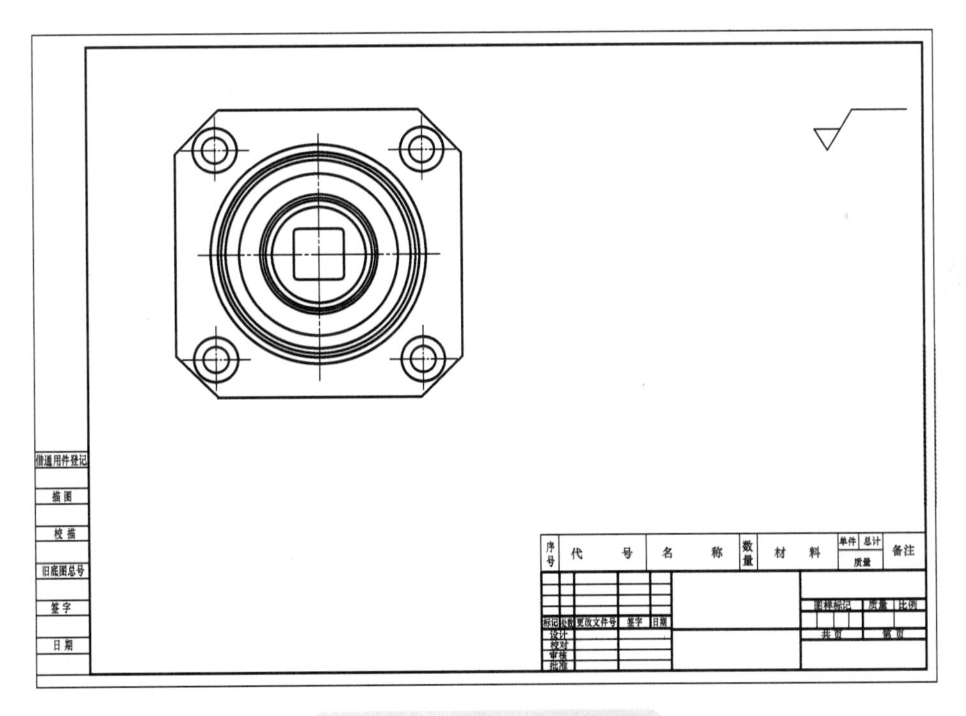

图 4-35　生成第一个投影视图

在基本视图中选择视图中心的圆心作为剖切位置，移动光标，放置剖视图，剖视图创建完成后效果如图 4-37 所示。

5. 尺寸注释

装配图的目的是为了表达零件间的装配关系及产品整体轮廓尺寸，因此只需要标注与装配相关的尺寸和轮廓尺寸即可，因此尺寸的标注较简单。

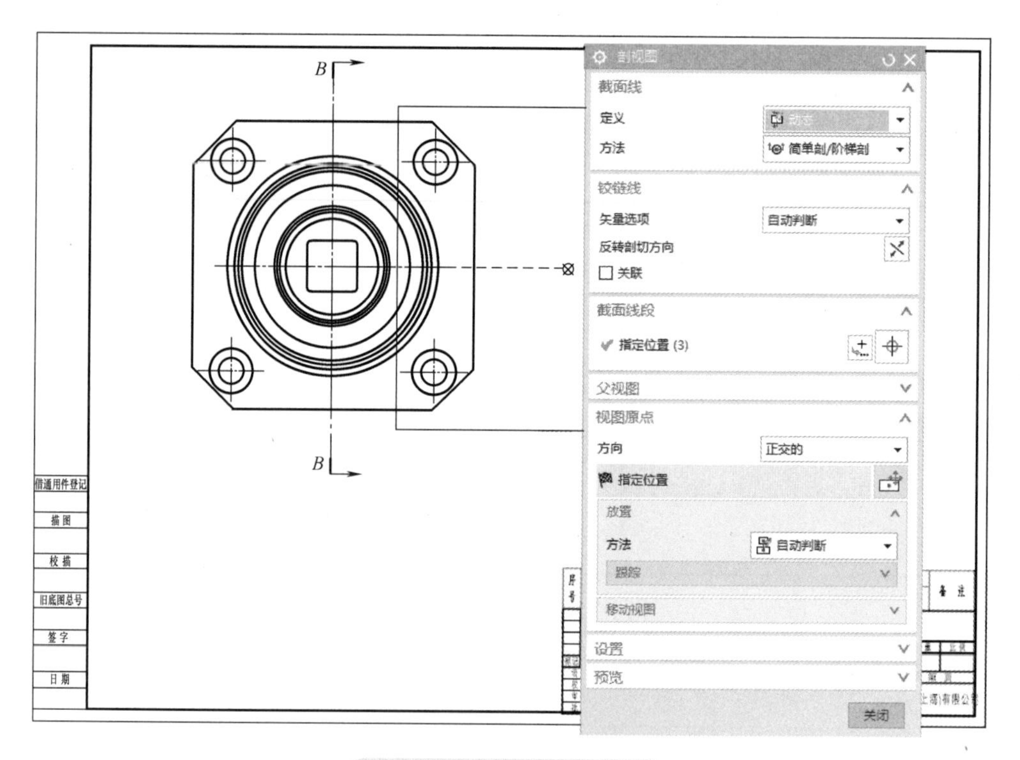

图 4-36 【剖视图】对话框

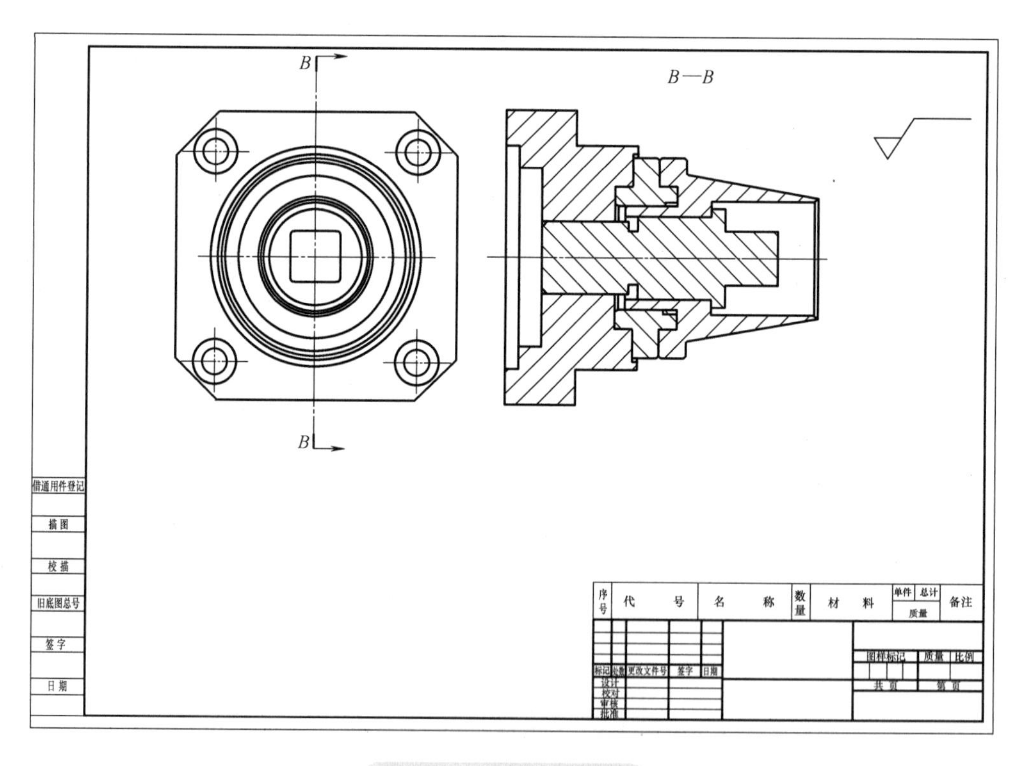

图 4-37 创建的剖视图

对于装配图的尺寸标注，使用 NX 软件标注的方式与零件图相同，在【主页】选项卡的【注释】组中，单击【快速尺寸】命令，进行尺寸标注。

对于装配图的技术要求，标注方法与零件图一致。标注完成的尺寸如图 4-38 所示。

配合尺寸和公差使用【附加文本】对话框中【1/2 分数】生成，并放置在文本之后，如图 4-39 所示。

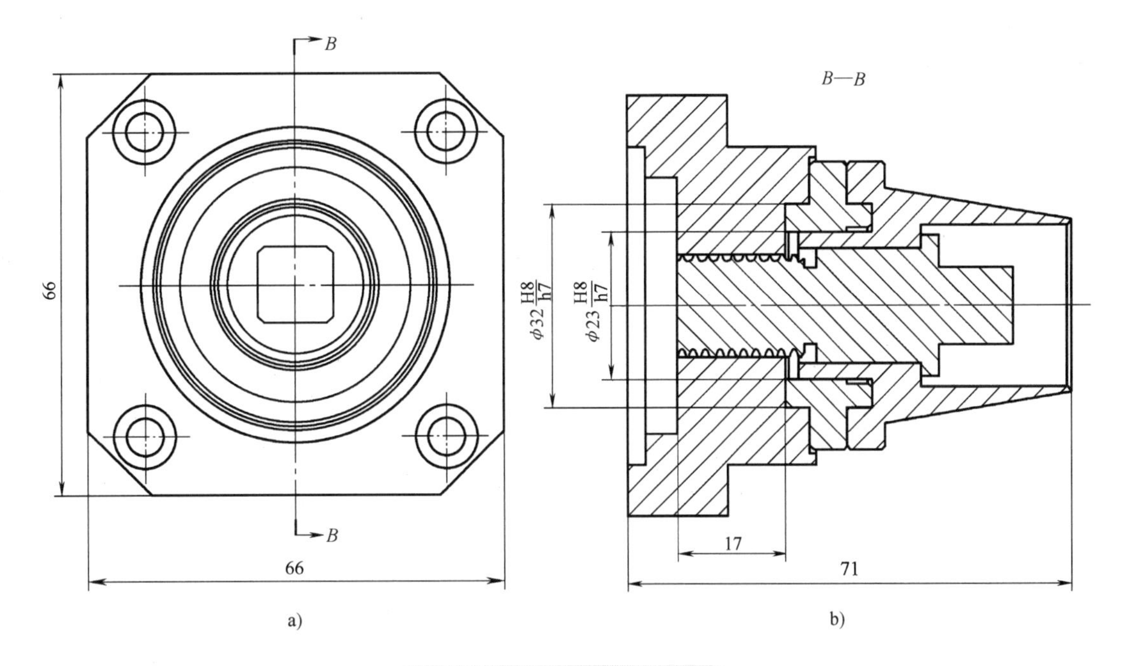

图 4-38　标注装配体的尺寸

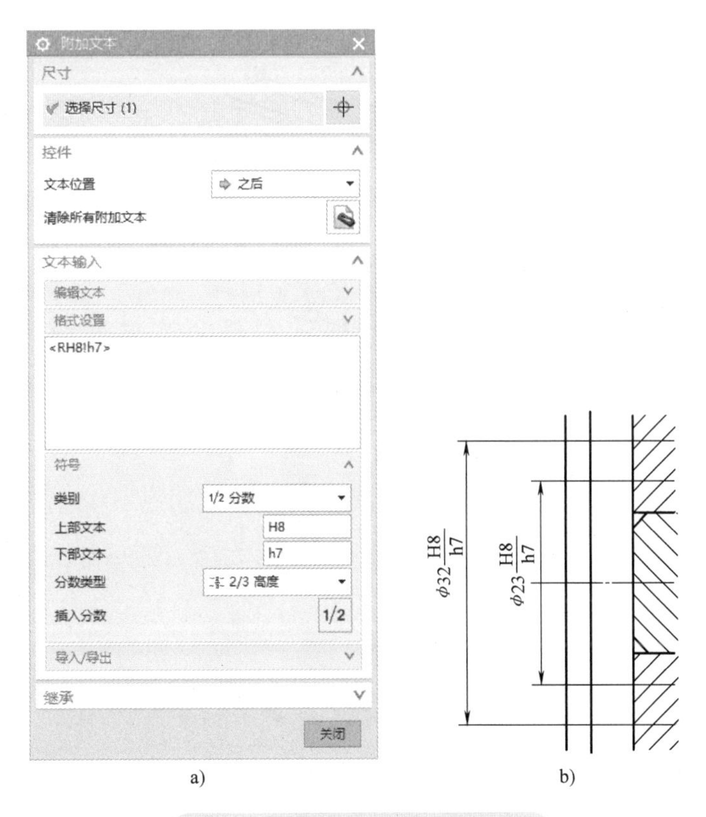

图 4-39　标注装配体的配合尺寸

6. 生成明细表㊀

装配图与零件图相比，最大的区别是标注明细表及零件序号方面。NX 软件的零件明细表是直接从装配导航器中列出的组件派生而来的，要放置零件明细表，必须完全加载装配。为此，需要在装配导航器中，右键单击【顶部模型装配】并选择装配。

㊀ 明细表等同于明细栏，为了与 NX 软件界面保持一致。

创建零件明细表的方法如下：

1）选择【主页】→【表】→【零件明细表】选项。

2）在【内容】组中，进行以下操作：从【范围】列表中，选择所有层级。

从【顶层装配】列表中，选择子部件以在零件明细表中显示所有组件。

【注释】还可以：

选择【顶层】以在零件明细表中显示顶层装配。选择【仅叶节点】以仅包含没有子项装配的组件。

3）在【符号标注】组中，选择【显示复选框】，然后从视图列表中选择一个要添加符号标注的视图。选定视图的边界在图形窗口中高亮显示。

提示：要在视图列表中选择多个图纸视图，按 Ctrl 键并选择多个视图。这些视图按选择顺序进行编号，符号标注按时间顺序添加到选定的视图中。

4）在【原点】组中，选择指定位置，然后在图形窗口中单击以定义零件明细表在图纸页中的位置，如图 4-40 所示。

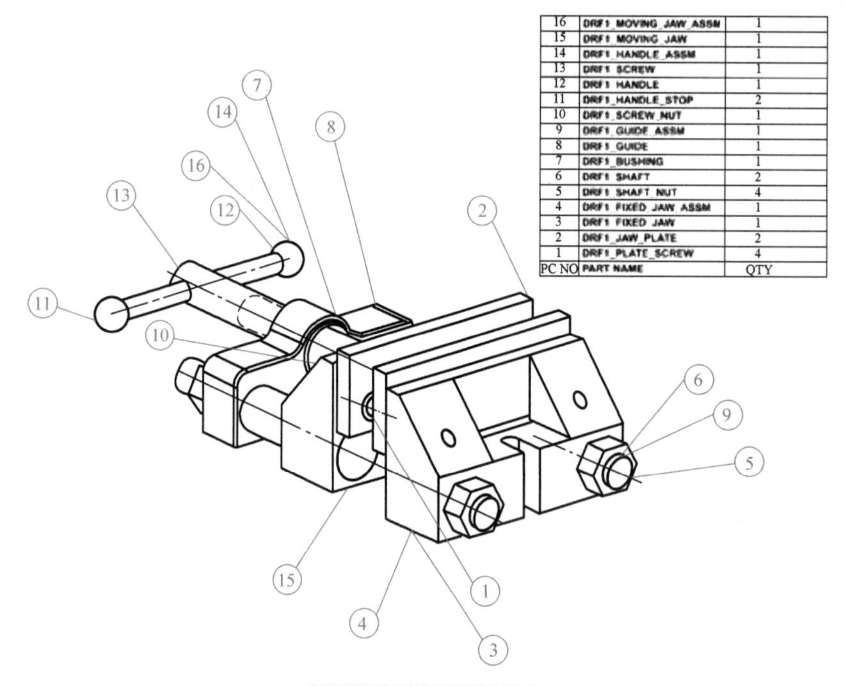

16	DRF1_MOVING_JAW_ASSM	1
15	DRF1_MOVING_JAW	1
14	DRF1_HANDLE_ASSM	1
13	DRF1_SCREW	1
12	DRF1_HANDLE	1
11	DRF1_HANDLE_STOP	2
10	DRF1_SCREW_NUT	1
9	DRF1_GUIDE_ASSM	1
8	DRF1_GUIDE	1
7	DRF1_BUSHING	1
6	DRF1_SHAFT	2
5	DRF1_SHAFT_NUT	4
4	DRF1_FIXED_JAW_ASSM	1
3	DRF1_FIXED_JAW	1
2	DRF1_JAW_PLATE	2
1	DRF1_PLATE_SCREW	4
PC NO	PART NAME	QTY

图 4-40 明细表示例

为了便于读图和美观，编辑指引线将终止对象选择到零件实体之上，箭头修改成实心圆形，如图 4-41 所示。

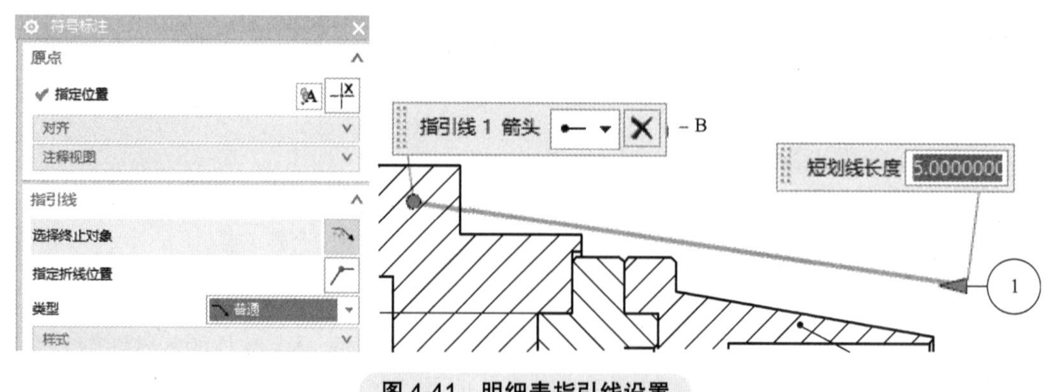

图 4-41 明细表指引线设置

制作锥顶座装配体的明细表，在【主页】选项卡【表】组中，单击【零件明细表】命令，系统弹出【零件明细表定义】对话框，零件明细表随之出现在图纸区域。在【范围】列表中选中【仅子节点】，从而使明细表中只显示零件，不显示装配体，结果如图 4-42 所示。

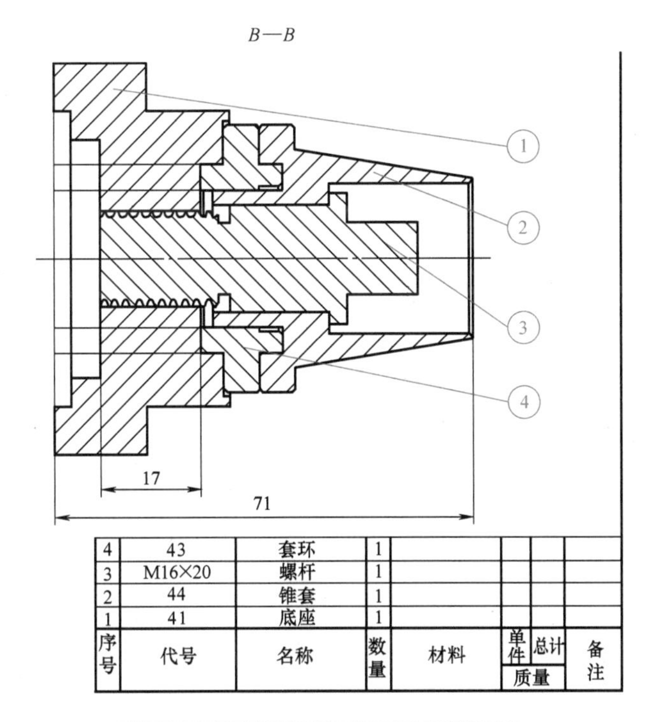

图 4-42 【零件明细表定义】对话框

7. 装配图与导出 PDF

最终生成的装配图如图 4-43 所示。

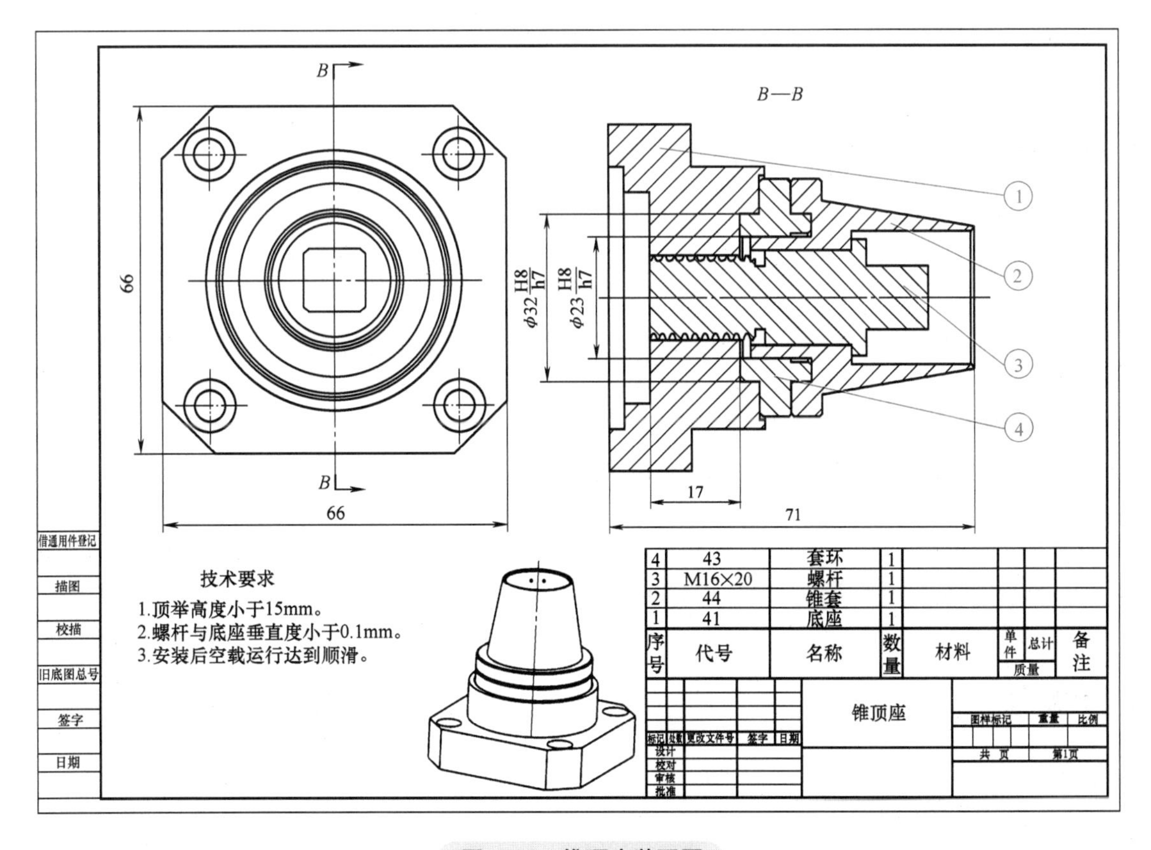

图 4-43 锥顶座装配图

通过单击【文件（F）】→【打印（P）】，打开【打印】对话框，如图 4-44 所示，选择 PDF 打印机，设定粗细实线的比例因子后，输出 PDF 文档。

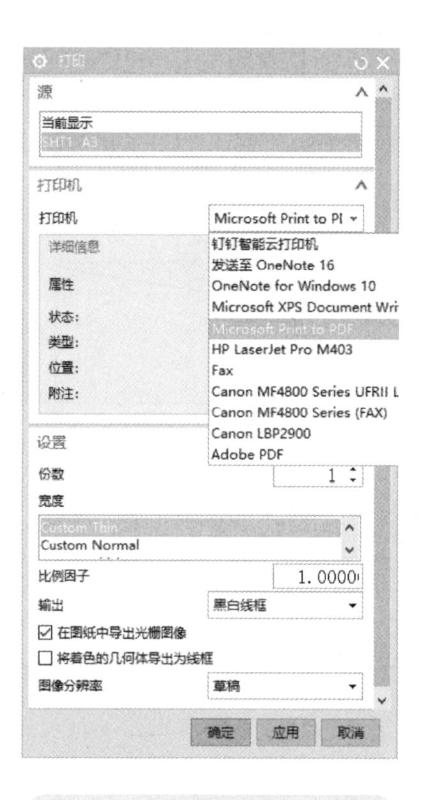

图 4-44　打印输出为 PDF 文档

〖项目总结〗

制作工程图的一般过程：

新建工程图文件→选择三维模型→创建视图→尺寸公差标注→技术要求注释→完善细节。

学习产品工程图的制作需要注意以下内容：

1）应掌握必要的基础知识，包括视图的投影原理，正确地理解视图的作用、制图要求。

2）掌握软件功能与命令，包括常用命令及选项的功能，重点学习软件命令的选项设置方法与影响，理解其基本原理和应用方法。

3）重点学习制图的基本思路。基于软件生成视图的核心是零件表达思路，深刻分析并理解零件结构特征，对于顺利完成工程图的生成至关重要。

4）严谨的工作态度和作风。每个操作都要做到精益求精，特别是工程图细节标注完善，工程图作为重要技术文件，设计人员必须严谨认真，一丝不苟。

〖课后练习〗

1. 锥套的建模与生成工程图（图 4-45）。

2. 生成环套工程图（图 4-46）。

3. 生成螺杆工程图（图 4-47）。

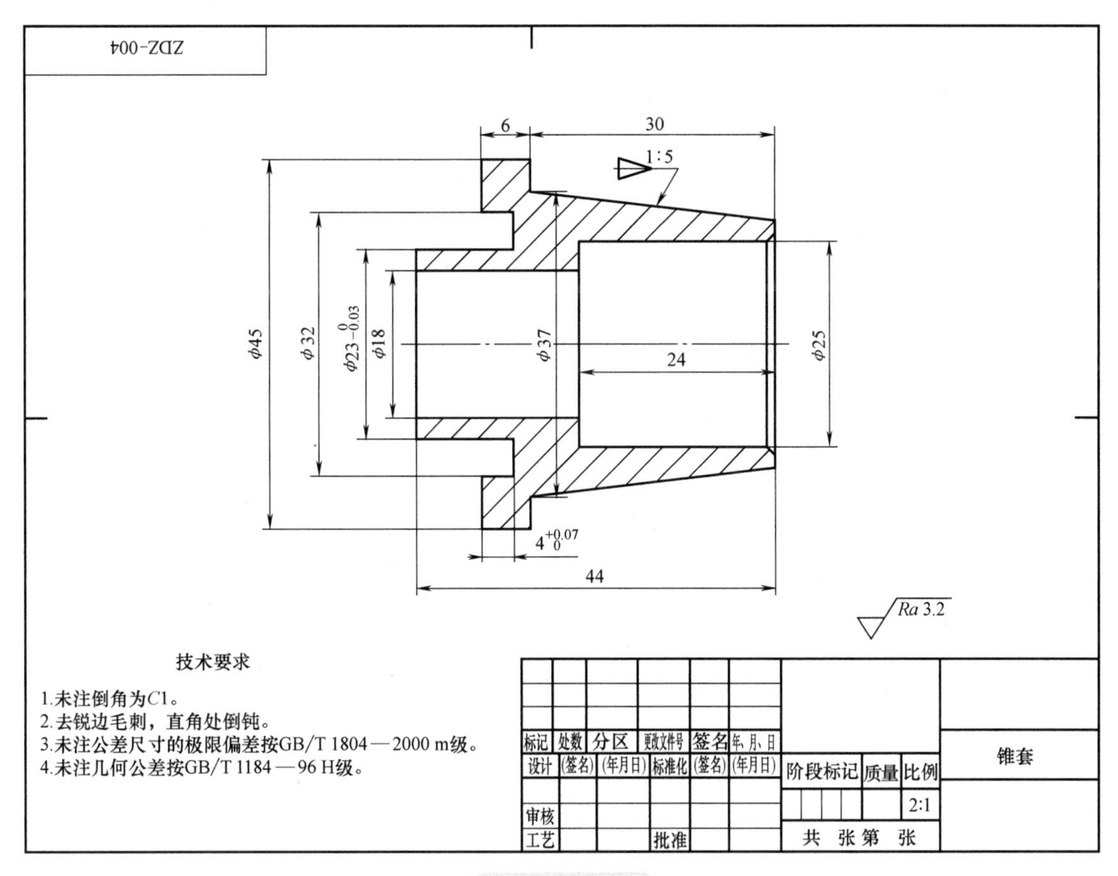

图 4-45　锥套

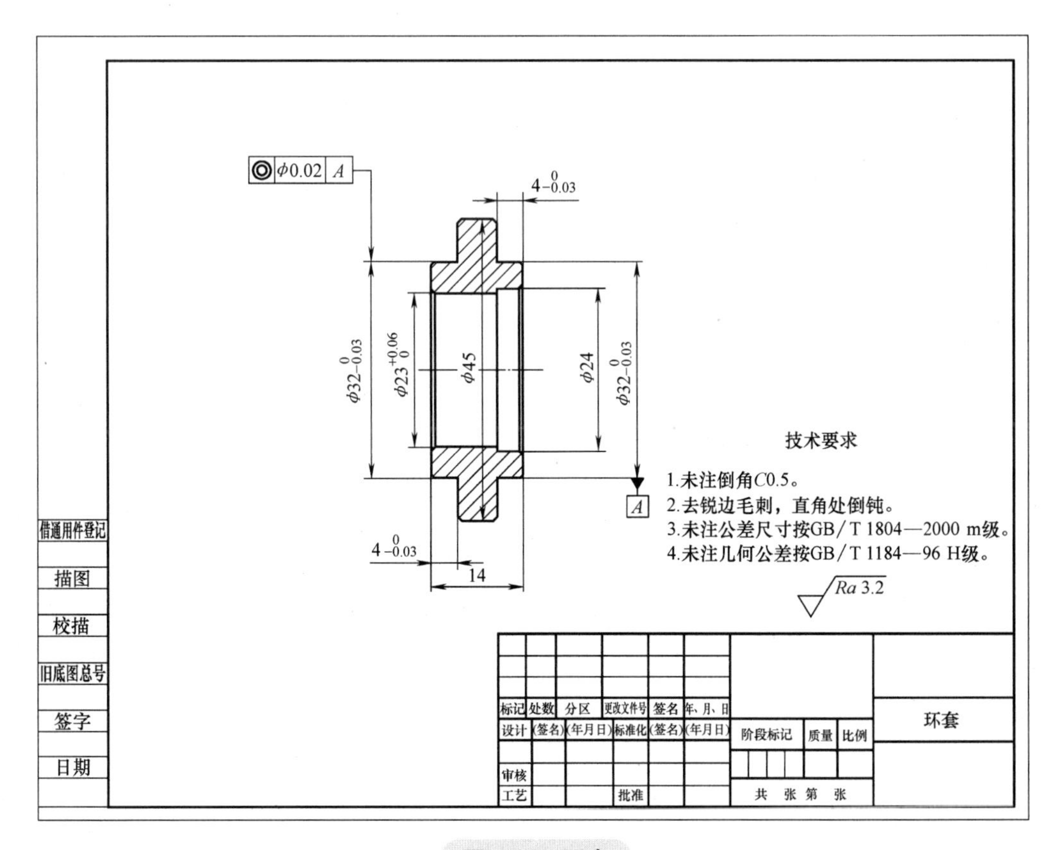

图 4-46　环套

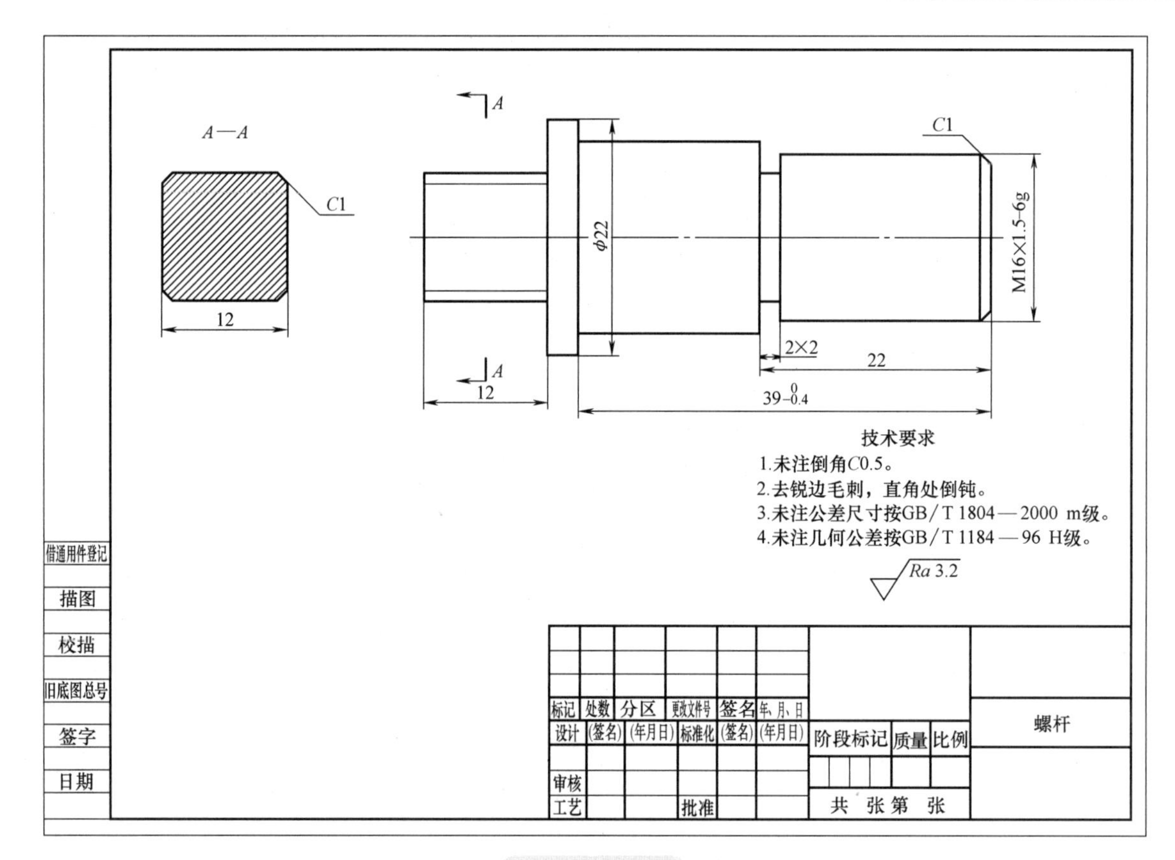
A—A
C1
12
A
A
φ22
C1
M16×1.5-6g
2×2
22
12
39-0.4
技术要求
1.未注倒角C0.5。
2.去锐边毛刺，直角处倒钝。
3.未注公差尺寸按GB/T 1804—2000 m级。
4.未注几何公差按GB/T 1184—96 H级。
Ra 3.2
借通用件登记
描图
校描
旧底图总号
签字
日期
标记 处数 分区 更改文件号 签名 年、月、日
设计 (签名) (年月日) 标准化 (签名) (年月日)
阶段标记 质量 比例
螺杆
审核
工艺 批准
共 张 第 张

图 4-47 螺杆

项目五

机械零件三维数据采集

项目资源：Wrap-Win3D 三维数据采集系统、Win3DD 单目三维扫描仪（图 5-1）

项目载体：机械零件模型（图 5-2）

图 5-1　三维扫描仪

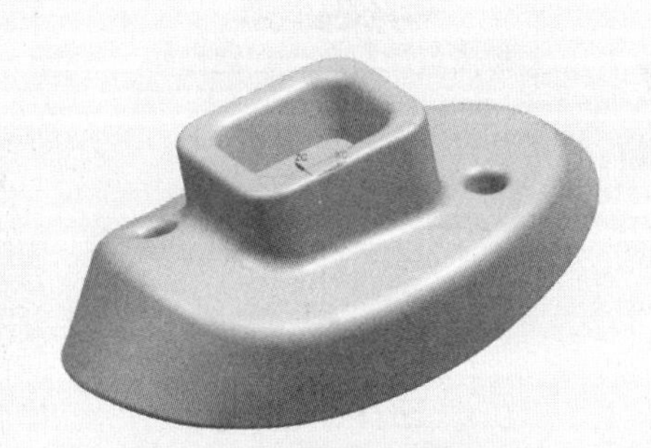

图 5-2　机械零件模型

〖学习目标〗

能力目标：

（1）能完成零件的三维扫描任务；

（2）能使用软件进行点云和面片优化处理。

知识目标：

（1）理解三维扫描的原理和基本概念；

（2）掌握点云和面片的优化知识和方案；

（3）熟悉台式三维扫描仪扫描系统的界面。

技能目标：

（1）能操作台式三维扫描仪进行扫描操作；

（2）能进行点云和面片的编辑处理和优化操作。

素养目标：

（1）培养爱岗敬业、爱护仪器设备、操作仔细认真的习惯；

（2）培养精益求精的工作精神，对数据处理的效果有较高的自我要求。

职业思考：

（1）专业知识与软件实操是如何结合的？

（2）作为一名数据采集与分析人员，基本的数据素质要求是什么？

〖数字资源〗

1+X 增材制造模型设计职业技能数字化设计部分培训

学习资料：

扫描系统简介与标定操作

扫描操作过程

点云和面片处理

操作视频：

标定

喷粉

扫描

点云处理

面片处理

其他资源：

铣刀盘点云作业（下载）

〖基础知识〗

1. 三维扫描仪硬件结构

Win3DD 系列产品是北京三维天下科技股份有限公司自主研发的高精度三维扫描仪，在延续经典双目系列技术优势的基础上，对外观、结构、软件功能和附件配置进行大幅提升，除具有高精度的特点之外，还具有易学、易用、便携、安全、可靠等特点。

Win3DD 单目三维扫描仪硬件系统结构如图 5-3 所示，可分为三个部分，下方为支撑扫描头的三脚架，中间为云台，上方为扫描头，扫描头是硬件系统结构组成中的主要部分。

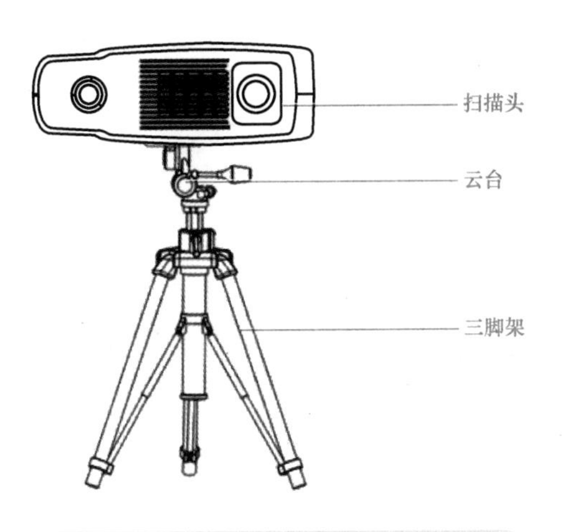

图 5-3　三维扫描仪硬件系统结构组成

2. 三维扫描仪扫描头

图 5-4 所示为三维扫描仪扫描头的几个部位，为了保障 Win3DD 单目三维扫描仪的使用寿命及扫描精度，在使用扫描头时应注意以下事项：

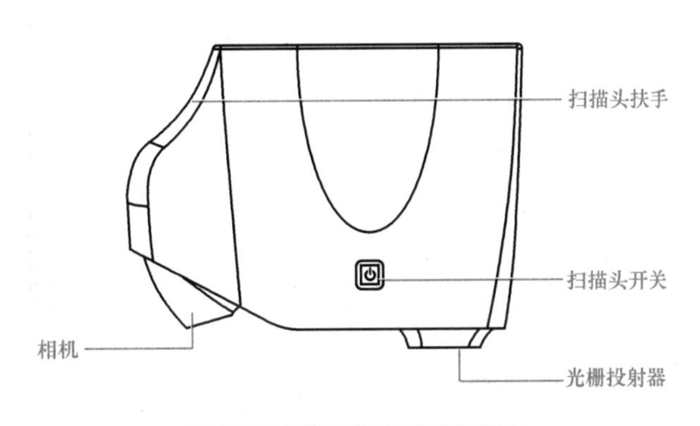

图 5-4　三维扫描仪扫描头

1）避免扫描系统发生碰撞，造成不必要的硬件系统损坏或影响扫描数据质量。

2）禁止触碰相机镜头和光栅投射器镜头。

3）扫描头扶手仅用于云台对扫描头做上下、水平、左右调整时使用。

4）严禁在搬运扫描头时使用此扶手。

云台和三脚架如图 5-5 所示。Win3DD 单目三维扫描仪使用前须仔细阅读设备操作手册，了解使用技巧及注意事项。

使用技巧：

1）调整云台旋钮可使扫描头进行上下、左右、水平方向旋转。

2）调整三脚架旋钮可对扫描头高低程度进行调整。

云台及三脚架在角度、高低度调整结束后，一定要将各方向的螺钉锁紧。否则可能会由于固定不紧造成扫描头内部器件发生碰撞，导致硬件系统损坏，也可能导致在扫描过程中硬件系统晃动，扫描过程中的晃动会对扫描结果产生影响。

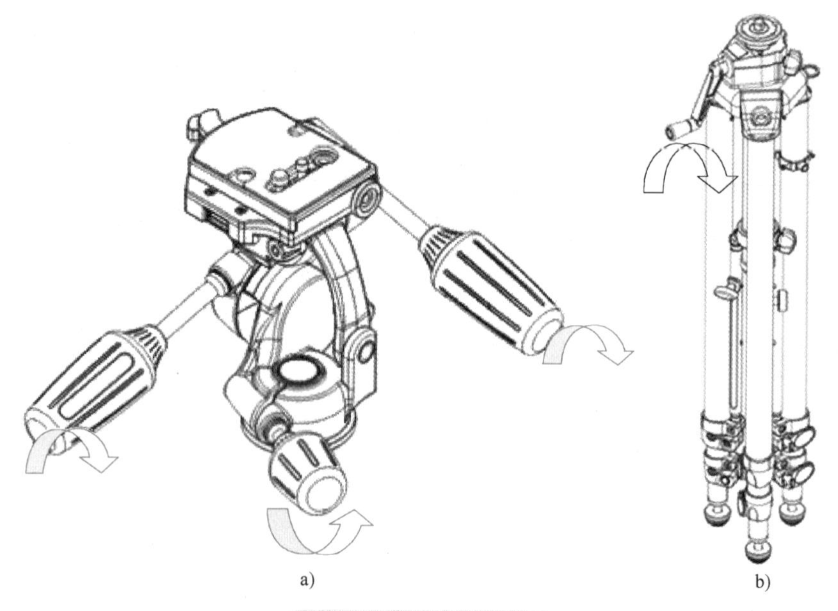

图 5-5　云台和三脚架

任务一　三维扫描仪标定

1. 数据采集软件简介

Wrap_Win3D 三维数据采集系统是由北京三维天下科技股份有限公司自主研发的三维数据采集系统，在延续 Win3DD 三维扫描系统技术优势的基础上，对算法进行了相关优化设计，搭载了 Wrap 软件功能，操作更加简单方便。

（1）Wrap_Win3D 界面介绍　单击 Wrap 图标，启动 Wrap 三维扫描系统软件，点击【采集】→【扫描】按钮，进入软件界面，如图 5-6 所示。选择 Win3D Scanner，单击【确定】按钮。

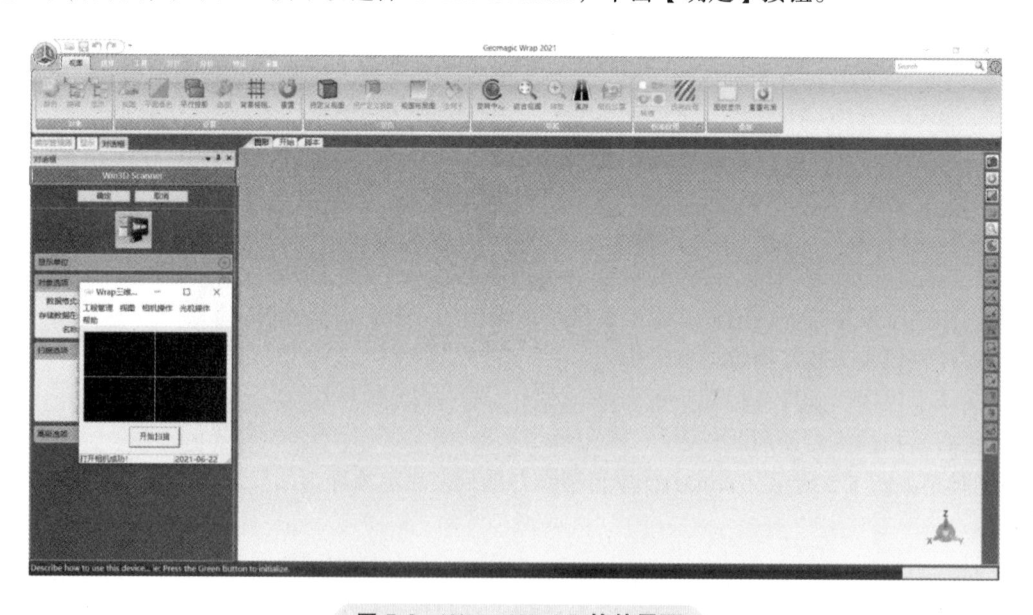

图 5-6　Wrap_Win3D 软件界面

图 5-7 所示为 Wrap 三维扫描系统的软件界面，包含扫描系统名称以及菜单栏，即包含扫描时所需的相关功能命令。

（2）菜单栏功能　如图 5-8 所示，相机显示区内可实时显示扫描采集区域，可根据显示区域在扫描前合理调整扫描角度。

1）工程管理。

新建工程：在对被扫描零件进行扫描之前，必须首先新建工程，即设定本次扫描的工程名称、相关数据存放的路径等信息。

打开工程：打开一个已经存在的工程。

2）视图。

标定 / 扫描：主要用于扫描视图与标定视图的相互转换。

3）相机操作。

参数设置：对相机的相关参数进行调整。

4）光机操作。

投射十字：控制光栅投射器投射出一个十字叉，用于调整扫描距离。

5）帮助。

帮助文档：显示帮助文档。

注册软件：输入加密序列码。

（3）软件标定视图　单击 Wrap 三维扫描系统菜单栏中的【视图】→【标定 / 扫描】按钮，即会打开标定界面。如图 5-9 所示。

标定界面功能命令详解：

1）开始标定：开始执行标定操作。

2）标定步骤：开始标定操作，即下一步操作。

3）重新标定：若标定失败或零点误差较大，单击此按钮重新进行标定。

4）显示帮助：引导用户按图所示放置标定板。

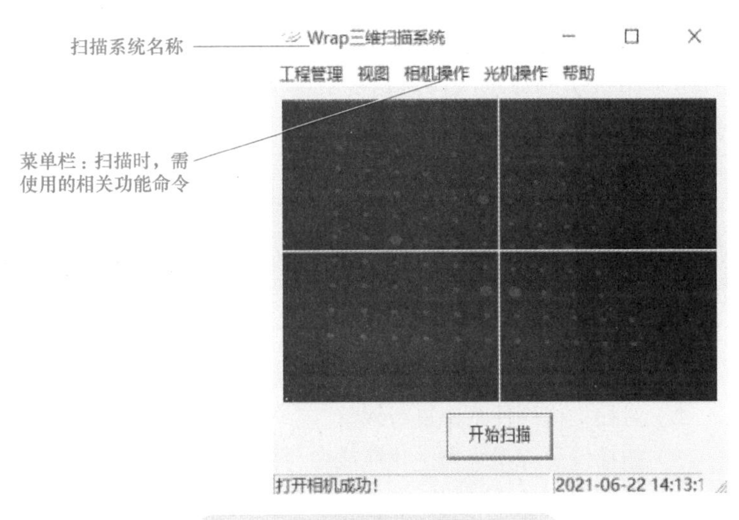

图 5-7　三维扫描系统软件界面

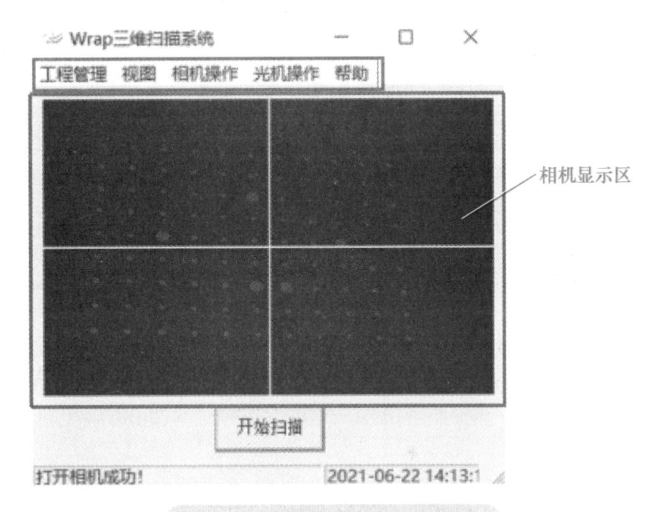

图 5-8　三维扫描系统菜单栏

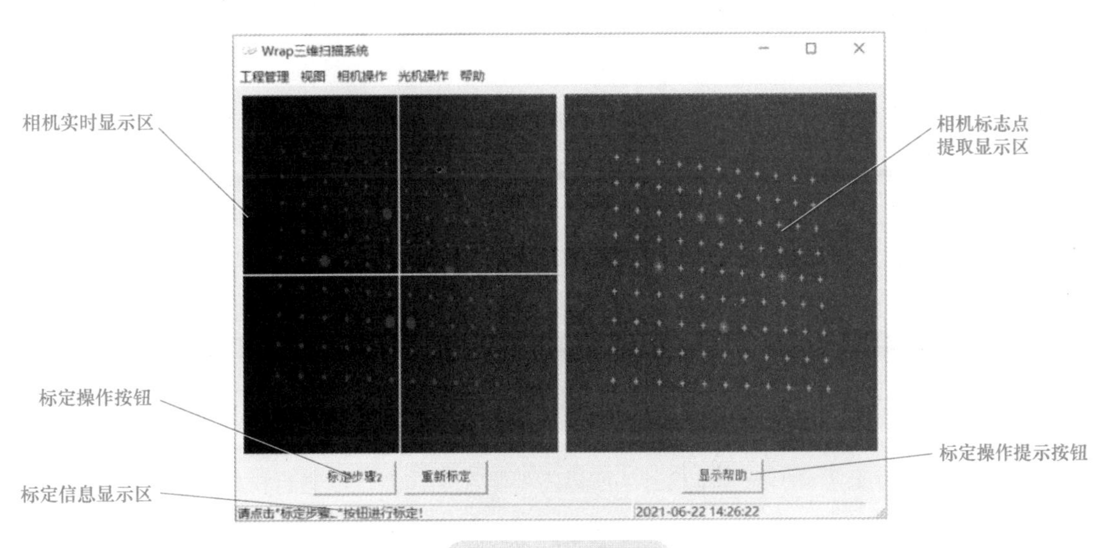

图 5-9　标定界面

5）标定信息显示区：显示标定步骤及进行下一步提示“标定成功或未成功的信息”。

6）相机标志点提取显示区：显示相机采集区域提取成功的标志点圆心位置（用绿色十字叉标识）。

7）相机实时显示区：对相机采集区域进行实时显示，用于调整标定板位置的观测。

2. 扫描仪标定操作

标定操作是使用扫描仪扫描数据时的前提条件，也是扫描系统精度高低的决定因素。因此，使用扫描仪扫描数据之前，需对设备进行标定操作。以下是需要标定操作的几种情况：

1）扫描仪设备进行远途运输。

2）对扫描仪硬件系统进行调整。

3）扫描仪硬件系统发生碰撞或者严重振动。

4）扫描仪设备长时间不使用。

标定操作注意事项如下：

1）标定的每一步都要保证标定板上至少 88 个标志点，如图 5-10 所示。

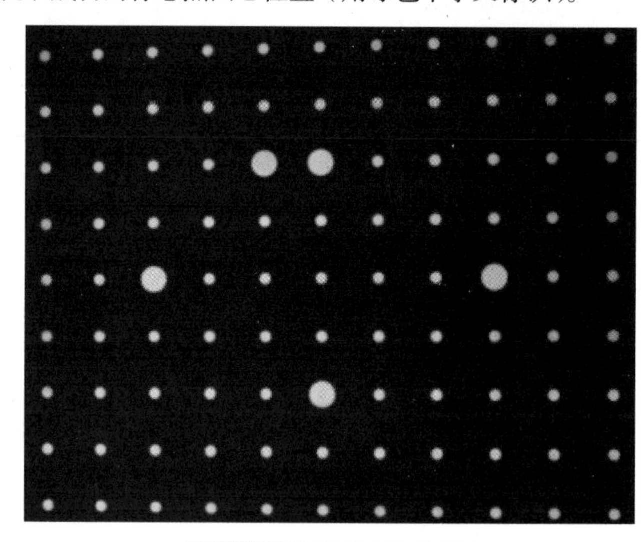

图 5-10　扫描到的标定板

2）特征标志点被提取出来才能继续下一步标定。

3）如果最后计算得到的误差结果太大，标定精度不符合要求时，则需重新标定，否则会导致得到无效的扫描精度与点云质量。

任务二　零件外形三维扫描

1. 扫描前处理

（1）外表面喷粉操作　通过观察发现图 5-2 所示机械零件模型部分颜色较深，影响正常的扫描效果，所以采用喷涂一层显像剂的方式进行扫描，从而获得更加理想的点云数据。

注意事项：喷粉距离约为 30cm，喷粉尽可能薄且均匀，完成后的零件如图 5-11 所示。

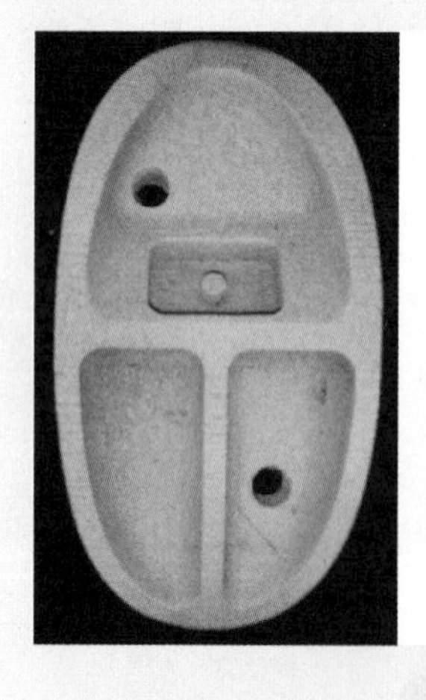
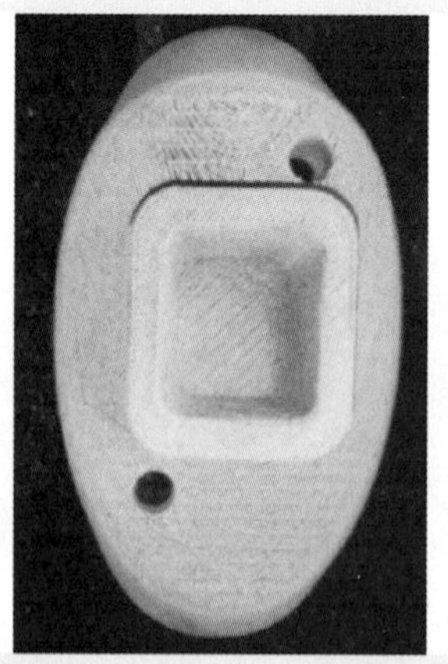
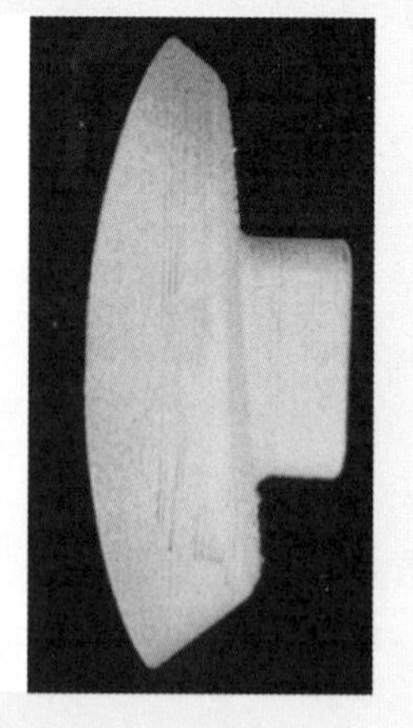

图 5-11　喷粉后的零件

（2）标志点粘贴　由于要求扫描整体点云，所以需要粘贴标志点，以进行拼接扫描。

注意事项：

1）标志点尽量粘贴在平面区域或者曲率较小的曲面区域，且距离零件边界较远一些。

2）标志点不要粘贴在一条直线上，且不要对称粘贴。

3）公共标志点至少有 3 个，但由于扫描角度等因素，一般建议有 5 ～ 7 个为宜。标志点应使相机在尽可能多的角度可以同时看到。

4）粘贴标志点要保证扫描策略的顺利实施，根据工件的长、宽、高合理分布粘贴。

图 5-12 所示标志点的粘贴方式较合理，当然还有其他的粘贴方式。

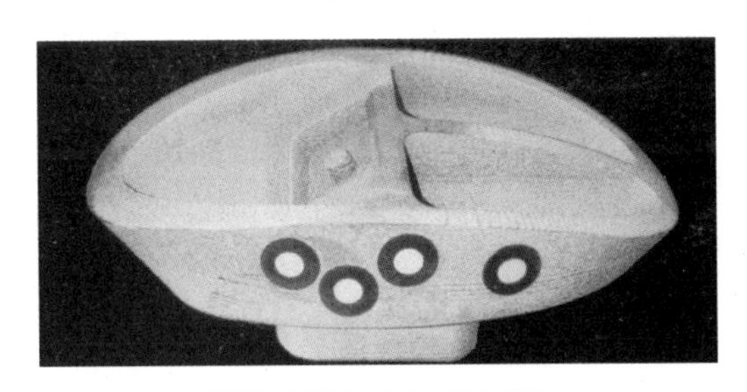

图 5-12　标志点的粘贴

（3）扫描策略　通过观察发现该模型为对称模型，为了更方便、快捷地扫描，可以采用辅助工具（转盘）的策略对其进行三维数据采集。辅助扫描能够节省扫描的时间，同时也可以减少贴在物体表面标志点的数量。

2. 三维扫描操作

（1）第一个角度扫描　给工程设置名称，例如 saomiao，将零件放置在转盘上，单击【确定】按钮，转盘和零件在十字中间，尝试旋转转盘一周，在相机实时显示区域观察，以保证能够扫描到整体。观察实时显示区机械模型在该区域的亮度，通过软件设置相机曝光值来调整亮度。并且检查扫描仪到被扫描物体的距离，此距离可以依据软件左侧实时显示区的白色十字与黑色十字重合确定，当重合时距离约为 600mm，600mm 高度的点云提取质量最好。所有参数调整完成后，单击【开始扫描】按钮，开始第一步扫描，如图 5-13 所示。

注意：由于需要借助标志点进行拼合扫描，所以在第一次扫描时先使扫描仪识别到机械零件模型上公共的标志点，以方便后面翻面拼合。若标志点角度不容易识别到模型上公共的标志点，可以借助垫块垫起转盘相机一侧，使扫描仪更容易识别。

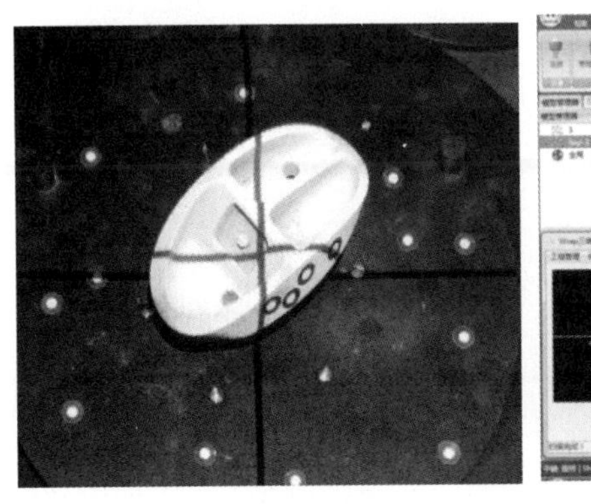

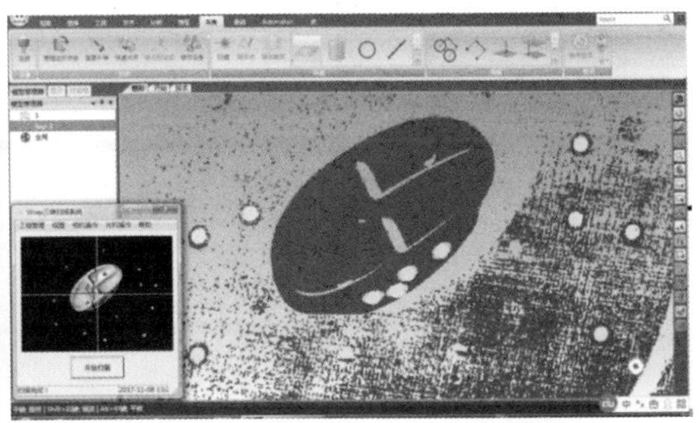

图 5-13　第一次扫描

（2）第二个角度扫描　转动转盘一定角度，建议在 30° ～ 120° 之间，必须保证与上一步扫描有公共重合部分，这里是指标志点重合，即上一步和该步能够同时看到至少 3 个标志点。该单目设备为三点拼接，但是建议使用四点拼接方式，如图 5-14 所示。

（3）第三个角度扫描　与上个步骤类似，向同一方向继续旋转转盘一定角度扫描，可以多换角度扫描几次以得到上表面完整点云，如图 5-15 所示。

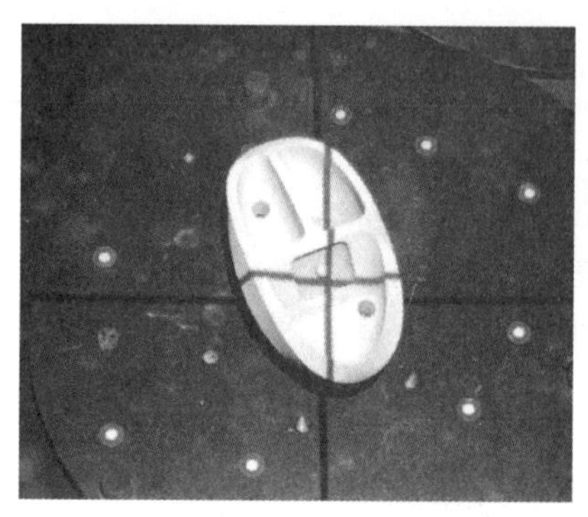

图 5-14　第二次扫描

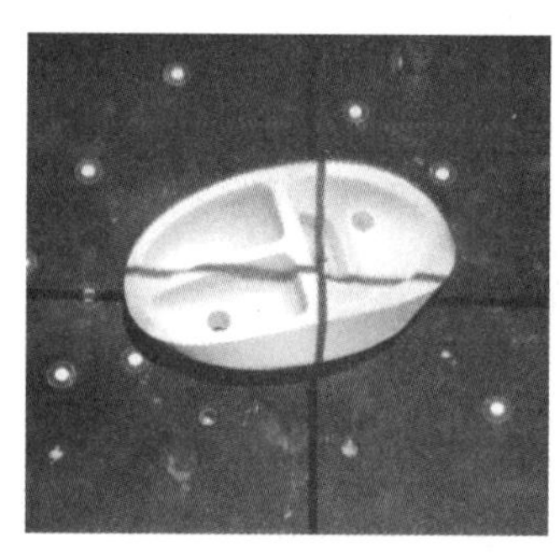
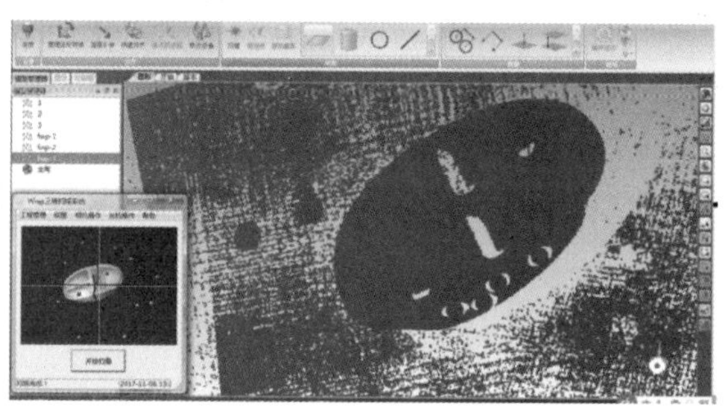

图 5-15　第三次扫描

（4）第四个角度扫描　前面完成三个角度的扫描，可以在 Wrap 软件界面查看到对应的点云，操作鼠标查看机械零件模型是否扫描完整，向同一方向继续旋转转盘一定角度扫描。经过几次的扫描已经基本可以将机械零件模型上表面扫描完整，若未完整则调整扫描角度继续扫描直至得到上表面完整点云）如图 5-16 所示。

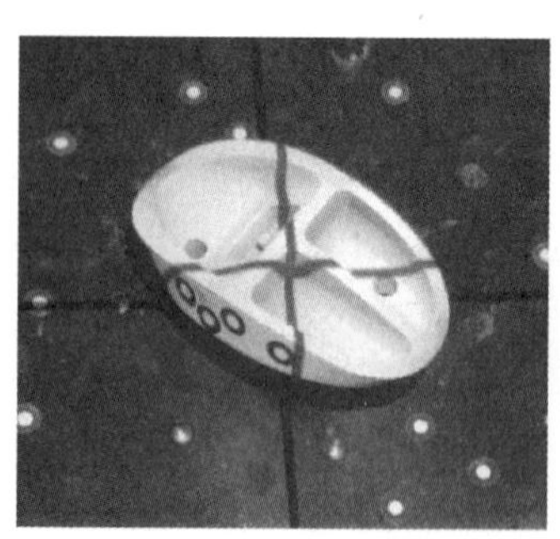
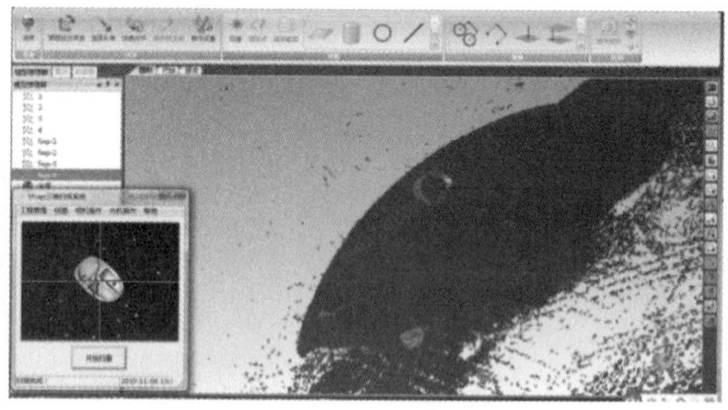

图 5-16　第四次扫描

（5）第五个角度扫描　需确认前面已经把机械零件模型上表面的数据扫描完成，下面将该机械零件模型从转盘上取下来，翻转转盘，同时也将机械零件模型进行翻转扫描其下表面，通过之前手动粘贴的标志点来完成拼接过程。本次扫描应优先扫描公共标志点的面，扫描系统会自动进行拼合，达到完整点云的效果，如图 5-17 所示。

（6）第六个角度扫描　通过鼠标操作查看未扫描完整的点云，向同一方向继续旋转转盘一定角度扫描，如图 5-18 所示。

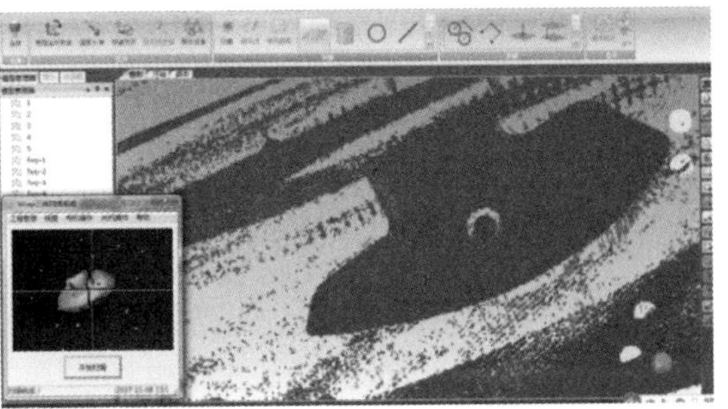

图 5-17　第五次扫描

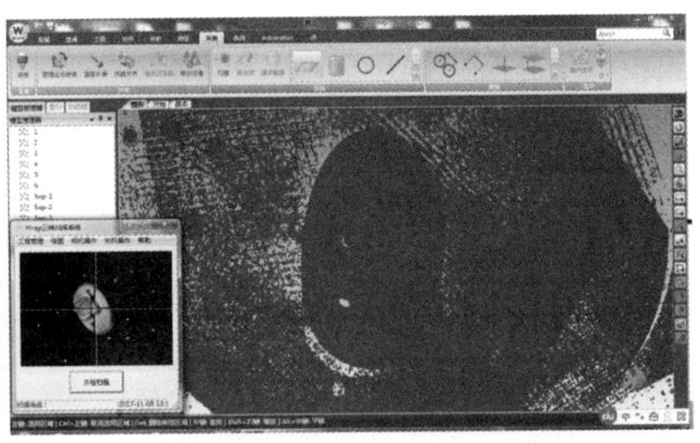

图 5-18　第六次扫描

（7）第七个角度扫描　通过鼠标操作查看未扫描完整的点云，向同一方向继续旋转转盘一定角度扫描。可以在 Wrap 软件界面查看到对应的点云，并查看该机械零件模型是否扫描完整，如有缺失可继续采集缺失的点云，直至得到完整点云，如图 5-19 所示。

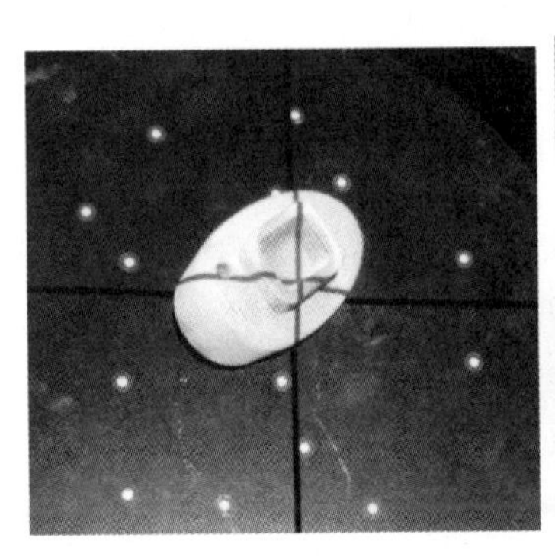
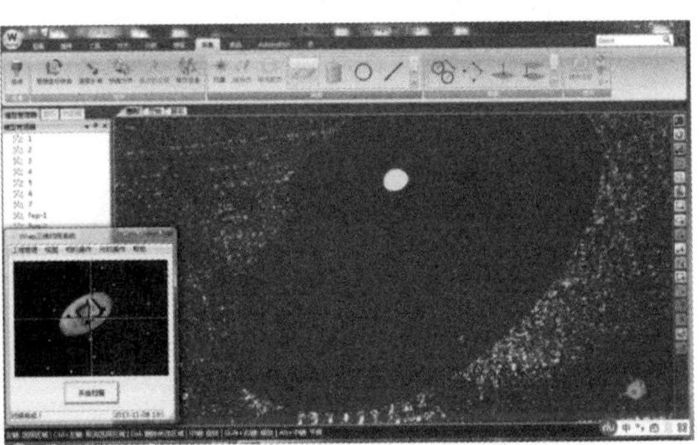

图 5-19　第七次扫描

到此扫描工作完成，在模型管理器中选择要保存的点云数据，在菜单栏中单击【点】→【联合点对象】按钮，将多组数据合并为一组数据。选择保存的点云数据，单击右键选择对话框中【保存】按钮，保存在指定的目录下，保存格式为【.asc】。

注意事项：扫描次数根据扫描经验及扫描时物体摆放角度而定，如果经验丰富或者摆放位置合适，能够减少扫描步骤，即减少扫描数据的大小。在扫描点云数据完整的基础上尽量减少不必要的扫描步骤，以降低累计误差的产生。

任务三　点云和面片处理

1. 点云处理

点云阶段主要操作命令：

【点着色】：为了更加清晰、方便地观察点云的形状，对点云进行着色。

【选择非连接项】：指同一物体上具有一定数量的点形成点群，并且彼此间分离。

【选择体外孤点】：选择与其他多数点云具有一定距离的点敏感度：低的数值选择远距离点，高的数值选择范围接近真实数据。

【减少噪音】：因为逆向扫描设备与扫描方法的缘故，扫描数据存在系统误差和随机误差，其中有一些扫描点的误差比较大，超出允许的范围，这就是噪音点。

【封装】：对点云进行三角面片化。

（1）导入点云数据　启动 Geomagic Wrap 软件，选择菜单栏【文件】→【打开】命令或单击工具栏【打开】按钮，系统弹出【打开文件】对话框，查找数据文件并选中【saomiao.txt】文件，然后单击【打开】按钮，在工作区显示点云数据，如图 5-20 所示。

（2）点云着色操作　为了更加清晰、方便地观察点云的形状，将点云进行着色。选择菜单栏【点】→【点着色】选项，着色后的视图如图 5-21 所示。

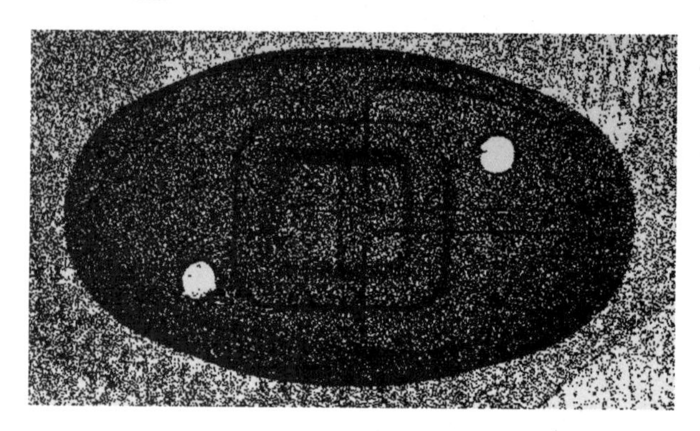

图 5-20　导入的点云数据

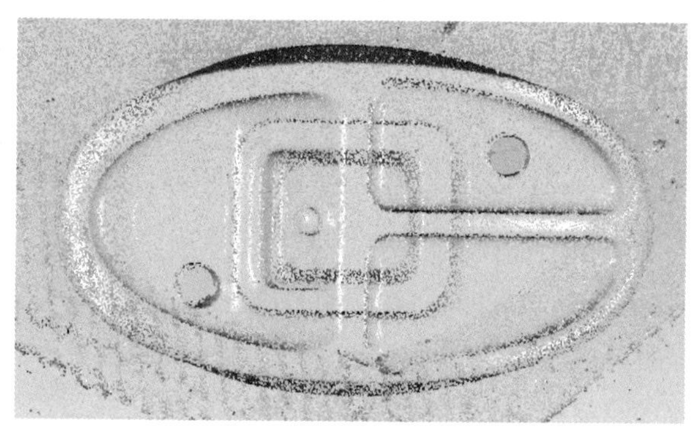

图 5-21　着色的点云

（3）设置旋转中心　为了更加方便地观察点云的放大、缩小或旋转情况，为其设置旋转中心。在操作区域单击右键，选择【设置旋转中心】选项，在点云适合位置单击即可。

单击工具栏中【套索选择工具】，勾画出零件的外轮廓，点云数据呈现红色，单击右键选择【反转选区】选项，选择菜单栏中【点】→【删除】选项或按 <Delete> 键，如图 5-22 所示。

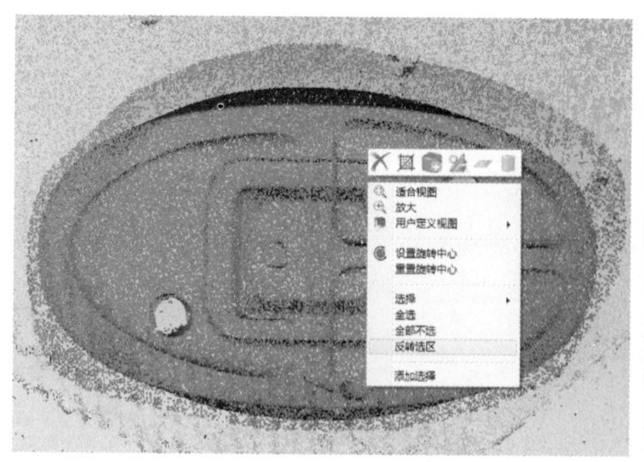

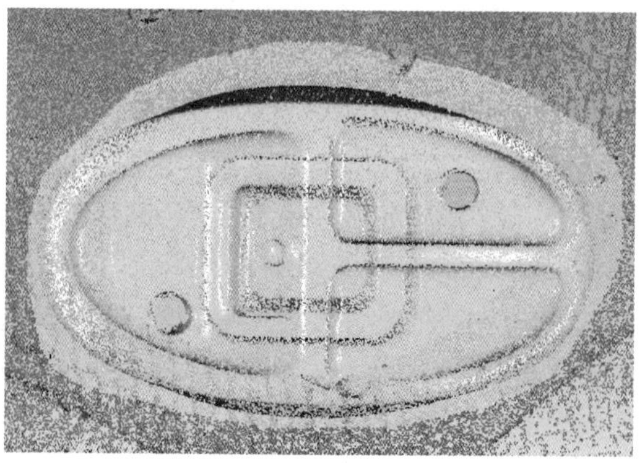

图 5-22　通过套索方式选择点云数据

（4）非连接项的选择　单击菜单栏【点】→【选择】→【非连接项】按钮，在管理器面板中弹出【选择非连接项】对话框。在【分隔】下拉列表中选择【低】分隔方式，这样系统会选择在拐角处离主点云很近、但不属于它们的一部分点。【尺寸】按默认值5.0mm，单击上方的【确定】按钮，点云中的非连接项被选中，并呈现红色，如图5-23所示。再单击菜单栏【点】→【删除】按钮或按〈Delete〉键来删除体外杂点，此命令操作2～3次为宜。

（5）去除体外孤点　单击菜单栏【点】→【选择】→【体外孤点】按钮，在管理器面板中弹出【选择体外孤点】对话框，设置【敏感度】值为100，也可以通过单击右侧的两个三角图标增加或减少【敏感度】的值，单击【确定】按钮。此时体外孤点被选中，呈现红色，如图5-24所示。再单击菜单栏【点】→【删除】按钮或按〈Delete〉键来删除选中的点，此命令操作2～3次为宜。

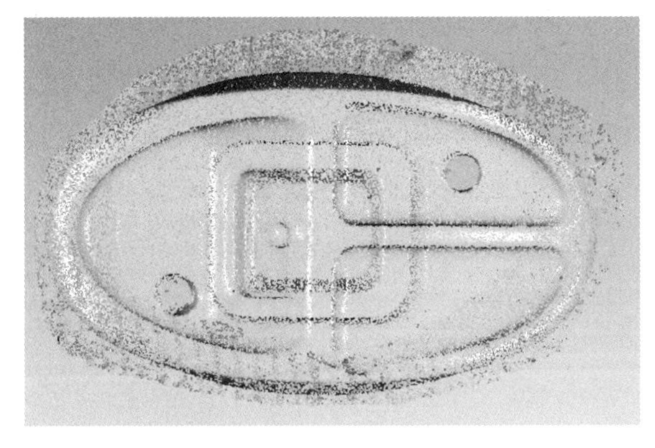

图5-23　非连接项的选择

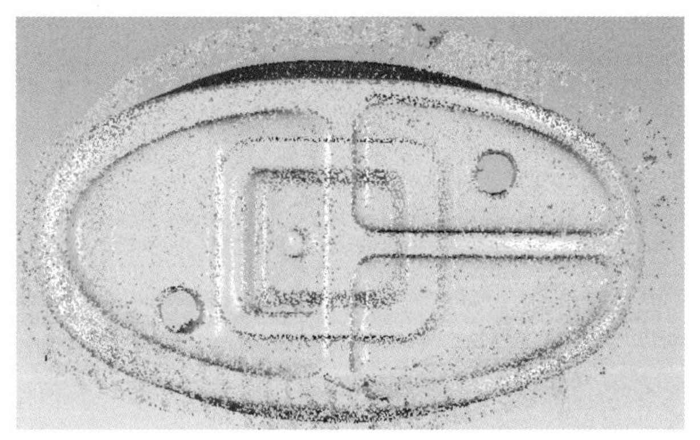

图5-24　体外孤点的选择

（6）手动删除非连接点云　单击工具栏中【套索选择工具】，配合工具栏中的按钮一起使用，将非连接点云删除，如图5-25所示。

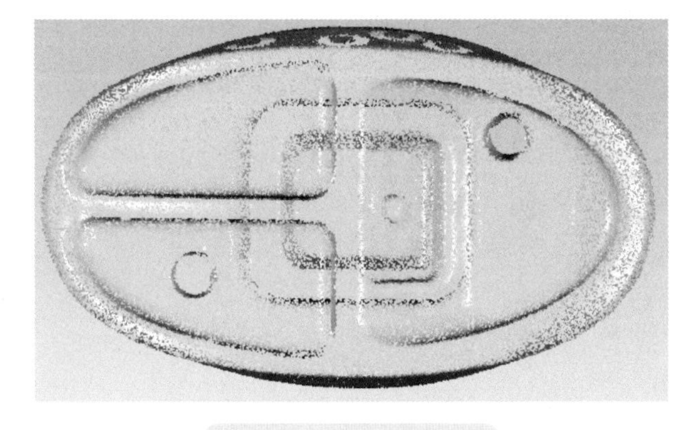

图5-25　删除后的点云

（7）减少噪音操作　单击菜单栏【点】→【减少噪音】按钮，在管理器面板中弹出【减少噪音】对话框。选择【棱柱形（积极）】，将【平滑度水平】滑到无，【迭代】为5，【偏差限制】为0.2mm。

展开【预览】框，定义【预览点】为3000，这代表被封装和预览的点数量。选中【采样】选项，用鼠标在模型上选择一小块区域来预览，预览效果如图5-26b所示。左右移动【平滑度水平】选项中的滑块，同时观察预览区域的图像有何变化。图5-26b所示分别是平滑级别最小和平滑级别最大的预览效果，将【平滑度水平】滑块设置在中间档，单击【应用】按钮，退出对话框。

（8）三角形面片数据封装　单击菜单栏【点】→【封装】按钮，系统会弹出图5-27a所示【封装】对话框，该命令将围绕点云进行封装计算，使点云数据转换为多边形模型。

【采样】：对点云进行采样。通过设置【点间距】来进行采样。目标三角形的数量可以进行设定，目标三角形数量设置得越大，封装之后的多边形网格则越紧密。最下方的滑杆可以调节采样质量的高低，可根据点云数据的实际特性，进行适当的设置。

2. 面片处理

多边形阶段主要操作命令：

【删除钉状物】：将【平滑级别】处在中间位置，使点云表面趋于光滑。

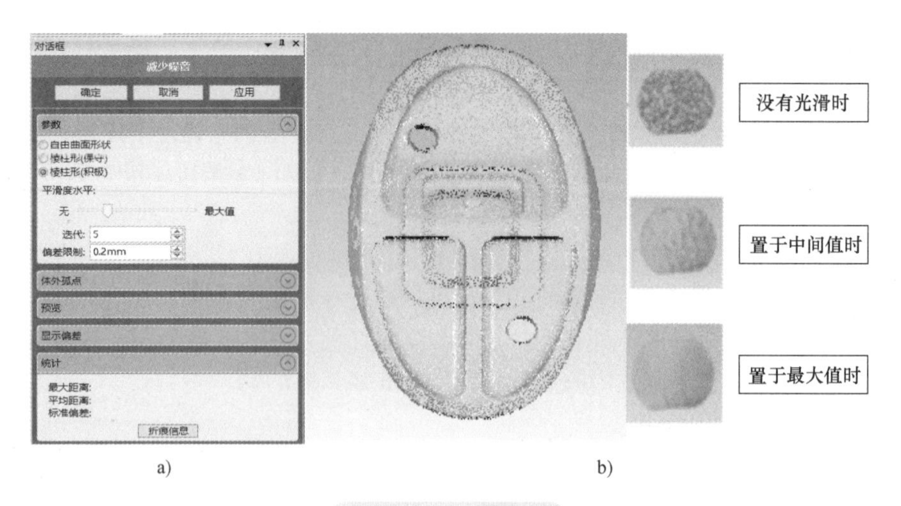

a) b)

图 5-26 光滑操作

【填充孔】：修补因为点云缺失而造成的漏洞，可根据曲率趋势补好漏洞。

【去除特征】：先选择有特征的位置，应用该命令去除特征，并将该区域与其他部位形成光滑的连续状态。

【减少噪音】：将点移至正确的统计位置以弥补噪音（如扫描仪误差）。噪音会使锐边变钝或使平滑曲线变得粗糙。

【网格医生】：集成了删除钉状物、补洞、去除特征、开流形等功能，对于简单数据能够快速处理完成。

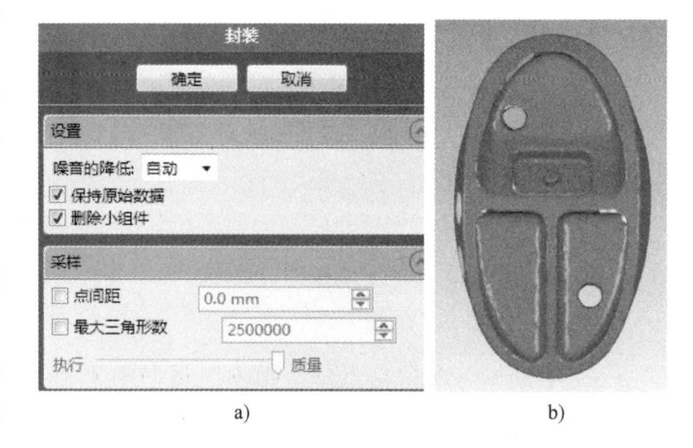

a) b)

图 5-27 封装后的状态

（1）删除钉状物　单击菜单栏【多边形】→【删除钉状物】按钮，在模型管理器中弹出图 5-28a 所示的【删除钉状物】对话框。将【平滑级别】处在中间位置，单击【应用】按钮，如图 5-28b 所示。

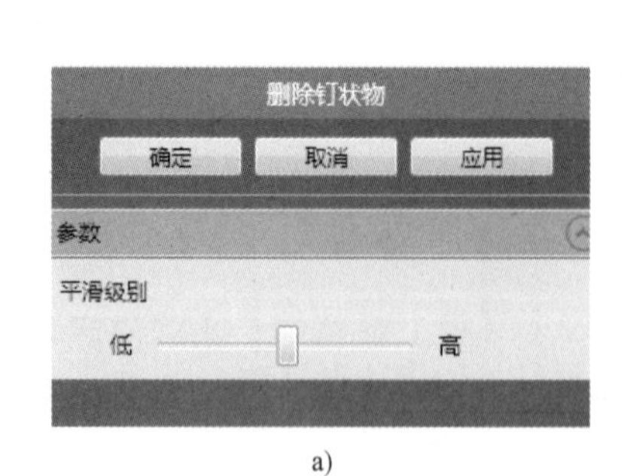

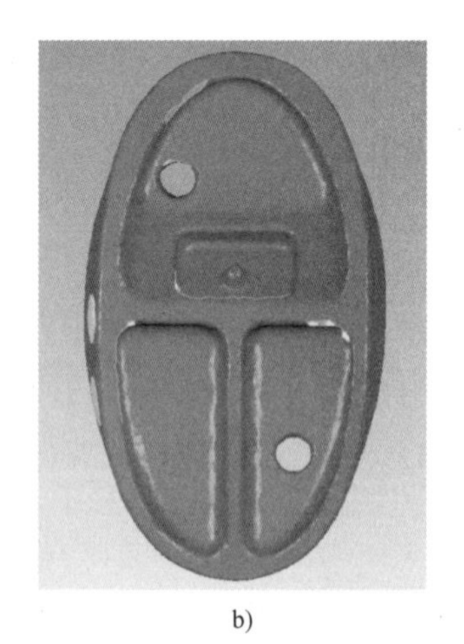

a) b)

图 5-28 删除钉状物

（2）孔的全部填充　单击菜单栏【多边形】→【全部填充】按钮，在模型管理器中弹出图 5-29a 所示的【全部填充】对话框，可以根据孔的类型搭配选择不同的方法进行填充，图 5-29b 为三种不同的选择方法。

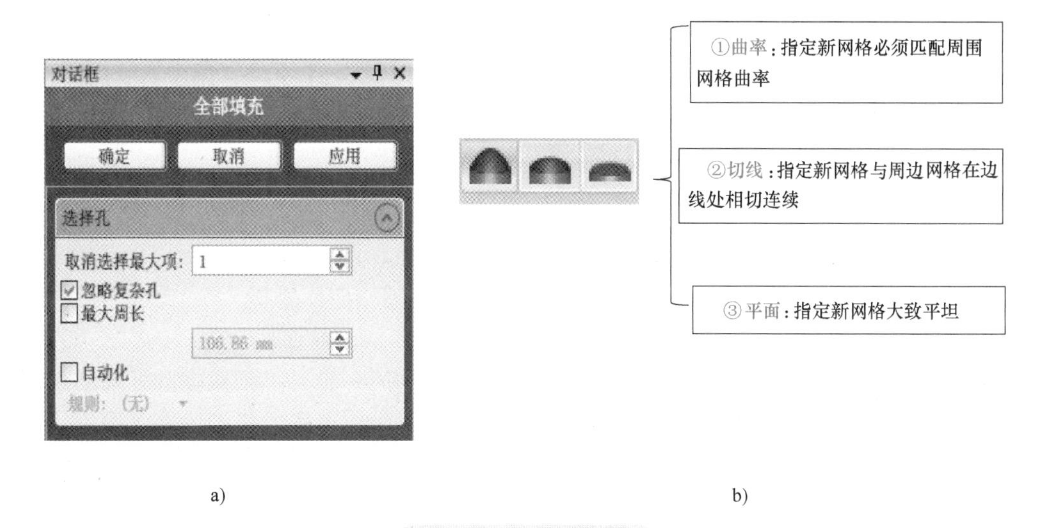

图 5-29　孔全部填充

（3）去除特征操作　该命令用于删除模型中不规则的三角形区域，并且插入一个更有秩序且与周边三角形连接更好的多边形网格。必须先用手动选择方式选择需要去除特征的区域，然后执行【多边形】→【去除特征】命令，如图 5-30 所示。

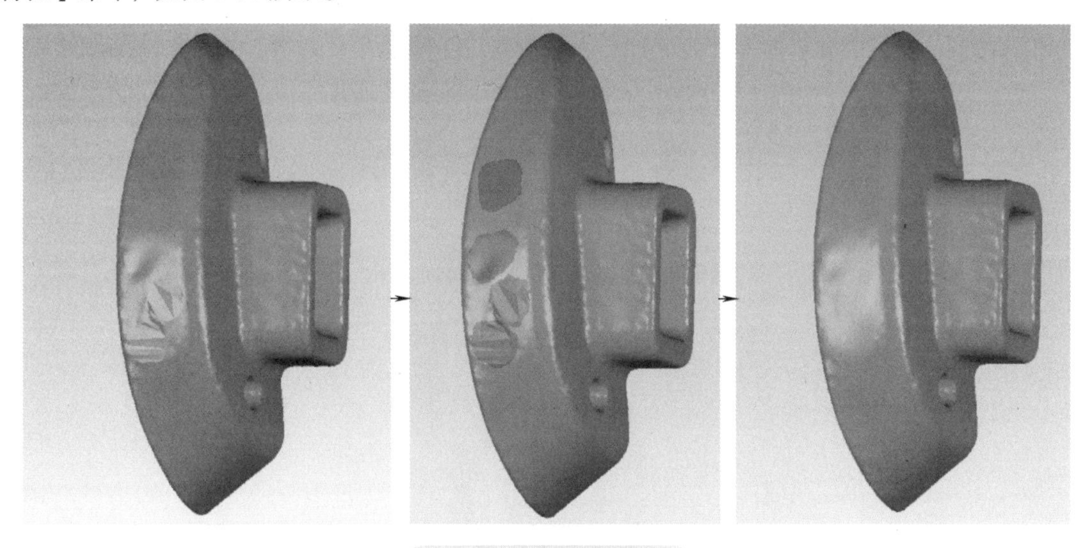

图 5-30　去除特征操作

面片最终处理结果如图 5-31 所示。

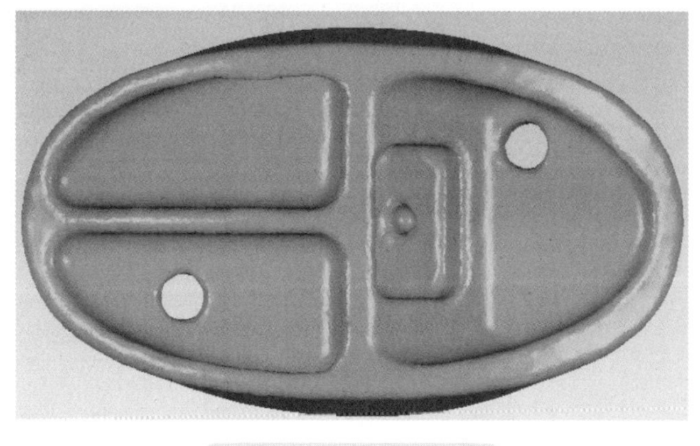

图 5-31　面片处理结果

3. 保存数据

单击 Wrap 软件左上角【文件】按钮，将文件另存为【零件模型 .stl】文件，用于后续逆向建模。

〖项目总结〗

数据采集的一般过程：

零件形体分析→表面喷粉→标志点粘贴→扫描操作→点云处理→面片处理

点云和面片处理的重要作用：

在零件逆向建模过程中对点云的处理是整个逆向建模过程的第一步，点云数据的处理结果会直接影响后续建模的质量。在数据采集中，由于随机（环境因素等）或人为（工作人员经验等）原因，会引起数据的误差，使点云数据包含杂点，造成被测零件模型重构曲面不理想，从光顺性和精度等方面影响建模质量，因此需要在三维模型重建前进行杂点消除。为了提高扫描精度，扫描的点云数据可能会很大，且其中会包括大量的冗余数据，应对数据进行采样精简处理。为了得到表面光顺的模型，应对点云进行平滑处理。由于模型比较复杂且数据量大，一次扫描不能全部扫到，就需要从多角度进行扫描，再对数据进行拼接结合处理以得到完整的点云模型数据。

STL（Stereolithography）文件格式是三维图形文件格式，即用三角形面片来表示三维实体模型，已经成为 CAD/CAM 系统接口文件格式的工业标准，目前常用于各种增材制造和部分 CAM 系统，也是零件逆向设计的数据模型。通过对其劣质面片的处理，去除孤立、交错或者法向相反的面片以保证面片的质量。通过补洞、平滑、缩减数量等操作在缩小面片文件数据量的同时提高面片质量，便于后期逆向建模工作。

〖课后练习〗

完成图 5-32 所示洗衣液瓶，一个有曲面外形物品的三维扫描，并完成点云和面片的优化处理。

图 5-32 练习题

项目六

机械零件逆向模型设计

项目资源：机械零件面片数据、Geomagic Design X 软件

项目载体：机械零件模型（图 6-1）、铣刀盘模型（图 6-2）

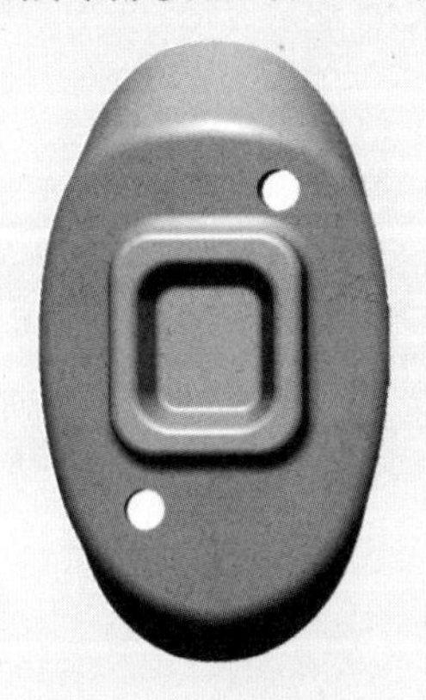

图 6-1　机械零件模型

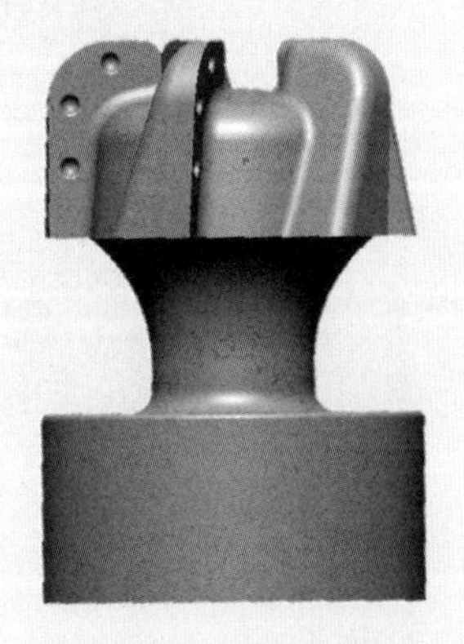

图 6-2　铣刀盘模型

〖学习目标〗

能力目标：

（1）能使用软件完成零件外形重构；

（2）能对常见零部件外形进行分析并形成建模思路。

知识目标：

（1）掌握逆向建模的概念和相关知识；

（2）掌握领域的概念、面片草图等建模命令内容；

（3）掌握精度对比的概念和内容。

技能目标：

（1）能使用软件进行零件曲面和实体逆向建模；

（2）能使用软件完成建模数据模型的对比和误差分析。

素养目标：

（1）培养精益求精的逆向建模习惯；

（2）通过学习培养学生的综合职业能力。

职业思考：

（1）曲面光顺与精度如何取舍平衡?

（2）逆向设计做到什么程度才是优?

〖数字资源〗

1+X 增材制造模型设计职业技能数字化设计部分培训

学习资料：

机械零件逆向设计

精度对比与质量分析

操作视频：

主体部分设计

凹槽部分设计

凸台部分设计

精度分析与生成报告

其他资源：

鼠标作业（下载）

〖基础知识〗

Geomagic Design X（图 6-3）是全面的逆向工程软件，它结合基于历史树的 CAD 数据模型和三维扫描

图 6-3　Geomagic Design X 软件

数据处理，可以创建出可编辑、基于特征的CAD模型并与NX、SolidWorks等主流的CAD软件兼容。其软件界面如图6-4所示。

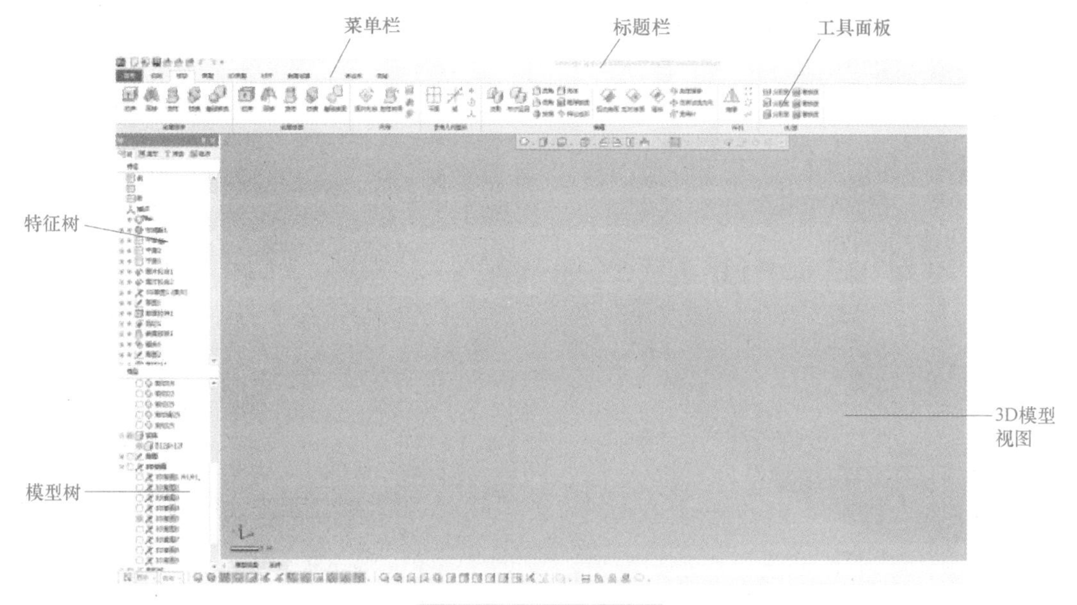

图6-4　软件操作界面

鼠标操作说明：

左键：选择对象　　Ctrl+左键：取消选择　　滚轮：缩放对象

右键：旋转对象　　Ctrl+右键：移动对象

任务一　机械零件逆向建模

机械零件逆向建模过程如图6-5所示。

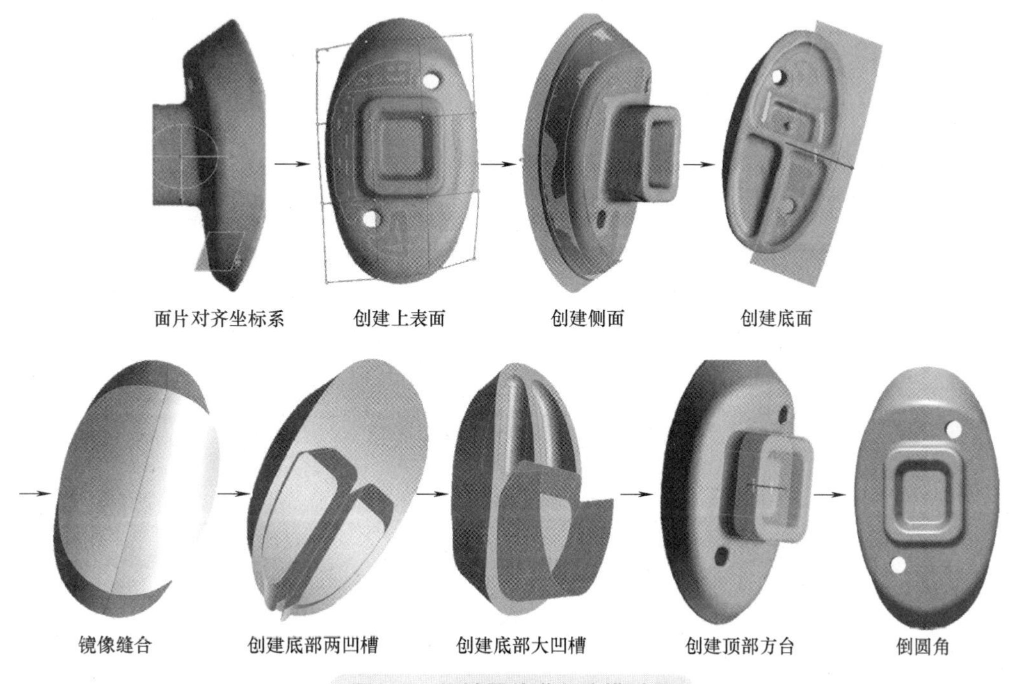

图6-5　机械零件逆向建模过程

1. 面片对齐坐标系

启动 Geomagic Design X 软件，单击【插入】→【导入】，导入机械零件面片数据，如图 6-6 所示。

单击菜单栏中【领域】，进入【领域组】模式。单击【画笔选择模式】按钮，手动绘制领域，如图 6-7 所示，单击【插入】按钮，插入新领域。

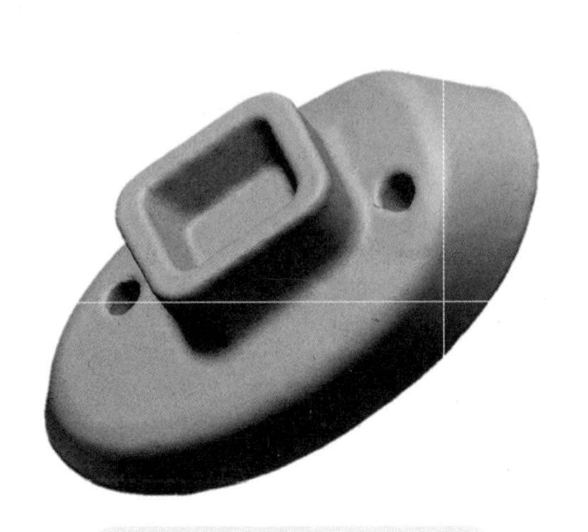

图 6-6　导入机械零件面片数据

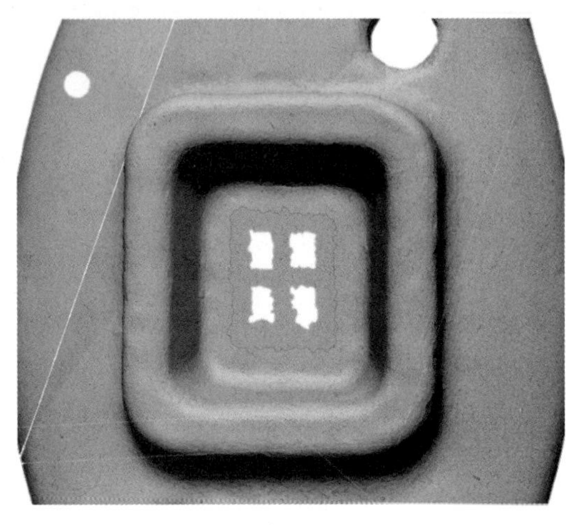

图 6-7　插入新领域的位置

单击菜单栏【模型】→【平面】按钮，【要素】选择上面创建的领域，【方法】选择【提取】，如图 6-8 所示，单击按钮确认，创建基准平面 1。

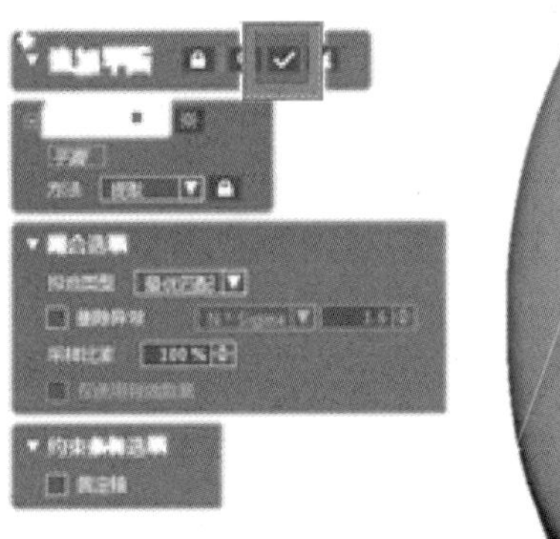

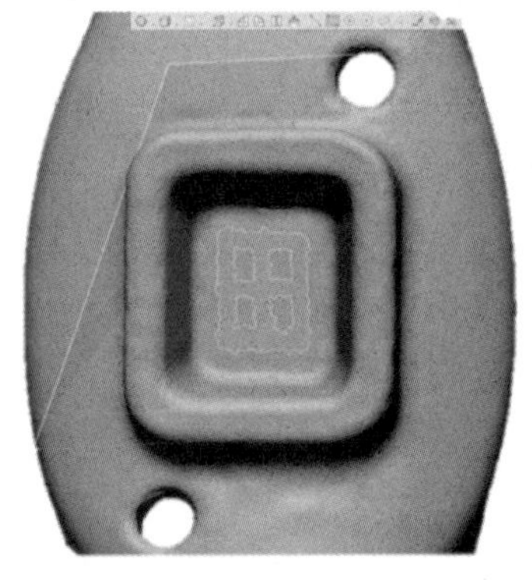

图 6-8　通过领域创建基准平面

单击菜单栏【模型】→【平面】按钮，【方法】选择【绘制直线】，将模型摆正，绘制图 6-9 所示直线，单击按钮确认，创建基准平面 2。

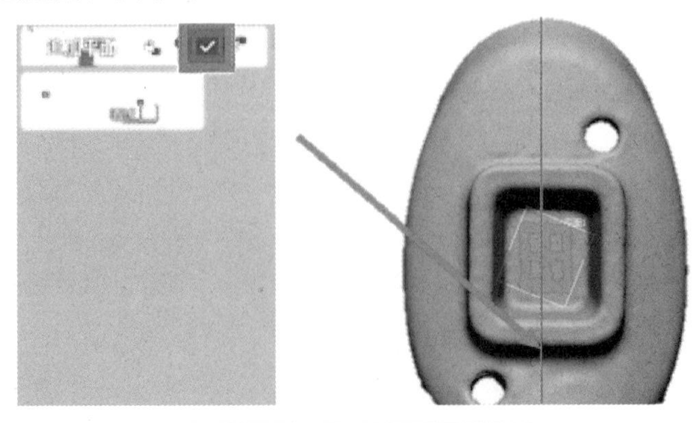

图 6-9　通过绘制直线追加平面

单击菜单栏【模型】→【平面】按钮,【要素】选择机械零件 XX 和基准平面 2,【方法】选择【镜像】, 如图 6-10 所示, 单击按钮确认, 创建基准平面 3。

单击菜单栏【对齐】→【手动对齐】按钮, 单击【下一阶段】按钮,【移动】选择【3-2-1】模式,【平面】选择【基准平面 3】,【线】选择【基准平面 3】和【基准平面 1】, 如图 6-11 所示, 单击按钮确认, 对齐坐标系。注意: 用于创建坐标系的领域组和基准平面可隐藏或者删除。

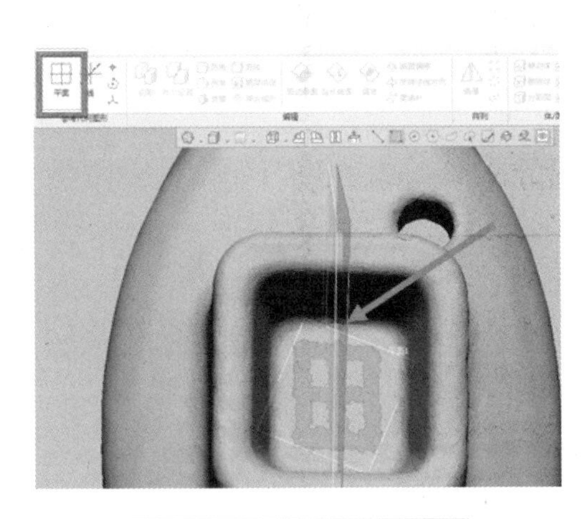

图 6-10　通过镜像追加平面

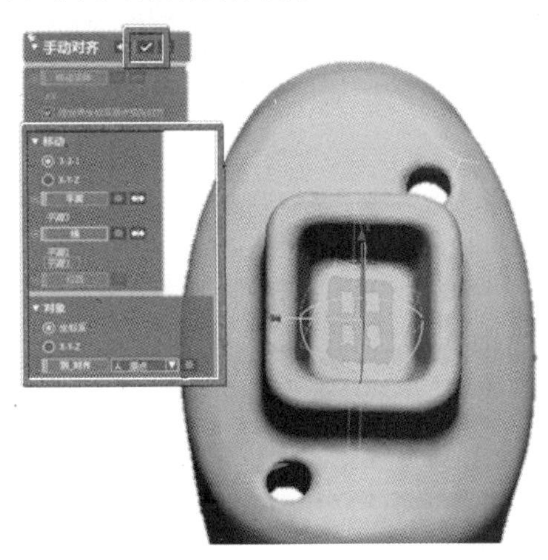

图 6-11　手动对齐操作

2. 拟合创建上表面

单击菜单栏中【领域】, 进入【领域组】模式。单击【画笔选择模式】按钮, 手动绘制领域, 如图 6-12 所示, 单击【插入】按钮, 插入新领域。

单击菜单栏【模型】→【面片拟合】按钮, 选择领域, 创建拟合曲面 1, 如图 6-13 所示, 单击按钮确认。

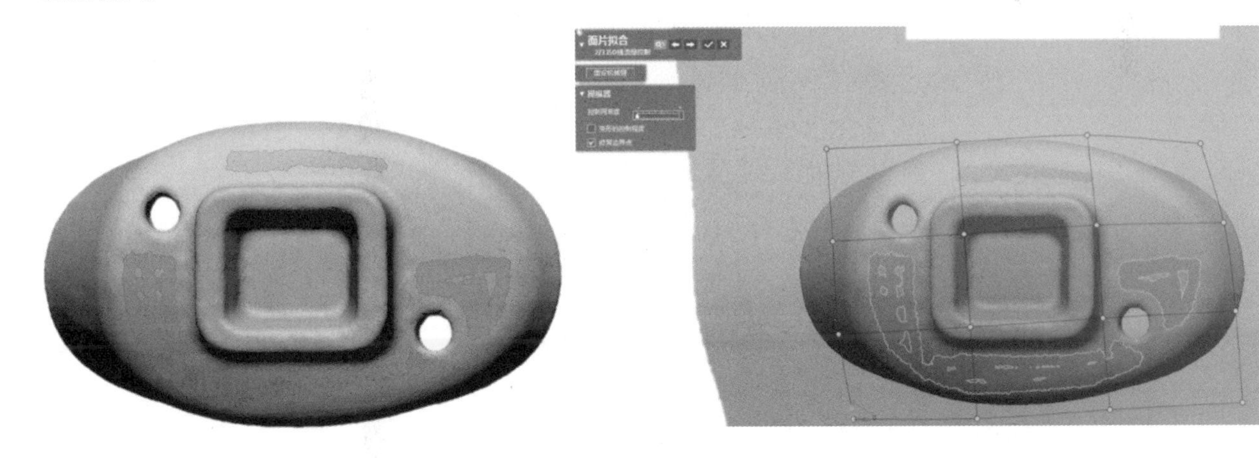

图 6-12　插入新领域的位置

图 6-13　面片拟合

3. 放样创建侧面

单击菜单栏【草图】→【3D 草图】按钮, 进入 3D 草图模式, 利用【样条曲线】命令绘制 3D 草图 1, 如图 6-14 所示, 单击按钮确认。

单击菜单栏【模型】→【放样】按钮,【轮廓】选择上述操作绘制的 3D 草图 1, 如图 6-15 所示, 单击按钮确认。

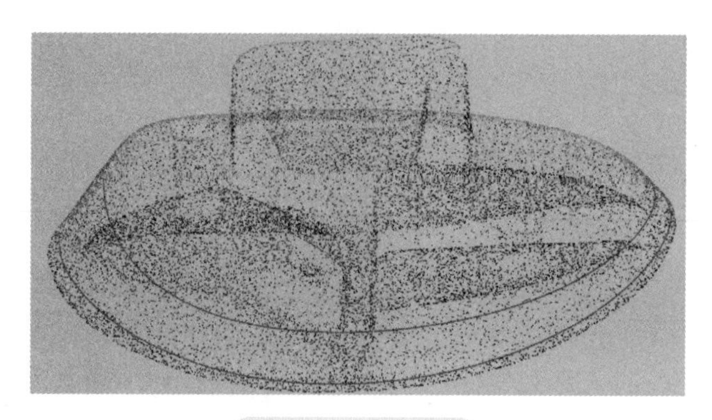

图 6-14　3D 草图

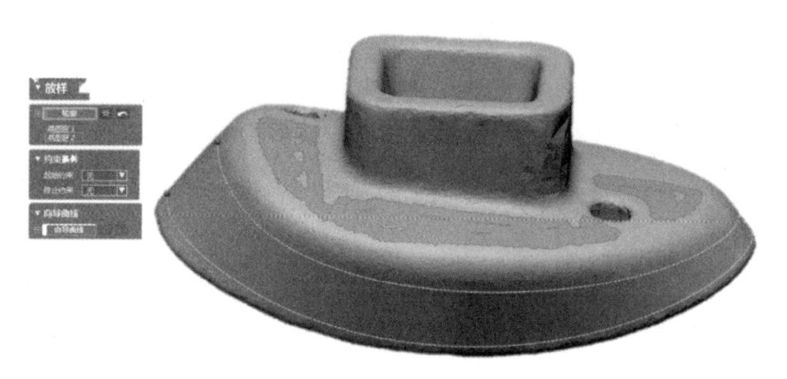

图 6-15　放样曲面

单击菜单栏【模型】→【延长曲面】按钮，对上述的放样曲面进行延长曲面操作，如图 6-16 所示，单击按钮确认。

图 6-16　延长曲面

4. 拉伸创建底面

单击菜单栏【草图】→【草图】按钮，进入草图模式，选择【前】基准平面，利用【3 点圆弧】命令，绘制草图 1，如图 6-17 所示，单击按钮确认。

单击菜单栏【模型】→【拉伸】按钮，【轮廓】选择上述绘制的草图 1，拉伸曲面，如图 6-18 所示，单击按钮确认。

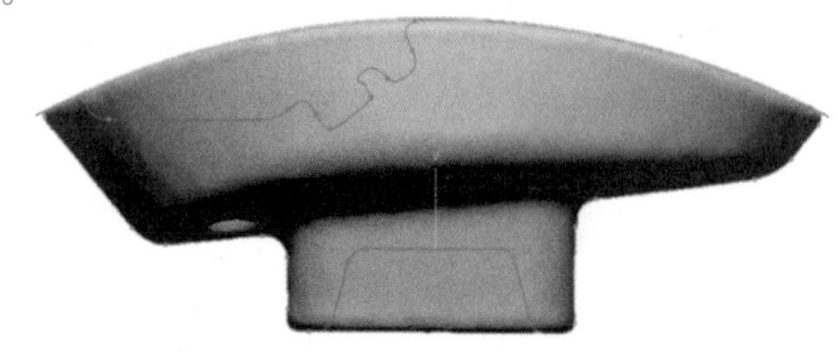

图 6-17　绘制底面草图

5. 曲面修剪与镜像

单击菜单栏【模型】→【剪切曲面】按钮，对上述操作的曲面，单击【下一阶段】按钮进行操作，过程如图 6-19~ 图 6-21 所示，单击按钮确认。

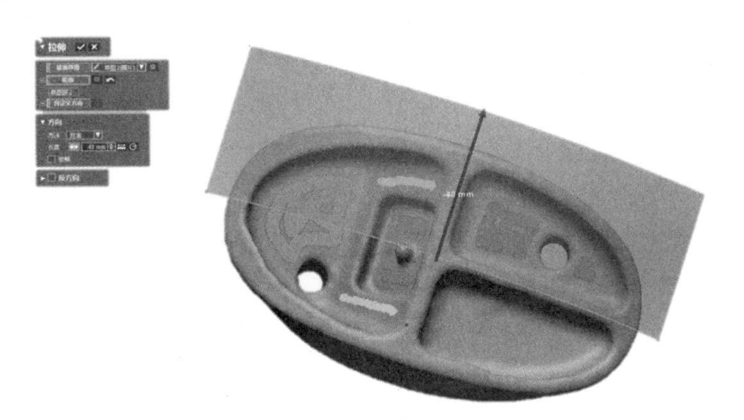

图 6-18　拉伸底面曲面

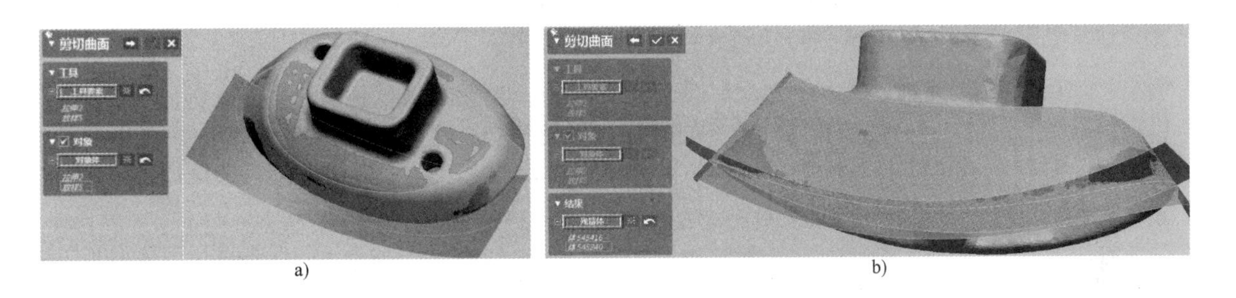

a)　　　　b)

图 6-19　侧面与底面剪切

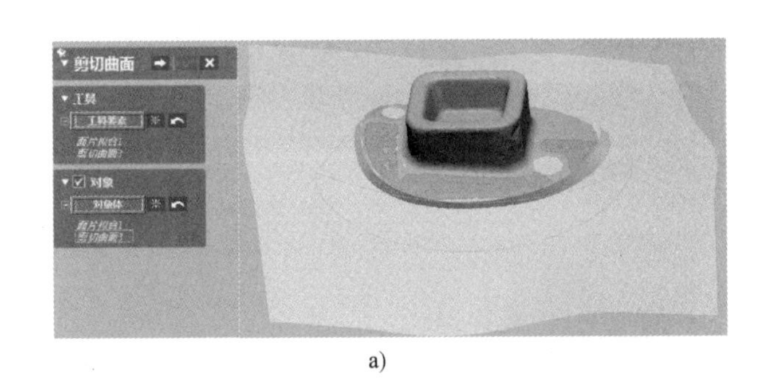

a)

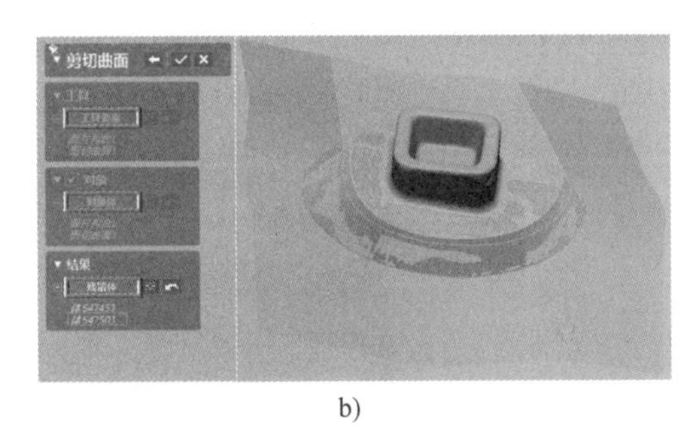

b)

图 6-20　顶面与侧面剪切

单击菜单栏【模型】→【镜像】按钮，【体】选择上述剪切过的曲面，【对称平面】选择【前】基准平面，如图 6-22 所示，单击按钮确认。

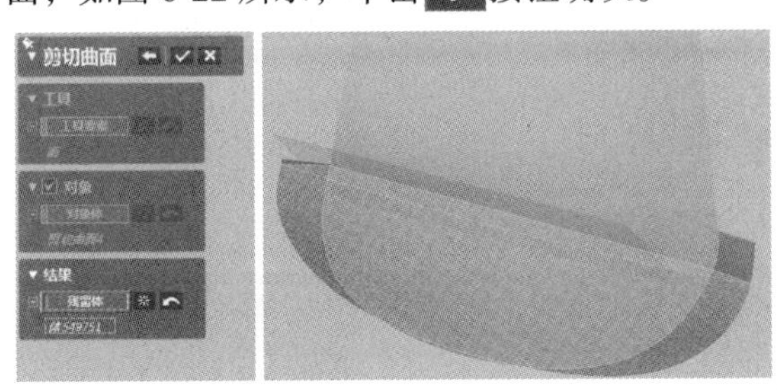

图 6-21　基准面与曲面剪切

图 6-22　镜像曲面

6. 曲面缝合成实体

单击菜单栏【模型】→【缝合】按钮，将上述操作的两个曲面进行缝合，如图 6-23 所示，单击按钮确认。

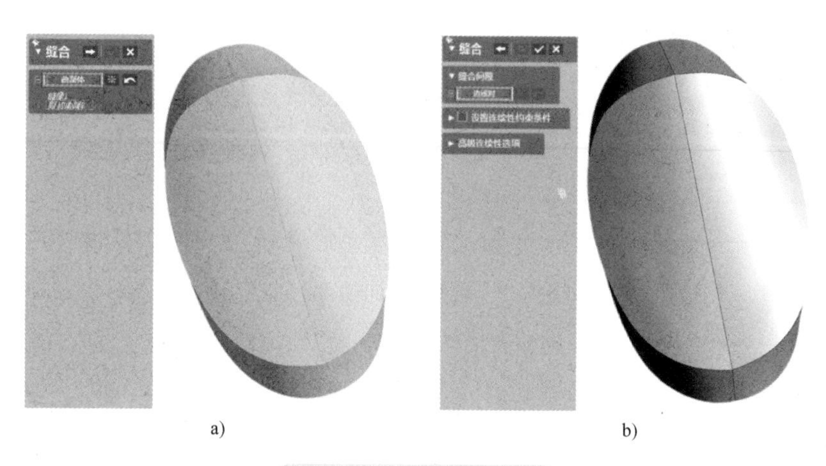

a) b)

图 6-23 拉伸底面曲面

7. 创建底部两凹槽曲面组

（1）手动绘制领域 单击菜单栏中【领域】，进入【领域组】模式。单击【画笔选择模式】按钮，手动绘制领域，如图 6-24 所示，单击【插入】按钮，插入新领域。

（2）面片拟合与创建曲面 单击菜单栏【模型】→【面片拟合】按钮，选择领域，创建拟合曲面 2，如图 6-25 所示，单击按钮确认。

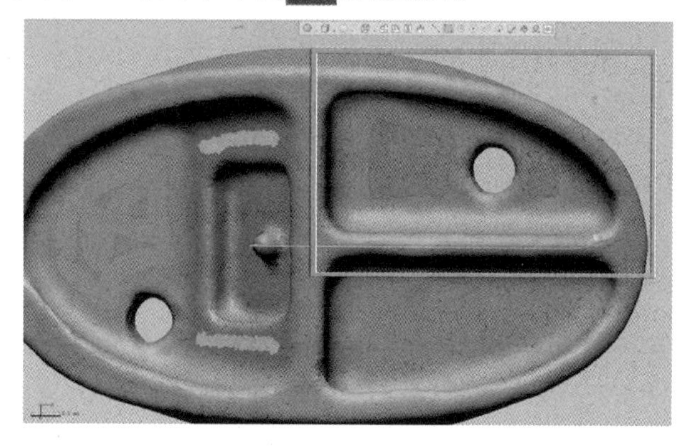

图 6-24 插入新领域

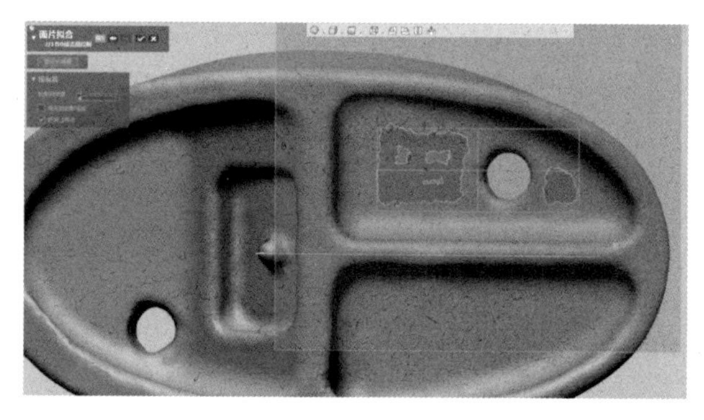

图 6-25 创建拟合曲面

（3）面片草图与拉伸曲面 单击菜单栏【草图】→【面片草图】按钮，进入【面片草图】模式，以【拟合曲面 2】为基准平面，利用【直线】命令，绘制草图 2，如图 6-26 所示，单击按钮确认。

单击菜单栏【模型】→【拉伸】按钮，【轮廓】选择上述绘制的草图 2，拉伸曲面，如图 6-27 所示，单击按钮确认。

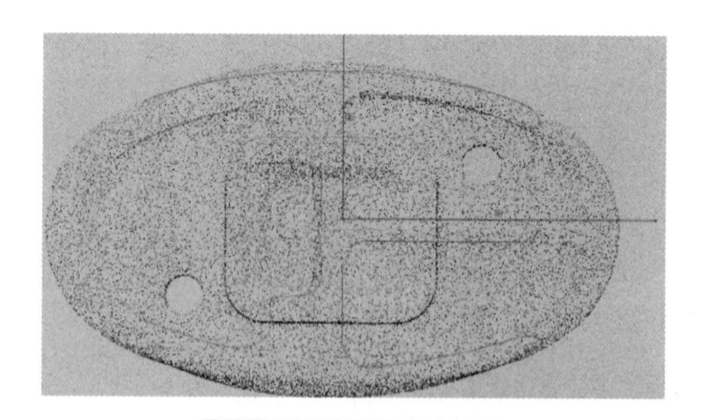

图 6-26 创建面片草图

（4）偏移曲面 单击菜单栏【模型】→【曲面偏移】按钮，偏移曲面，如图 6-28 所示，单击按钮确认。

（5）剪切曲面 单击菜单栏【模型】→【剪切曲面】按钮，对上述操作的曲面单击【下一阶段】按钮进行操作，如图 6-29 和图 6-30 所示，单击按钮确认。

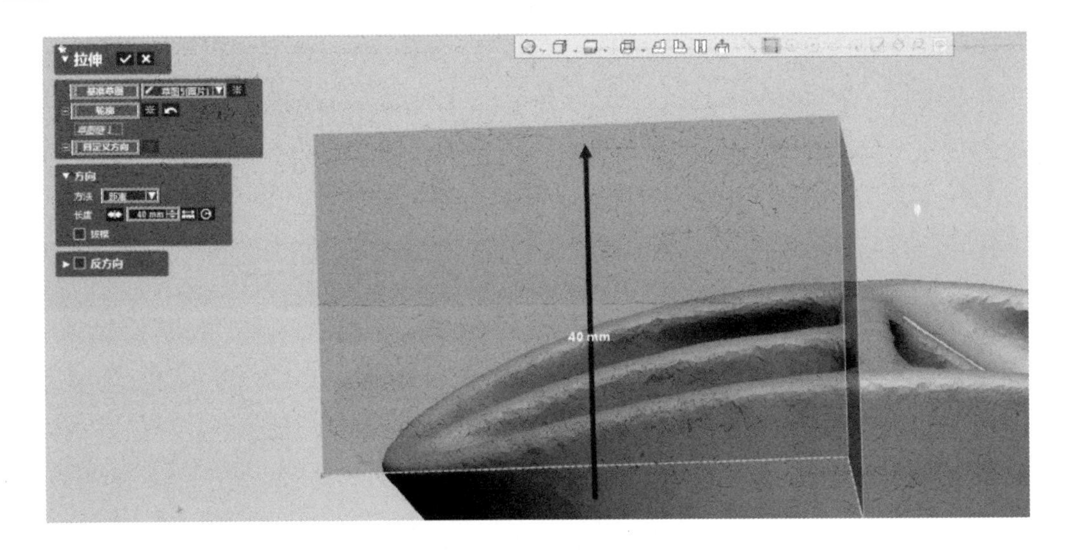

图 6-27　拉伸底面曲面

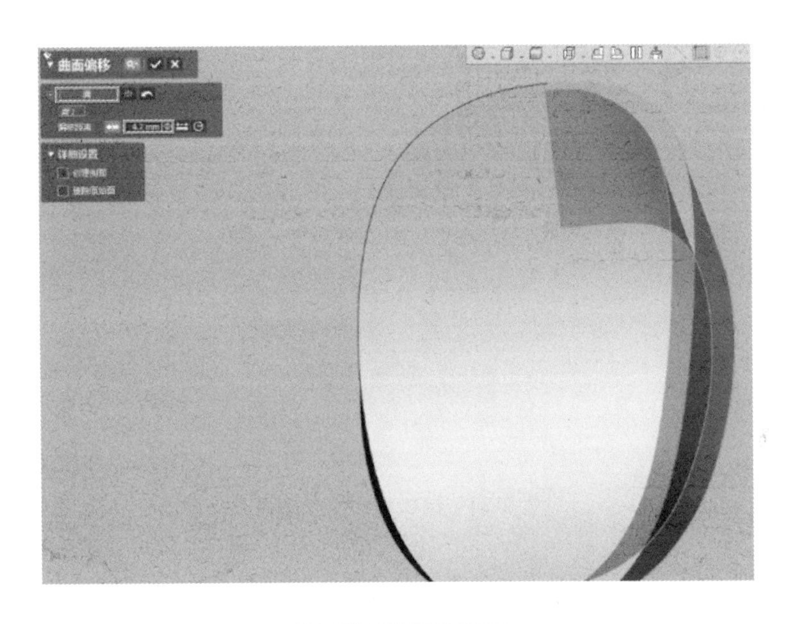

图 6-28　偏移曲面

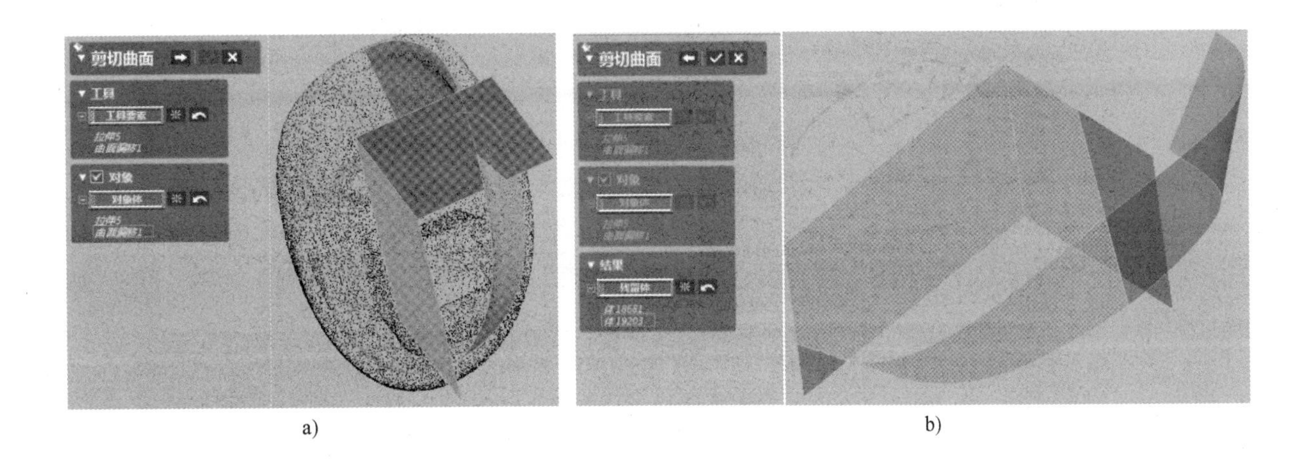

a)　　　　　　b)

图 6-29　侧面间剪切

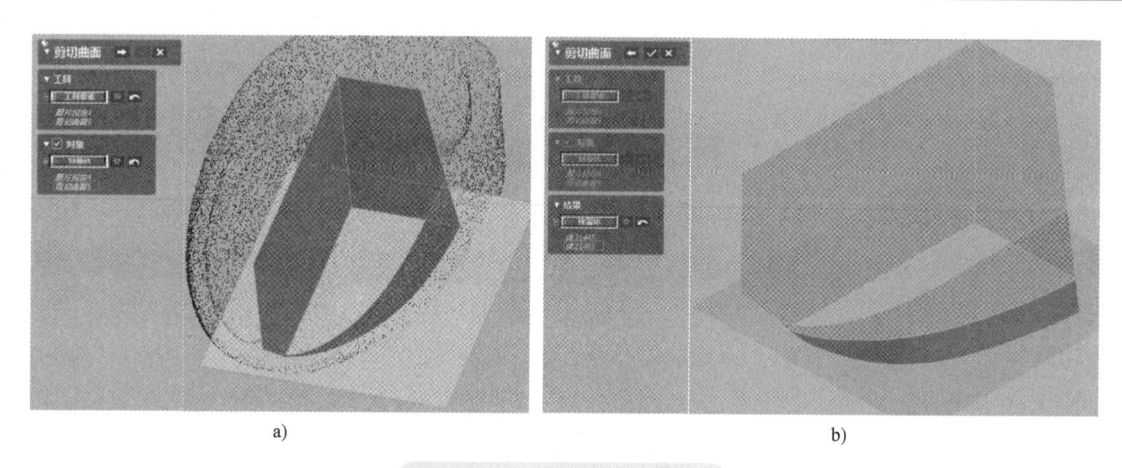

a)　　b)

图 6-30　侧面和底面间剪切

单击菜单栏【模型】→【圆角】按钮，【要素】选择边线，半径值为 4.5mm，如图 6-31 所示，单击按钮确认。

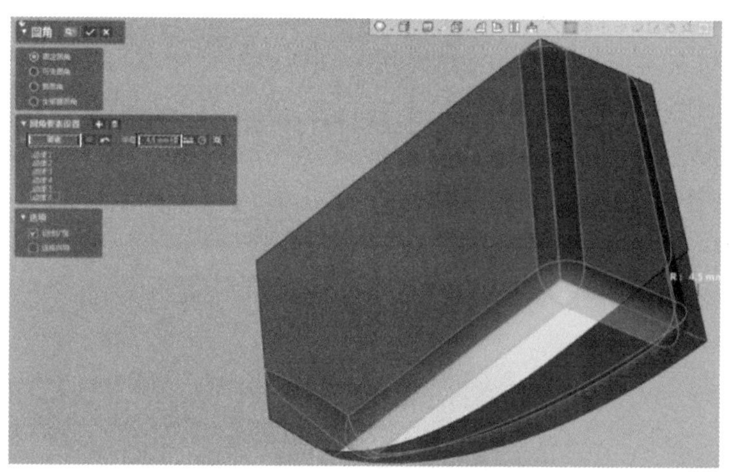

图 6-31　面和面之间倒圆角

单击菜单栏【模型】→【延长曲面】按钮，对上述的圆角曲面进行延长曲面操作，如图 6-32 所示，单击按钮确认。

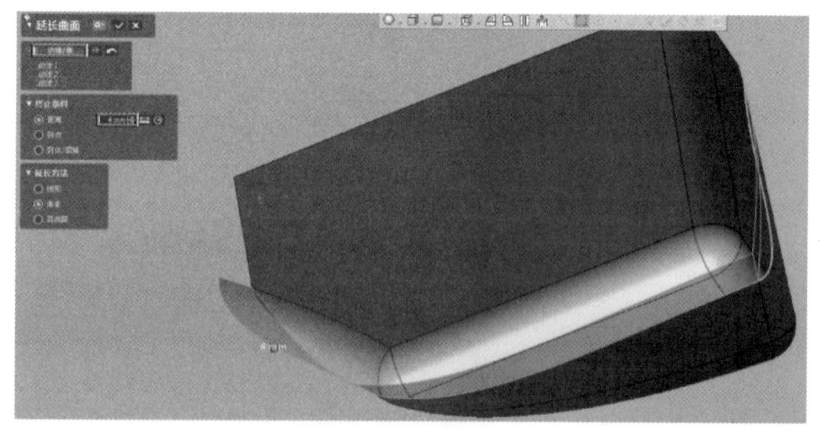

图 6-32　延长曲面

（6）镜像曲面　单击菜单栏【模型】→【镜像】按钮，【体】选择上述倒圆角的曲面，【对称平面】选择【前】基准平面，如图 6-33 所示，单击按钮确认。

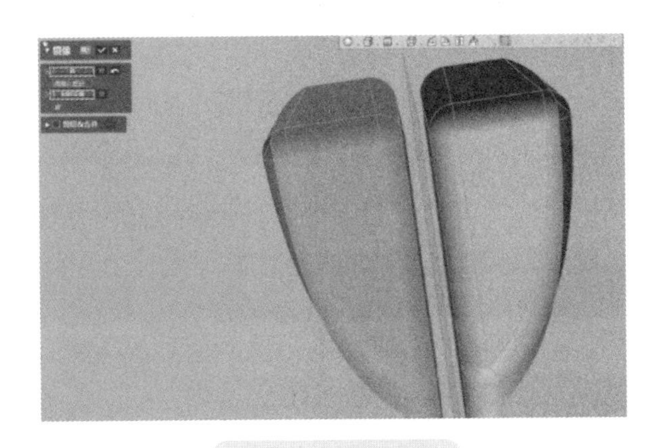

图 6-33　镜像曲面

（7）切割实体　单击菜单栏【模型】→【切割】按钮，【工具要素】选择上述操作的镜像曲面，【对象体】选择实体，残留体如图 6-34b 所示设置，单击按钮确认。

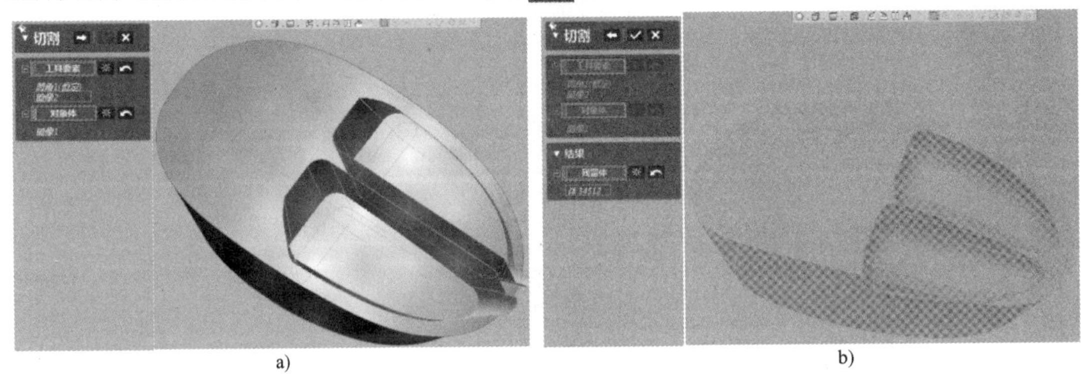

a)　　b)

图 6-34　曲面切割实体

8. 创建底部大凹槽曲面组

单击菜单栏中【领域】，进入【领域组】模式。单击【画笔选择模式】按钮，手动绘制领域，如图 6-35 所示，单击【插入】按钮，插入新领域。

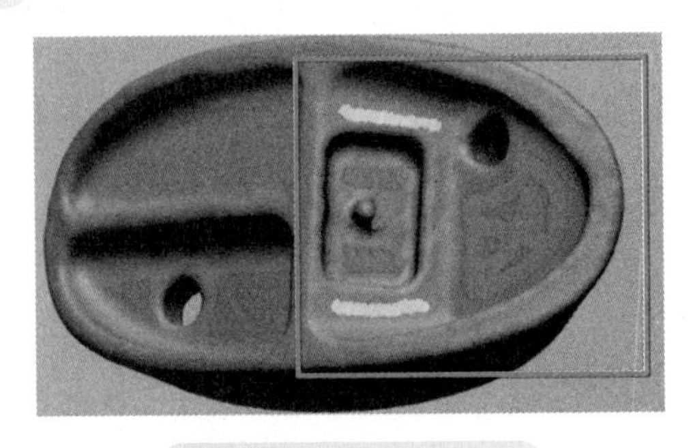

图 6-35　插入新的领域

（1）面片拟合与创建曲面　单击菜单栏【模型】→【面片拟合】按钮，选择领域，创建拟合曲面 3 和拟合曲面 4，如图 6-36 所示，单击按钮确认。

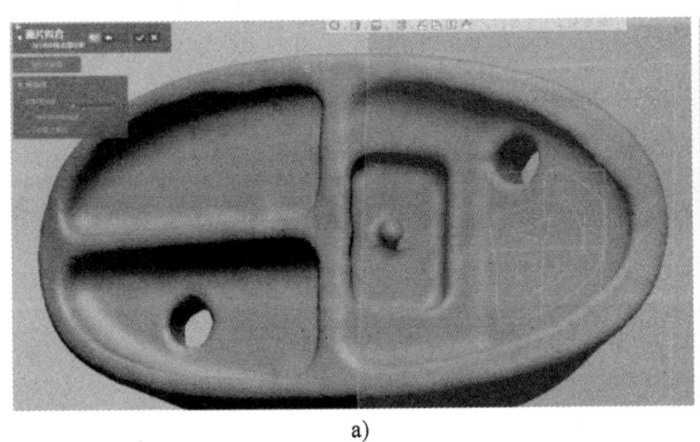

a)

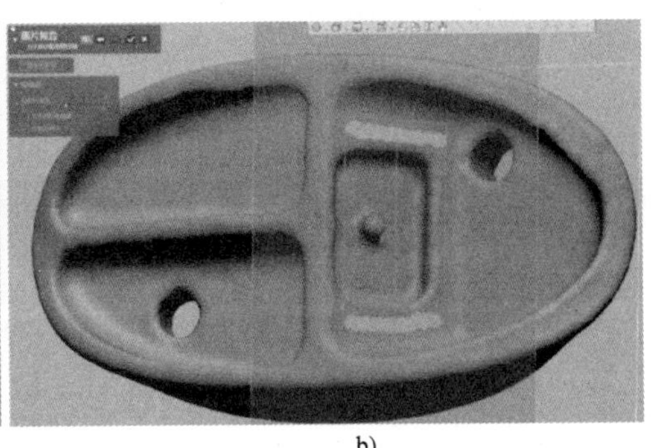

b)

图 6-36　面片拟合曲面

单击菜单栏【模型】→【剪切曲面】按钮，【工具要素】选择上述操作的2个拟合曲面，【对象】同样选择上述操作的2个拟合曲面，单击【下一阶段】按钮，【残留体】选择两侧曲面，如图6-37所示，单击按钮确认。

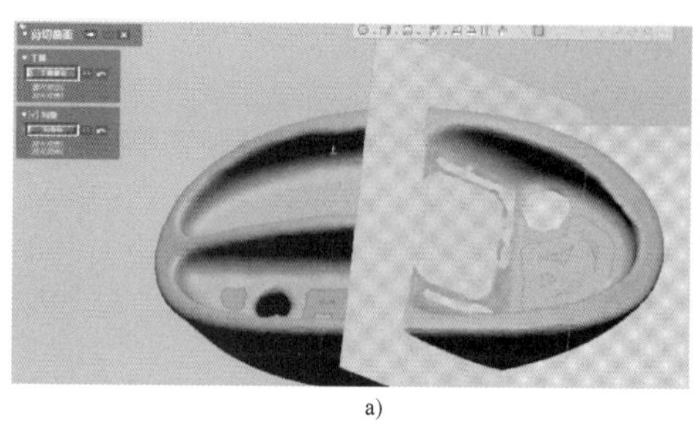
a)

b)

图6-37 曲面剪切

单击菜单栏【草图】→【面片草图】按钮，进入【面片草图】模式，以【拟合曲面3】为基准平面，利用【3点圆弧】命令，绘制草图3，如图6-38所示，单击按钮确认。

单击菜单栏【模型】→【拉伸】按钮，【轮廓】选择上述绘制的草图3，拉伸曲面，如图6-39所示，单击按钮确认。

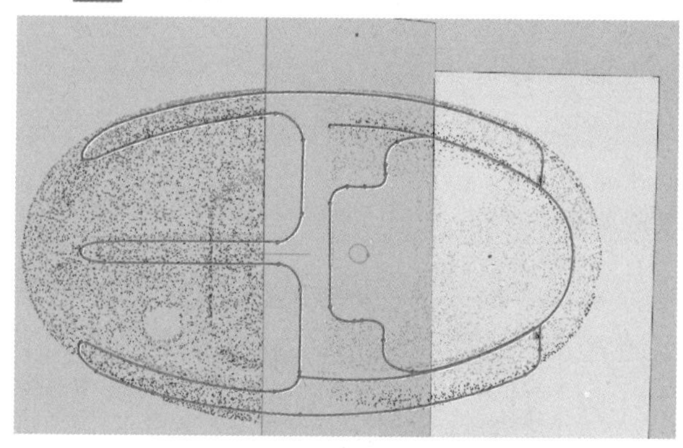
图6-38 绘制轮廓面片草图

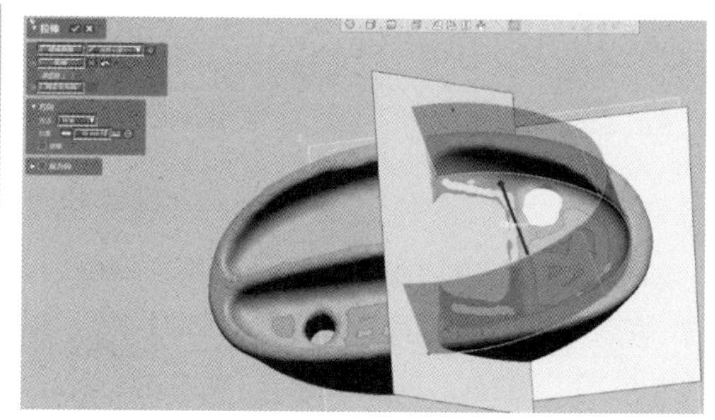
图6-39 拉伸轮廓曲面

（2）剪切曲面 单击菜单栏【模型】→【剪切曲面】按钮，【工具要素】选择上述操作的拉伸曲面和剪切曲面，【对象】同样选择上述操作的拉伸曲面和剪切曲面，单击【下一阶段】按钮，【残留体】如图6-40b所示设置，单击按钮确认。

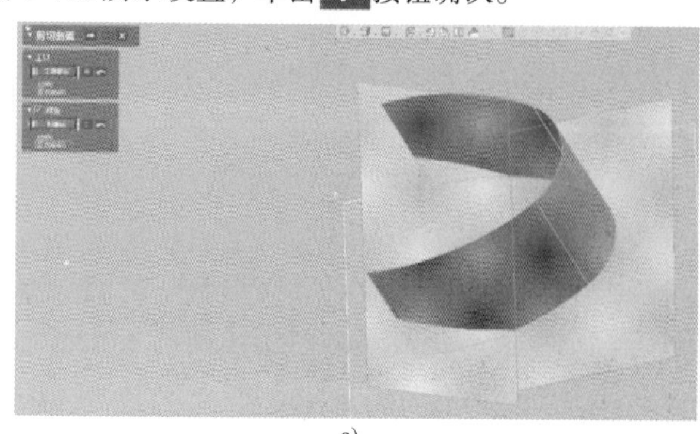
a)

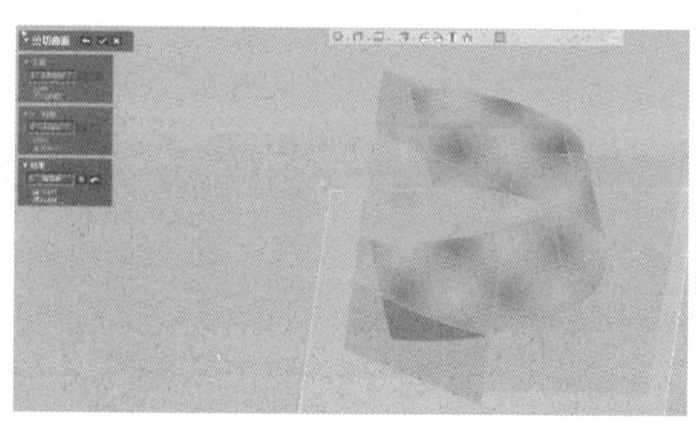
b)

图6-40 侧面和底面剪切

单击菜单栏【模型】→【圆角】按钮,【要素】选择边线，半径值为5mm，如图6-41所示，单击按钮确认。

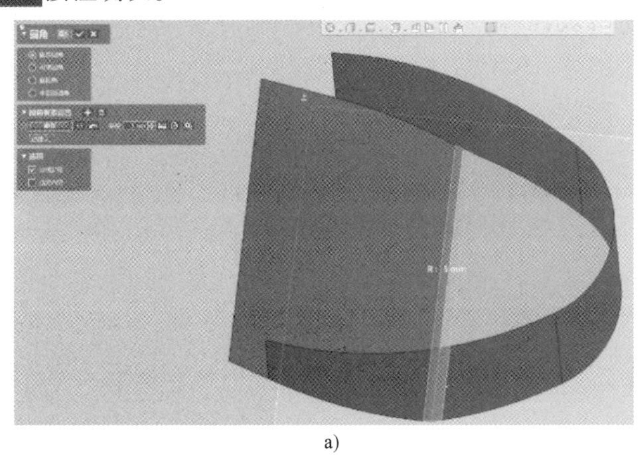
a)

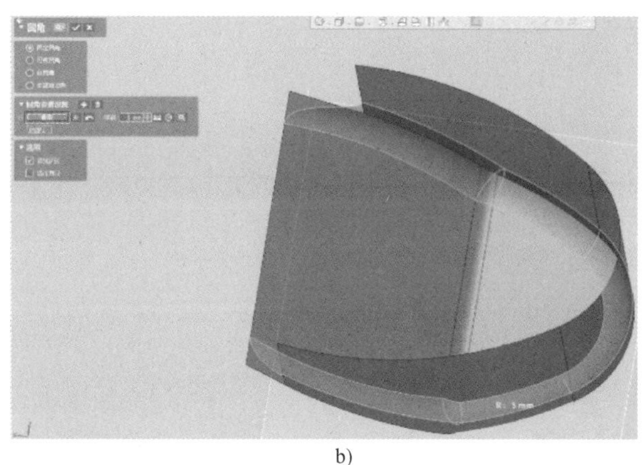
b)

图6-41　曲面间倒圆角

（3）切割实体　单击菜单栏【模型】→【切割】按钮,【工具要素】选择上述操作的圆角曲面,【对象体】选择实体,【残留体】如图6-42b所示设置，单击按钮确认。

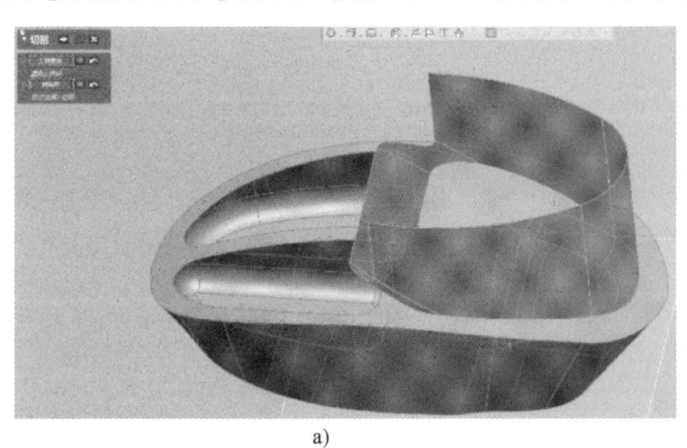
a)

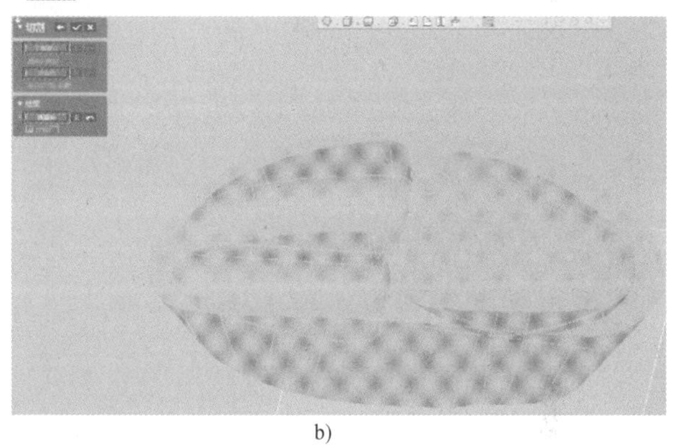
b)

图6-42　切割实体

单击菜单栏【草图】→【面片草图】按钮，进入【面片草图】模式，以【拟合曲面4】为基准平面，利用【3点圆弧】命令，绘制草图4，如图6-43所示，单击按钮确认。

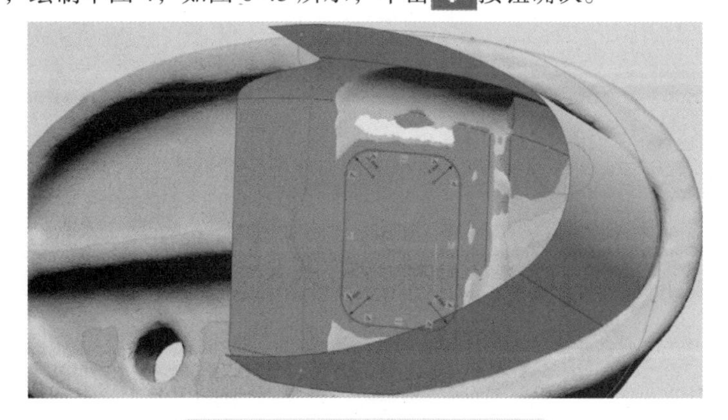

图6-43　绘制侧面凹槽轮廓草图

单击菜单栏【模型】→【拉伸】按钮,【轮廓】选择上述绘制的草图4，拉伸方法选择【到领域】,【结果运算】勾选【切割】，如图6-44所示，单击按钮确认。

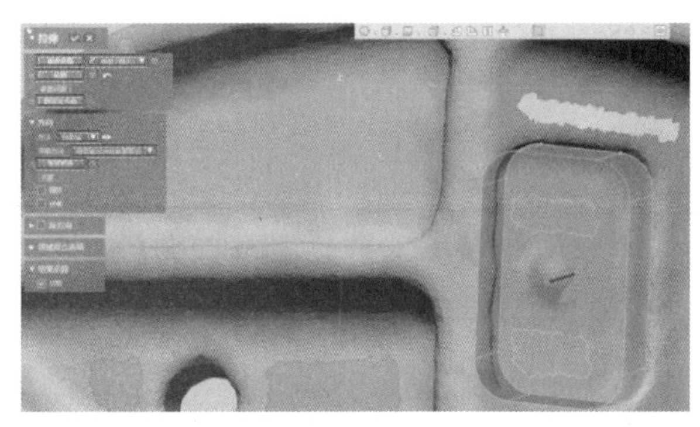
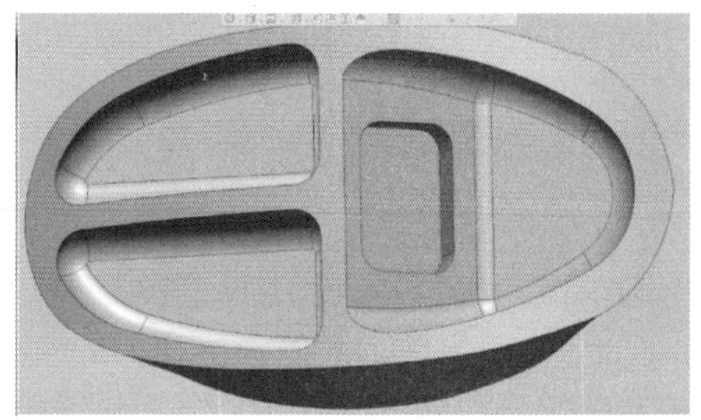

图 6-44　拉伸切割实体

单击菜单栏【草图】→【面片草图】按钮，进入【面片草图】模式，以【直面】为基准平面，利用【圆】命令，绘制草图 5，如图 6-45 所示，单击按钮确认。

单击菜单栏【模型】→【拉伸】按钮，【轮廓】选择上述绘制的草图 5，拉伸曲面，【距离】为 5mm，【结果运算】勾选【合并】，如图 6-46 所示，单击按钮确认。

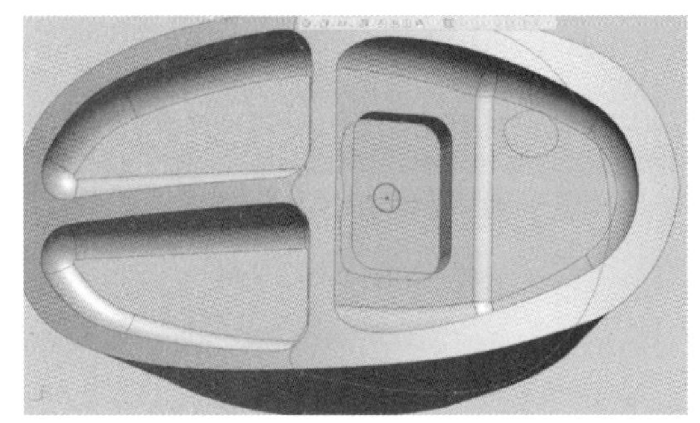

图 6-45　绘制小圆柱草图

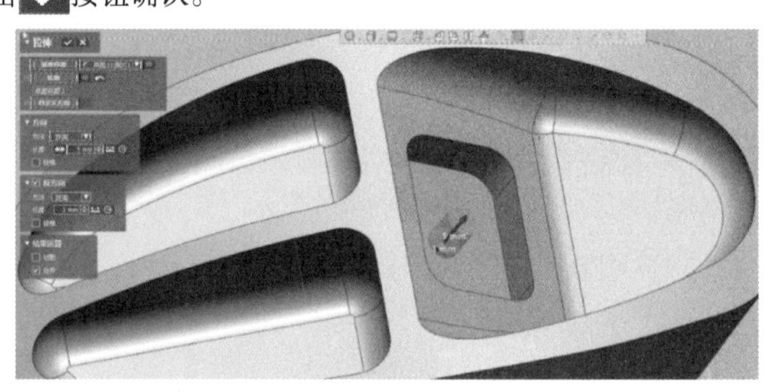

图 6-46　拉伸小圆柱

单击菜单栏【草图】→【面片草图】按钮，进入【面片草图】模式，以【直面】为基准平面，利用【圆】命令，绘制草图 6，如图 6-47 所示，单击按钮确认。

单击菜单栏【模型】→【拉伸】按钮，【轮廓】选择上述绘制的草图 6，拉伸实体，【距离】设置得长些，为 25mm，【结果运算】勾选【切割】，如图 6-48 所示，单击按钮确认。

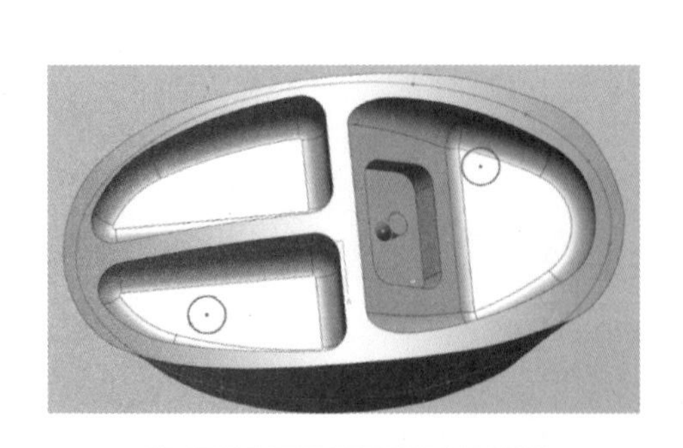

图 6-47　绘制圆孔截面草图

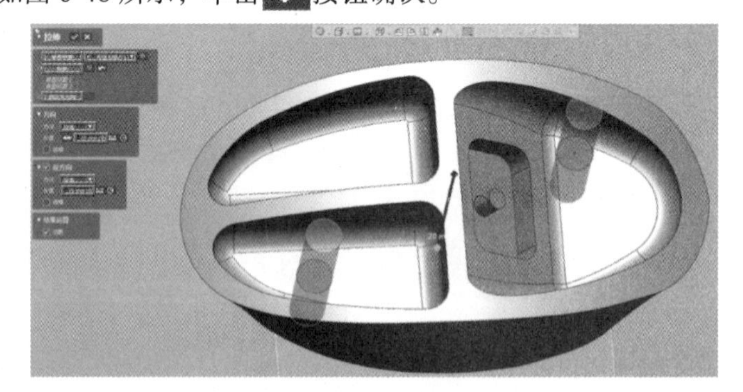

图 6-48　拉伸孔特征

9. 拉伸顶部方台

单击菜单栏【草图】→【面片草图】按钮，进入【面片草图】模式，在【上】基准平面利用【矩形】【圆角】命令绘制草图 7，如图 6-49 所示，单击按钮确认。

单击菜单栏【模型】→【拉伸】按钮,【轮廓】选择上述绘制的草图 7，拉伸实体,【距离】为 12mm,【反方向】为 8.5mm,【结果运算】勾选【合并】，如图 6-50 所示，单击按钮确认。

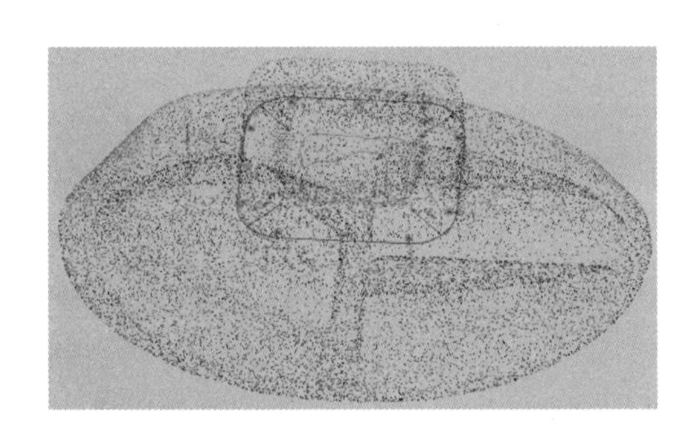

图 6-49　绘制顶部方台面片草图

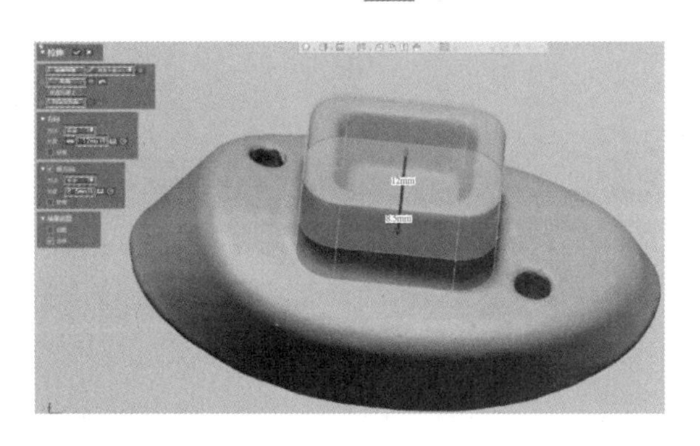

图 6-50　拉伸顶部方台实体

单击菜单栏【草图】→【面片草图】按钮，进入【面片草图】模式，在【上】基准平面，利用【矩形】【圆角】命令绘制草图 8，如图 6-51 所示，单击按钮确认。

单击菜单栏【模型】→【拉伸】按钮,【轮廓】选择上述绘制的草图 8，拉伸实体,【距离】适当即可，约为 13.75mm,【拔模角度】为 15°，【结果运算】勾选【切割】，如图 6-52 所示，单击按钮确认。

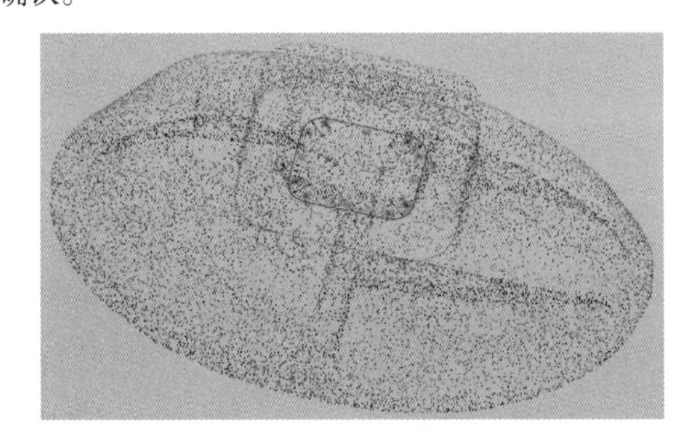

图 6-51　绘制方台内部面片草图

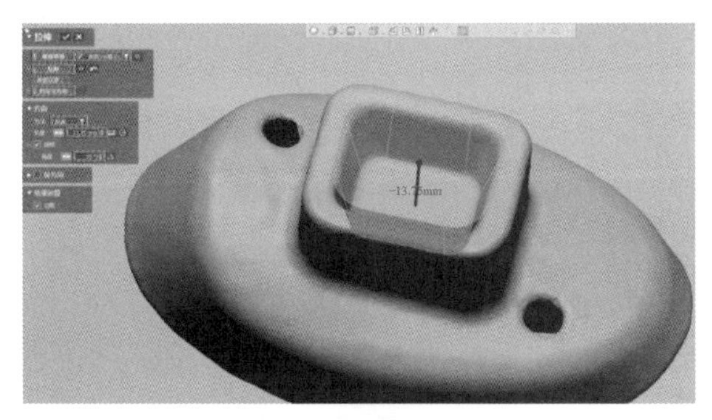

图 6-52　拉伸切除方台内部

10. 边线倒圆角

单击菜单栏【模型】→【圆角】按钮，对上述操作的实体分别进行倒圆角操作,【要素】选择边线，如图 6-53 所示，单击按钮确认。

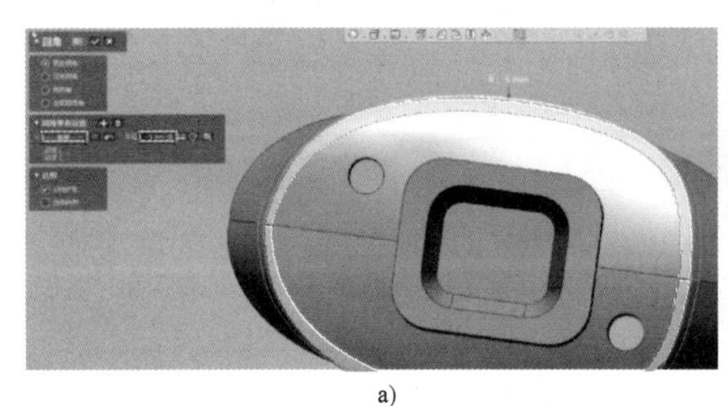

a)

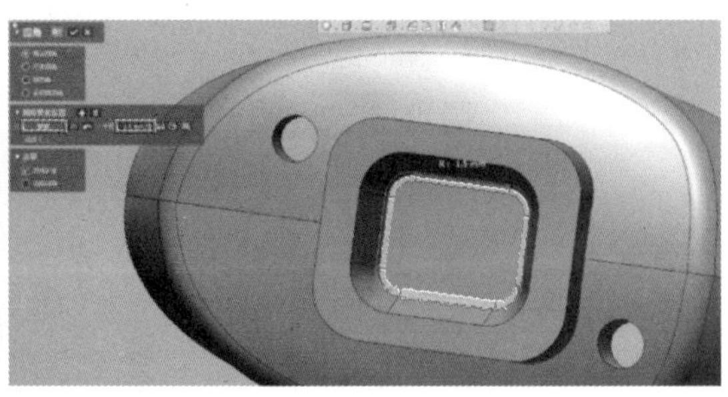

b)

图 6-53　各边线倒圆角

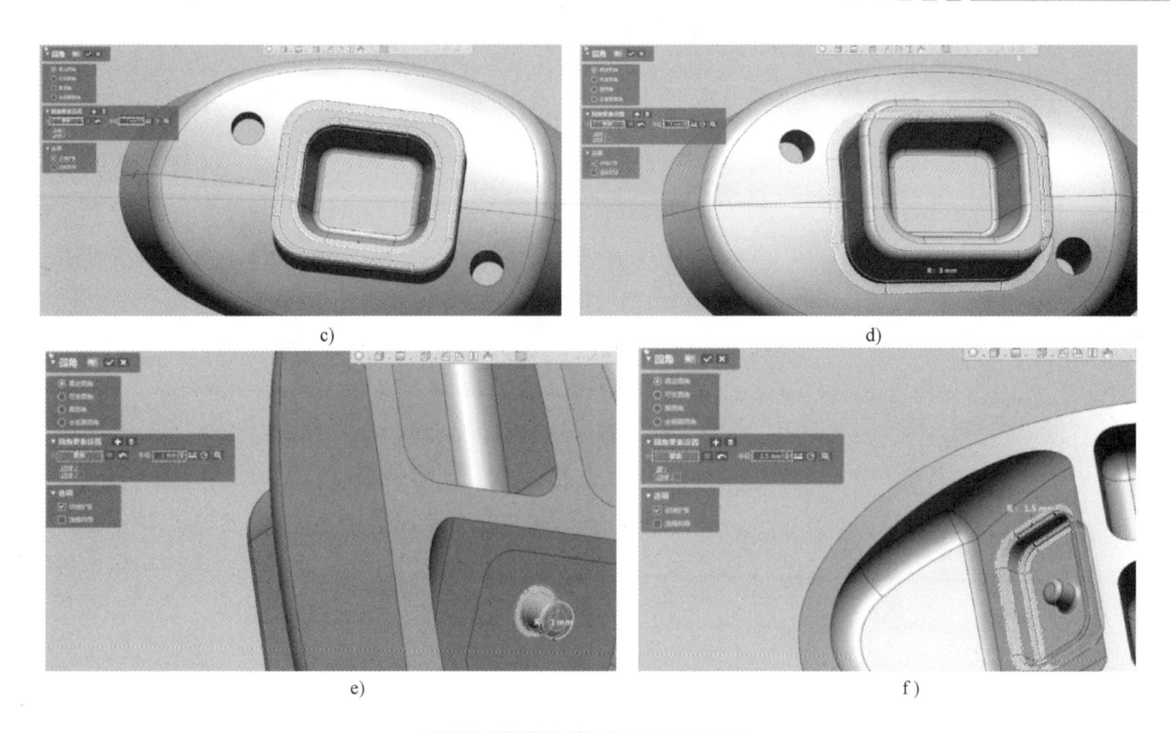

图 6-53　各边线倒圆角（续）

11. 建模结果检查与导出文件

建模完成后对模型各个方向和细节进行检查，如图 6-54 所示。

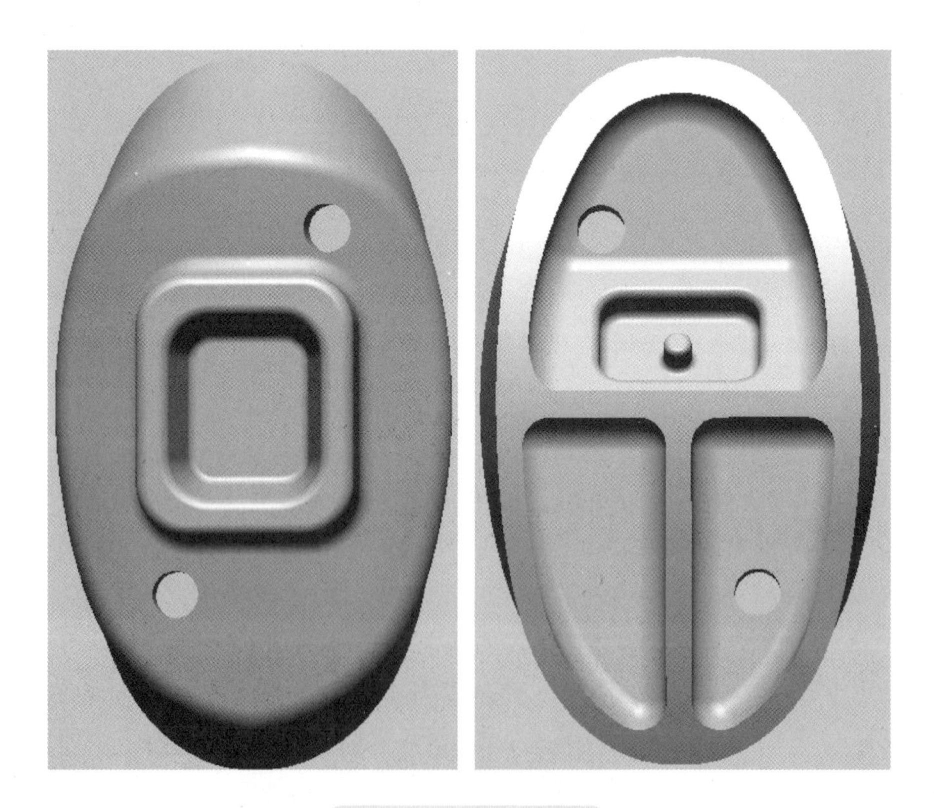

图 6-54　建模结果检查

单击【菜单】→【文件】→【输出】按钮，要素选择实体模型，单击✔按钮，选择文件导出位置，格式为【.stp】或者【.igs】，如图 6-55 所示。

a)　　　　　　　　b)

图 6-55　文件输出为【.stp】实体文件

任务二　铣刀盘建模精度与质量分析

1. 软件简介

Geomagic Control X 软件如图 6-56 所示，是一套全面的自动化检测平台，应用于三维扫描仪和其他便携式检测设备的测量流程。通过产品 CAD 模型与实际制造件之间的对比，以实现产品的快速检测，并以直观易懂的图形来显示检测结果，可对零件进行首件检验、在线或车间检验、趋势分析、2D 和 3D 几何形状尺寸标注以及创建三维 PDF 报告等操作。

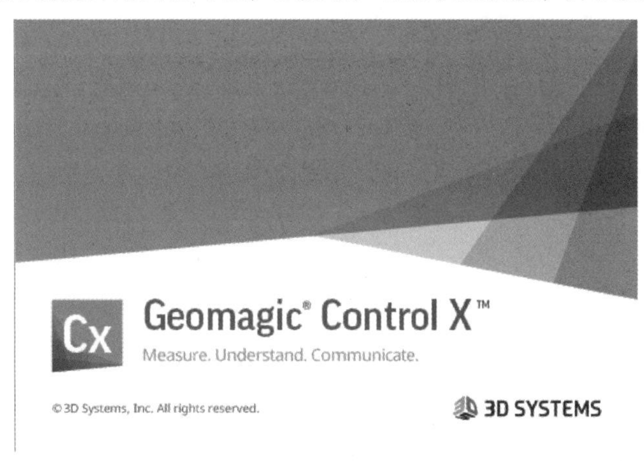

图 6-56　Geomagic Control X 软件

（1）适用于点云和硬件检测　可以流畅地处理从各种三维扫描仪采集的点云数据，利用丰富的数据自动生成易解读的偏差色谱图，并自动详细地分析零件。还支持基于探头设备综合使用各种测量技术，获得最佳测量结果。

（2）与 CAD 文件无缝对接　可以从主流 CAD 软件中导入文件，包括 SolidWorks、CATIA、NX 和 Creo 软件。基于本地导入功能，几何尺寸和公差标注、几何参考、CAD 基准特征都能一起导入，使其易于分析检测。也可以无缝对接和在线比较扫描数据与其原始设计数据，创建合格的报告以随时确保质量。

（3）强大的几何尺寸和公差功能　提供全方位直观的测量、尺寸和公差工具及选项。无论需要自动化检测几何特征、实时偏差还是迭代对齐，都可以从该功能中找到。

（4）更快、更可靠的自动化检测　使用 Python 自动化功能定制环境变量和检测流程，以符合企业生产需求。通过创建的开源环境涉及广泛的命令行，包括 CAD 模型设计流程、生成报告、点云和多边形处理。

（5）最大化利用硬件系统　无论使用接触式扫描仪或非接触式扫描仪，最重要的是在使用过程中物尽其用。通过使用 Python 脚本功能实现自动化的扫描流程。

对比分析流程如图 6-57 所示。

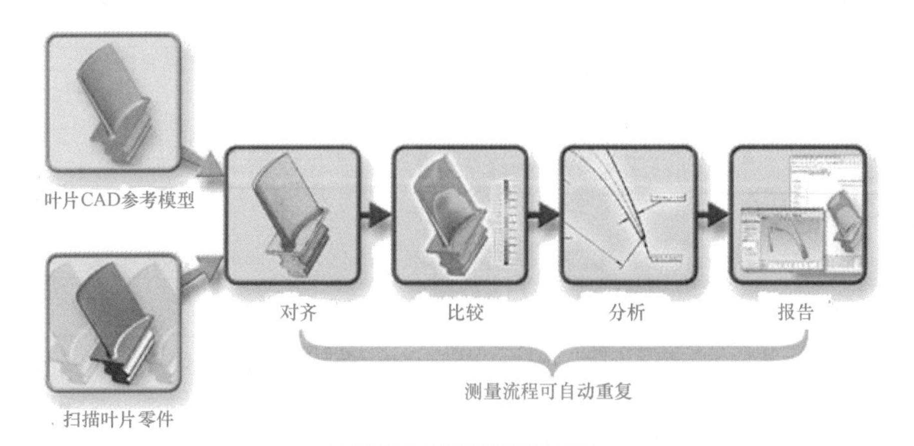

图 6-57　对比分析流程

对比分析形式如图 6-58 所示。

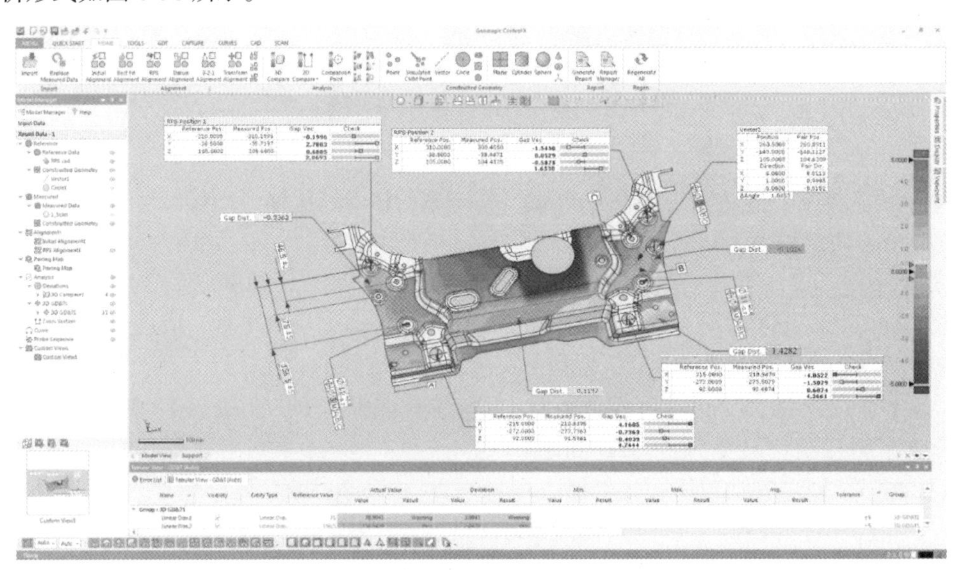

图 6-58　对比分析形式

2. 加载数据

单击 Control X 软件左上角的【导入】按钮，将经过 Design X 建模前的 STL 面片文件和逆向建模导出的STP实体文件，同时导入Control X软件中。注意：蓝色为STL面片数据，银色为STP实体数据，如图6-59所示。

在 Control X 左边【模型管理器】中，会自动选择参考数据和测试数据，无需进行设置，如图 6-60 所示。

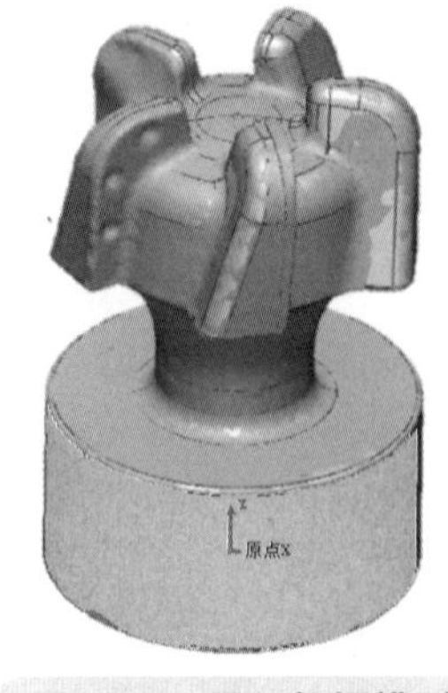

图 6-59　导入数据模型

图 6-60　设置参考数据和测试数据

3. 对齐操作

在结果数据状态下，单击【初始对齐】按钮，使用初始对齐方式，移动一个对象到另一个对象上，应用并确定，如图 6-61 所示。注意：模型管理器如在输入模式状态下，无法进行对齐操作。

最佳拟合对齐：在结果数据状态下，初始对齐完成之后，单击【最佳拟合对齐】按钮再次对数据进行对齐，应用并确定，如图 6-62 所示。

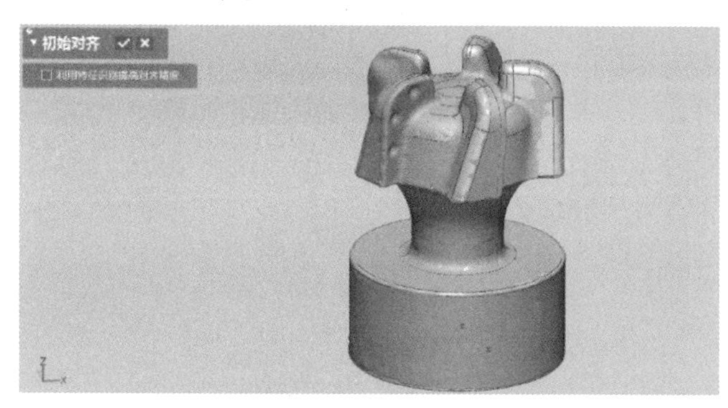

图 6-61　初始对齐

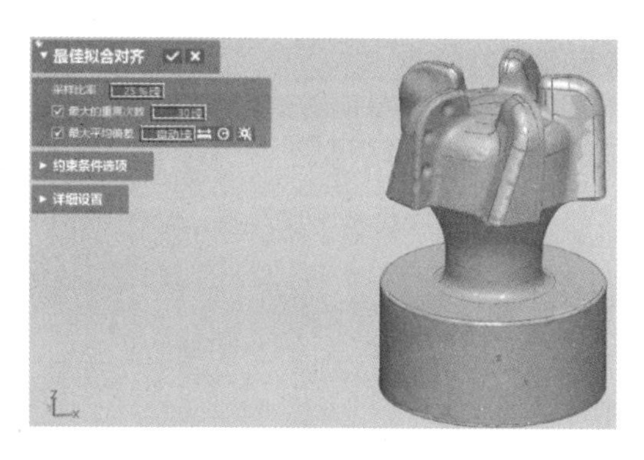

图 6-62　最佳拟合对齐

4. 3D 分析

单击【3D 比较】按钮，生成一个三维的以不同颜色区分测试和参考对象间不同偏差的颜色偏差图。此比较结果被保存在模型管理器中一个新的结果对象里。在【颜色面板】选项里面可以设置最大范围以及最小范围，也可以设置指定公差，如图 6-63 所示。

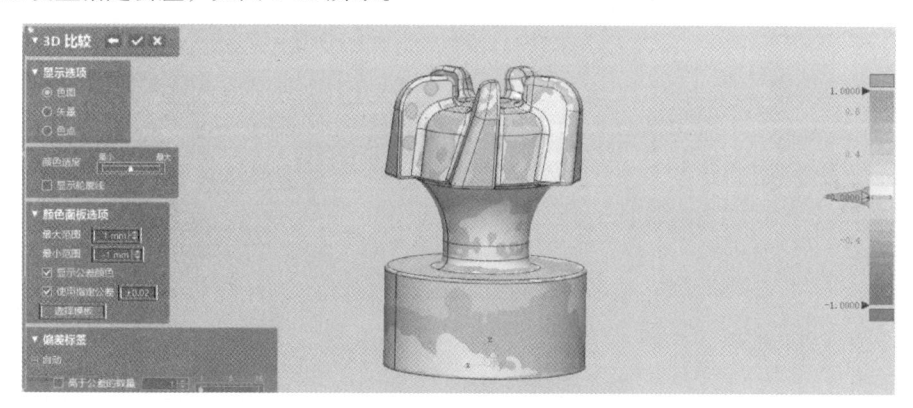

图 6-63　3D 比较

创建注释。在 3D 比较里面直接选取想要创建注释的点位即可进行创建注释，如图 6-64 所示。提示：根据需求对模型进行标注，可摆放不同位置进行注释，且标注的数量不固定。

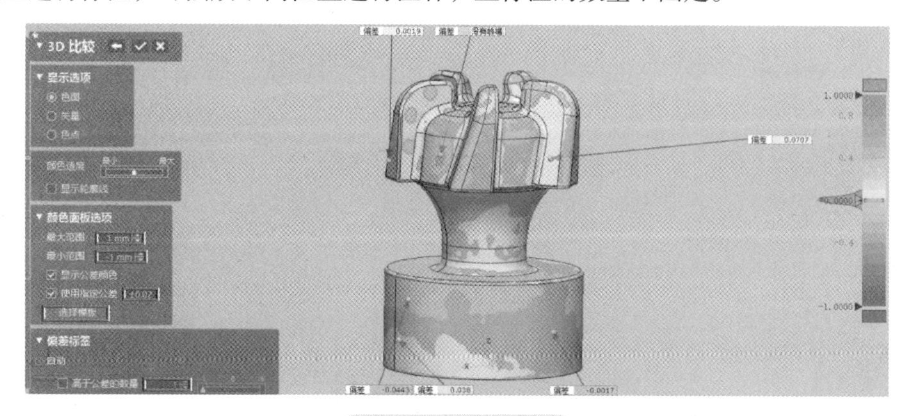

图 6-64　创建注释

5. 2D 比较

单击【2D 比较】按钮，任意选择一个基准平面，偏移距离根据需求情况而定。同样在 2D 比较中，如果进行标注，直接单击需要标注的部位即可，如图 6-65 所示。

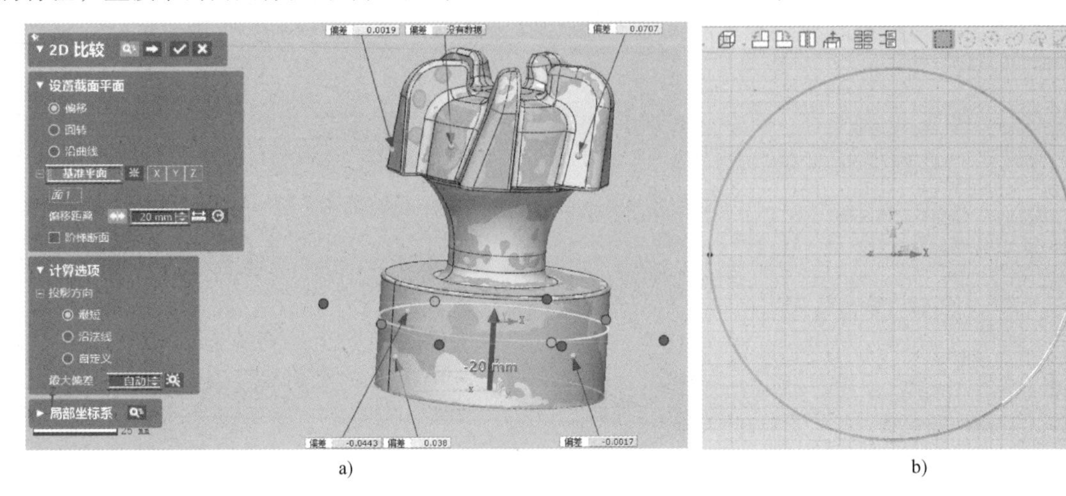

a)　　　　b)

图 6-65　2D 比较

（1）尺寸的标注　单击【尺寸】按钮，在【几何尺寸】里面可以选择长度、角度、半径、椭圆等尺寸进行标注，如图 6-66 所示。

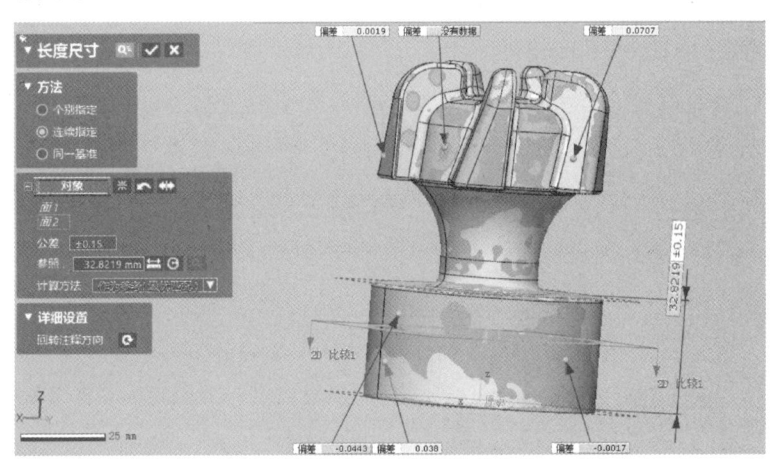

图 6-66　尺寸标注

（2）2D 尺寸标注　单击【2D 尺寸】按钮，添加截面来标注所需要的 2D 尺寸，如图 6-67 所示。

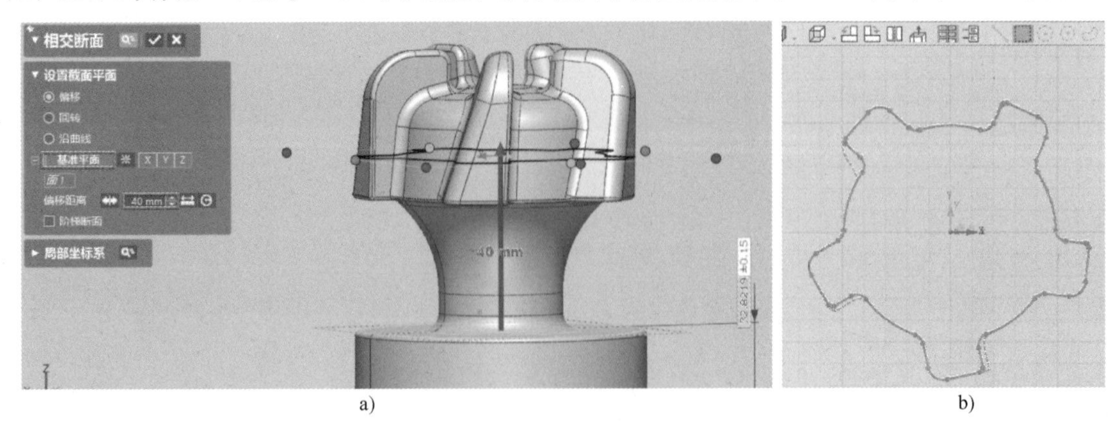

a)　　　　b)

图 6-67　2D 尺寸标注

6. 生成报告

单击【初始】→【报告】→【生成报告】按钮，确认结果信息，单击【生成】按钮，在【几何报告】界面下，输出 PDF 格式并保存至指定存储目录，如图 6-68 ～图 6-70 所示。

图 6-68 生成报告

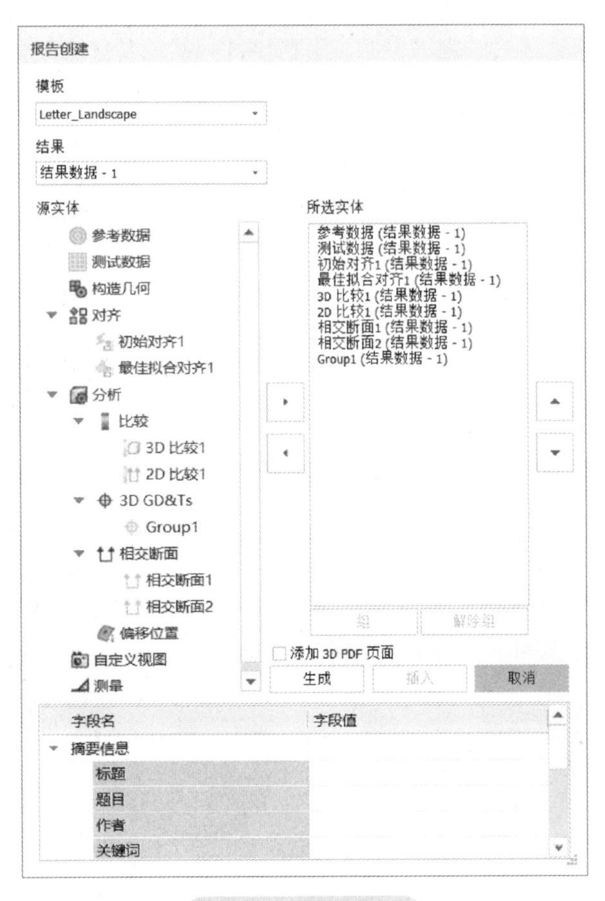

图 6-69 报告创建

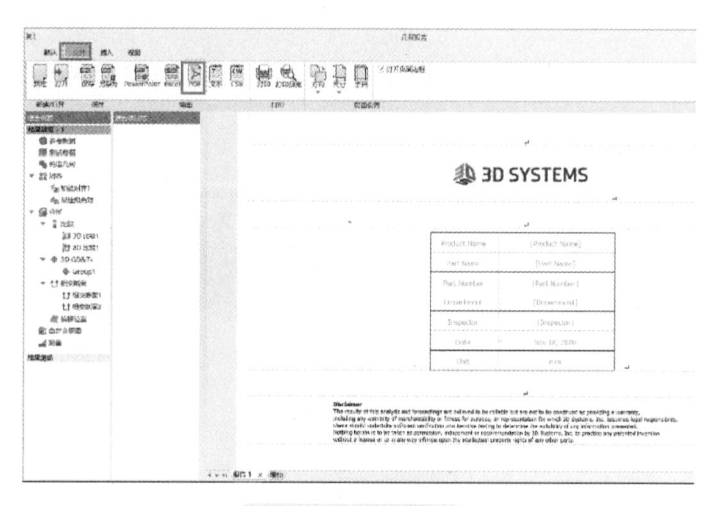

图 6-70　报告保存

〖项目总结〗

逆向建模的重点内容：

1）为了提高逆向建模的能力，以便进行参数化或适应性设计，在开始建模以前，要对产品或零件的结构和功能进行分析，反推设计原理和设计方案，用以指导特征的提取和零件建模。

2）在逆向建模时，需要对实物模型的设计意图及造型方法进行理解、分析，并基于测量数据进行原始设计参数的还原。

3）零件总存在一些几何约束关系，如共线、共面，线与线、面与面平行或垂直等，这些可为特征的提取及建模提供指导，对反求尺寸进行一定的修正。有些零件和其他零件之间存在装配关系，需要把装配约束考虑进去，对与装配有关的尺寸要特别重视。

4）在逆向设计领域，模型的参数主要有三种：设计参数、实物参数和重构参数。设计参数是指在零件图样或者产品三维模型上标注的尺寸，是设计、制造的依据。实物参数是指零件实物本身所固有的参数，是设计参数在实物上的体现。重构参数是基于测量数据处理得到的，体现在重构产品三维模型上。

本项目学习的根本目的是从本质理解设计中对于各种设计因素关系的处理方式和方法，找出经过实践证明的正确的设计思想及设计结果，从而提高自主设计能力。

〖课后练习〗

完成图 6-71 所示给定面片数据和实体数据的逆向建模。

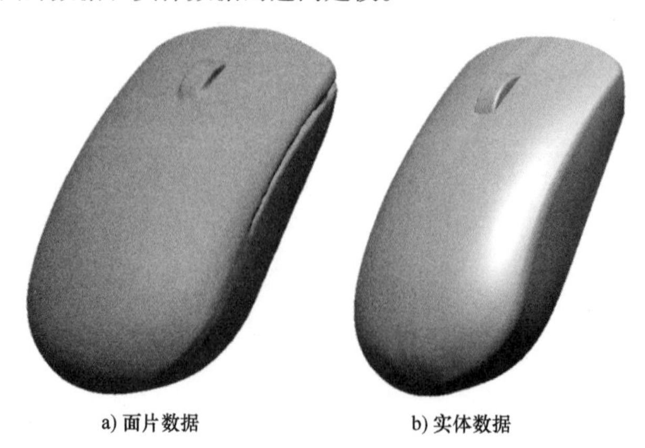

a) 面片数据　　b) 实体数据

图 6-71　练习题

项目七

连杆逆向建模与制件前处理

项目资源：连杆面片数据、Geomagic Design X 软件

项目载体：连杆模型（图 7-1）

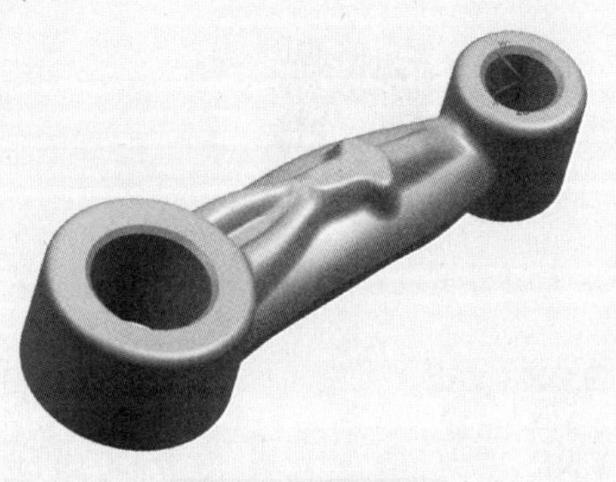

图 7-1　连杆模型

〖学习目标〗

能力目标：

（1）能使用软件完成曲面拟合和划分；

（2）能使用软件完成模型重构。

知识目标：

（1）掌握曲面拟合和划分的方法；

（2）掌握模型重构的方法。

技能目标：

（1）能在软件中对封装的 STL 文件进行曲面拟合并做曲面的区域划分；

（2）能在软件中对实体、曲面等复杂模型进行重构。

素养目标：

（1）遵守企业规章制度和增材制造工艺保密制度；

（2）跟踪行业发展动态，参加各种技术交流、培训和学习活动；

（3）能够根据客户的要求进行模型设计修改；

（4）能够与项目组人员协调，确保完成自己的工作任务。

〖数字资源〗

1+X 增材制造模型设计职业技能数字化设计部分培训

学习资料：

其他资源：

任务一　连杆逆向建模

连杆逆向建模过程如图 7-2 所示。

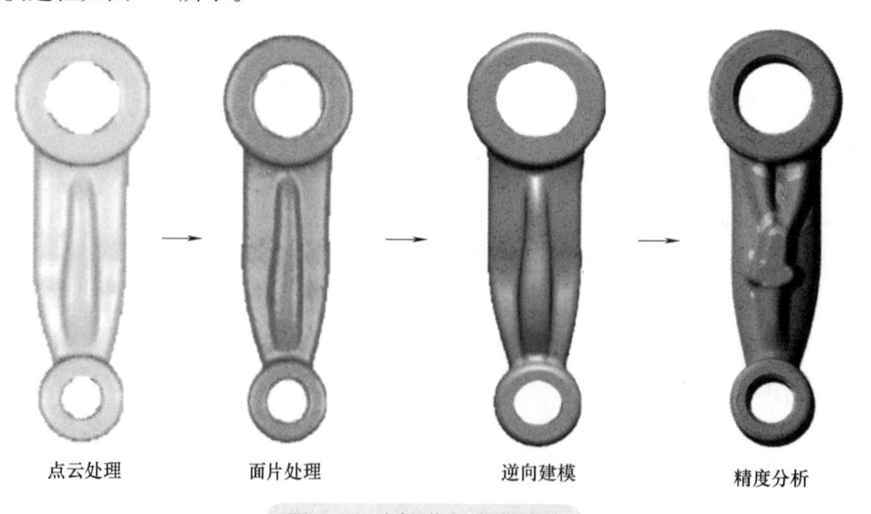

图 7-2　连杆逆向建模过程

1. 任务要求

1）合理还原连杆零件数字模型，要求特征拆分合理，转角衔接光滑。优先完成主要特征，在完成主要特征的基础上再完成细节特征。整体拟合不得分开。

2）零件实物的表面特征不得改变，数字模型比例（1 ：1）不得改变。

2. 基本建模流程

将扫描的 TXT 格式三维点云数据经过 Geomagic Wrap 软件处理后转化为 STL 格式的三角面片，经过 Geomagic Design X 软件曲面建模得到 STP 实体数据。

1）导入点云数据。

2）建立坐标系。

3）创建模型主体特征。

4）创建模型具体细节特征。

5）精度分析。

3. 点云处理

（1）导入点云数据文件　启动 Geomagic Wrap 软件，选择菜单栏【文件】→【打开】命令或单击工具栏【打开】按钮，系统弹出【打开文件】对话框，查找到数据文件并选中【liangan.asc】文件，然后单击【打开】按钮，在工作区显示载体，如图 7-3 所示。

（2）点云着色显示　为了更加清晰、方便地观察点云的形状，将点云进行着色。选择菜单栏【点】→【着色点】命令，着色后的视图如图 7-4 所示。

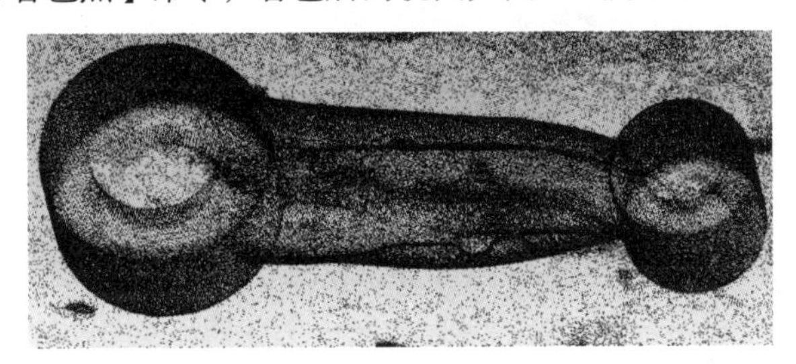

图 7-3　导入的点云数据

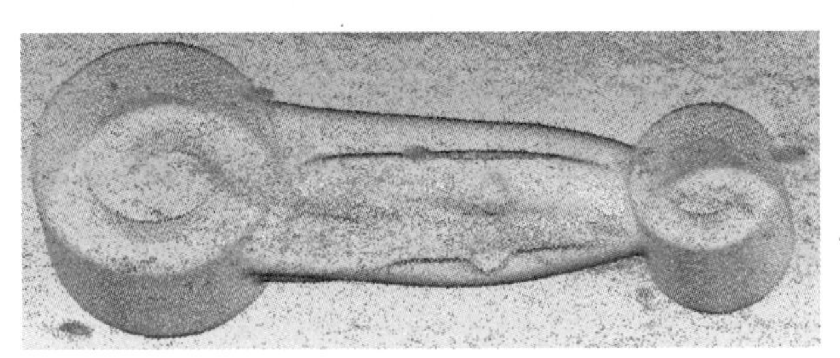

图 7-4　点云着色

（3）设置旋转中心与套索选择　为了方便观察点云的放大、缩小或旋转情况，对其设置旋转中心。在操作区域单击右键，选择【设置旋转中心】选项，在点云适合位置单击以设置。

选择工具栏中【套索选择工具】，勾画出连杆的外轮廓，点云数据呈现红色，单击右键选择【反转选区】选项，如图 7-5 所示。再选择菜单栏【点】→【删除】命令或按〈Delete〉键删除杂点。

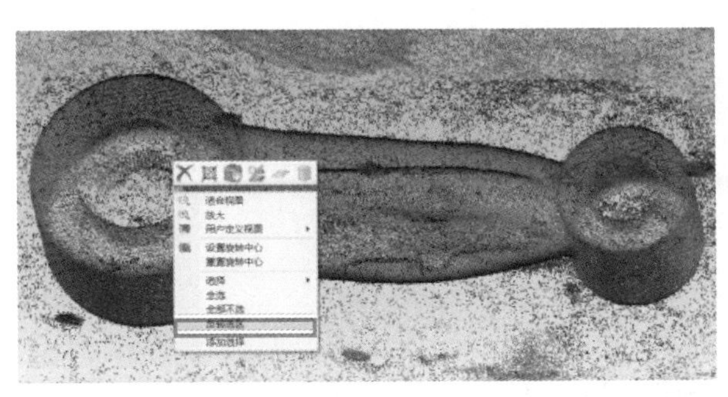

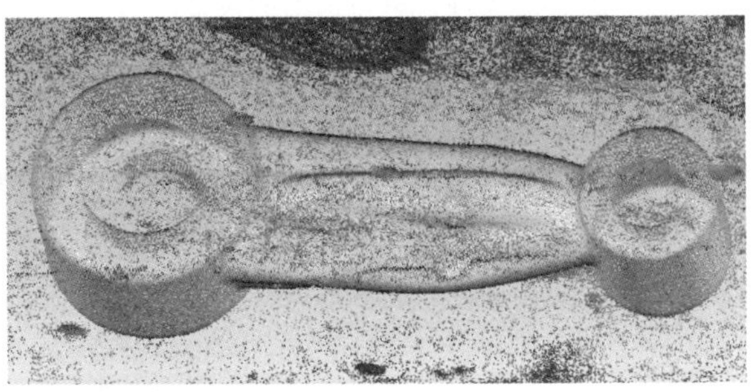

图 7-5　反转选区

（4）选择非连接项　选择菜单栏【点】→【选择】→【非连接项】命令，在管理器面板中弹出【选择非连接项】对话框。在【分隔】下拉列表中选择【低】分隔方式，这样系统会选择在拐角处离主点云很近但不属于它们的一部分点。【尺寸】按默认值 5.0，单击【确定】按钮，点云中的非连接项被选中并呈现红色，如图 7-6 所示。选择菜单栏【点】→【删除】命令或按〈Delete〉键删除杂点。

（5）去除体外孤点　选择菜单栏【点】→【选择】→【体外孤点】命令，在管理器面板中弹出【选择体外孤点】对话框，设置【敏感度】的值为 100，也可以通过单击右侧的两个三角图标增加或减少【敏感性】的值，单击【确定】按钮。此时体外孤点被选中并呈现红色，如图 7-7 所示。选择菜单栏【点】→【删除】命令或按 <Delete> 键来删除选中的点（此命令操作 2 ～ 3 次为宜）。

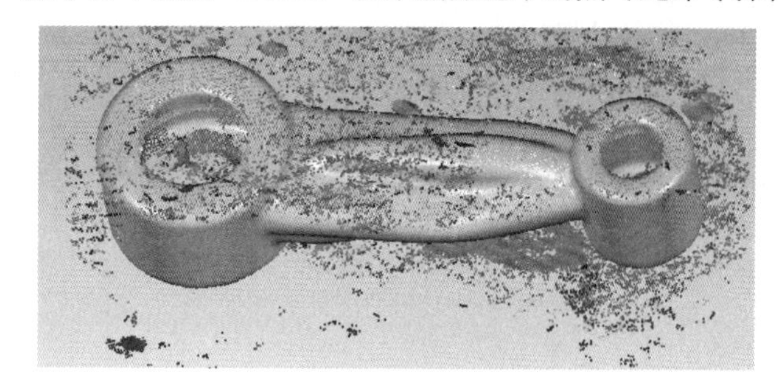

图 7-6　反选点云

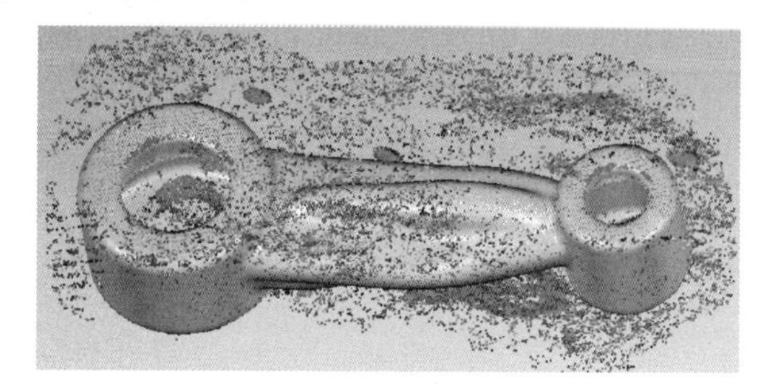

图 7-7　选择体外孤点

（6）删除非连接点云　选择工具栏中【套索选择工具】，配合工具栏中的按钮一起使用，将非连接点云删除，如图 7-8 所示。

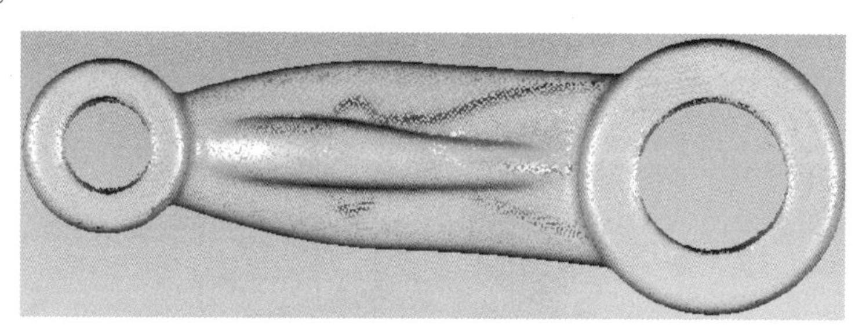

图 7-8　非连接点云删除后

（7）减少噪音　选择菜单栏【点】→【减少噪音】命令，在管理器模板中弹出【减少噪音】对话框。选择【自由曲面形状】选项，将【平滑度水平】滑到无，设置【迭代】为 5，【偏差限制】为 0.05mm。

（8）封装数据　选择菜单栏【点】→【封装】命令，系统会弹出【封装】对话框，该命令将围绕点云进行封装计算，使点云数据转换为多边形模型，如图 7-9 所示。

【采样】：对点云进行采样。通过设置【点间距】来进行采样。目标三角形的数量可以进行设定，目标三角形数量设置得越大，封装之后的多边形网格则越紧密。最下方的滑杆可以调节采样质量的高低，可根据点云数据的实际特性，进行适当的设置。

4. 面片处理

（1）删除钉状物　选择菜单栏【多边形】→【删除钉状物】命令，在模型管理器中弹出【删除钉状物】对话框，将【平滑级别】处在中间位置，单击【应用】按钮，如图 7-10 所示。

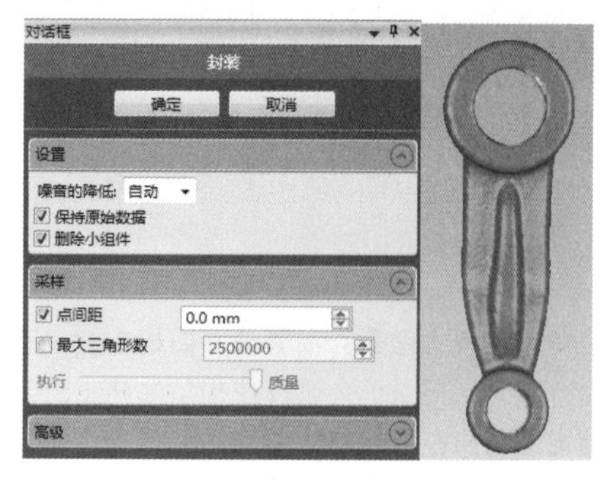

图 7-9　点云封装

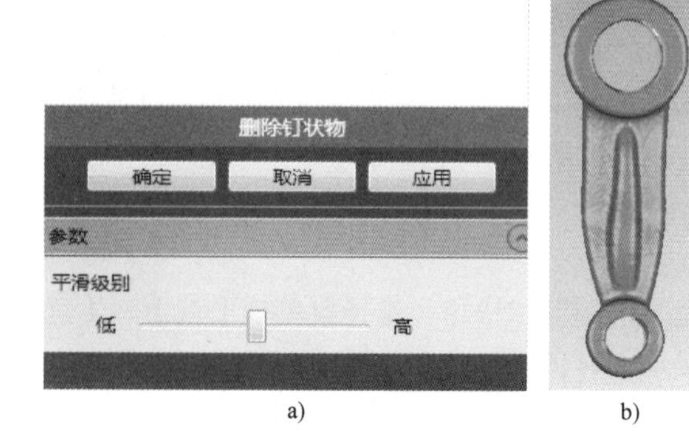

图 7-10　删除钉状物

（2）全部填充　选择菜单栏【多边形】→【全部填充】命令，在模型管理器中弹出图 7-11a 所示的【全部填充】对话框。可以根据孔的类型搭配选择不同的方法进行填充，图 7-11b 为三种不同的选择方法。

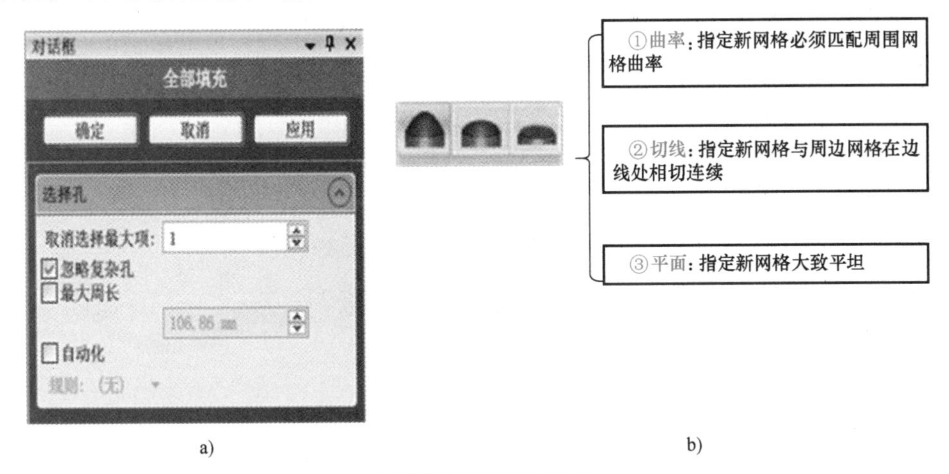

a)　　　　b)

图 7-11　全部填充

（3）去除特征　该命令用于删除模型中不规则的三角形区域，并且插入一个更有秩序且与周边三角形连接更好的多边形网格。必须先用手动选择方式选择需要去除特征的区域，然后执行【多边形】→【去除特征】命令，前后对比如图 7-12 所示。

（4）保存数据　单击 Wrap 软件左上角【文件】按钮，将文件另存为【liangan.stl】文件，用于后续逆向建模。

5. 连杆逆向建模

（1）建立坐标系

1）启动 Geomagic Design X 软件，单击【插入】→【导入】，导入【liangan.stl】文件，如图 7-13 所示。

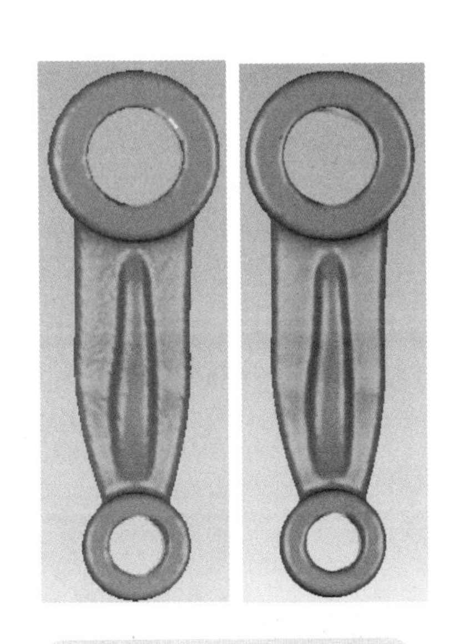

图 7-12　去除特征前后对比

图 7-13　导入 STL 格式文件

2）建立一个参照平面，单击【平面】选项，选择【画笔选择模式】，在连杆零件两个圆柱的上表面勾选领域创建参照平面，单击左上角✔图标，确认操作即可成功创建一个参照平面。如图 7-14 所示。

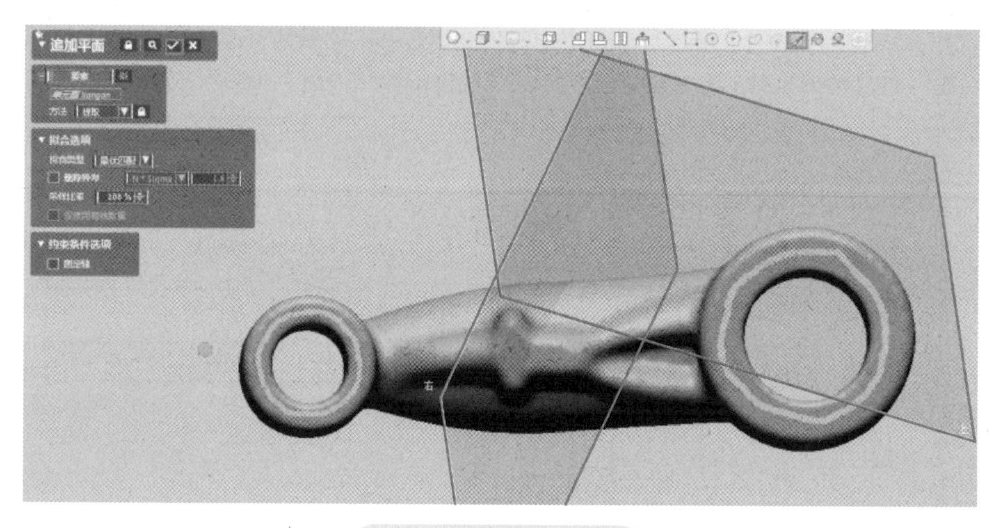

图 7-14　创建参照平面

3）创建面片草图，单击工具栏中【面片草图】按钮，进入【面片草图】模式，选择前步创建的参照平面作为基准平面，如图 7-15 所示设置参数和选项，确认后进入草图模式。

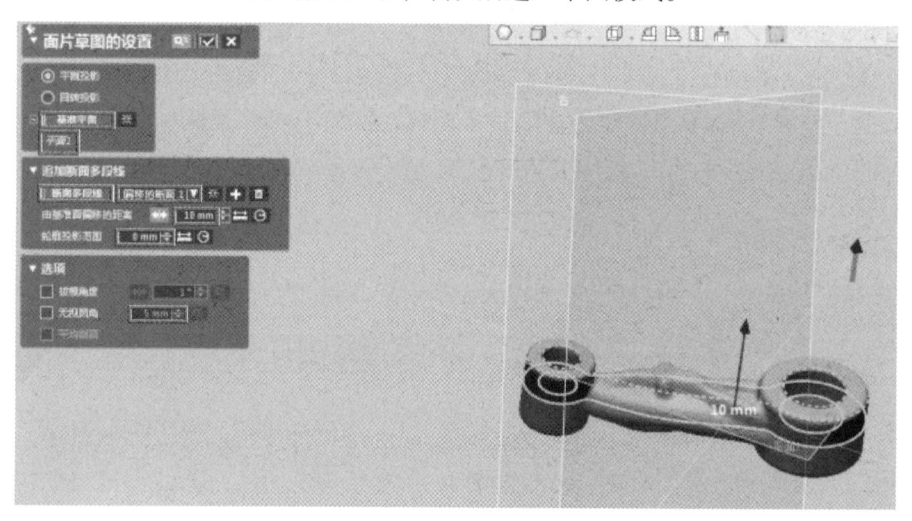

图 7-15　创建面片草图

4）进入草图模式，使用【自动草图】命令，单击两个圆柱的外轮廓线，即分别提取两个圆的圆心，如图 7-16 所示。确认后退出当前自动草图模式。

5）使用【直线】命令，连接两个圆的圆心创建一条直线，如图 7-17 所示（此时两个圆柱的外轮廓线需删除），确认后退出面片草图模式即可。

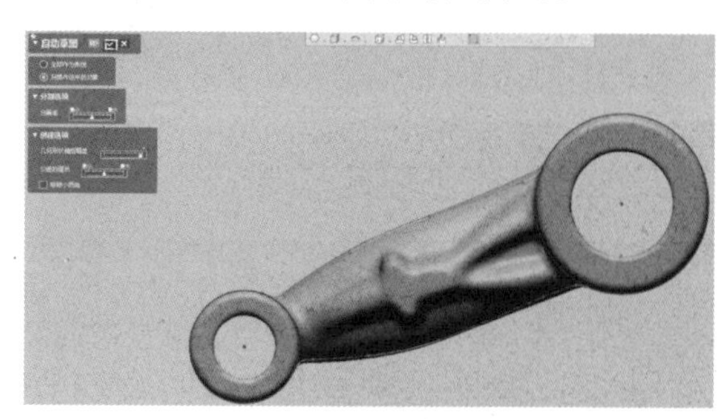

图 7-16　自动草图

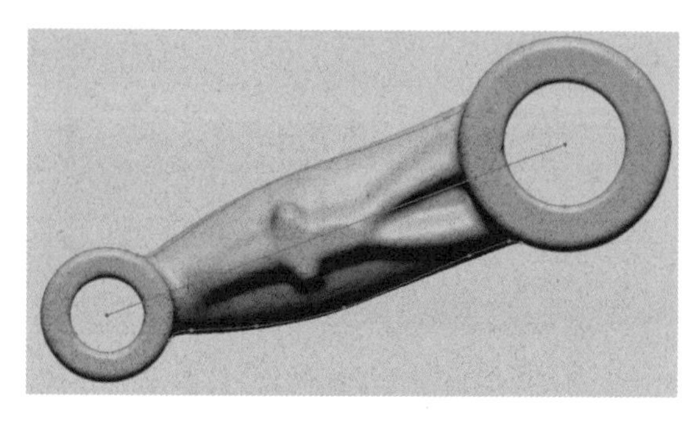

图 7-17　连接圆心直线

6）建立坐标系，单击【手动对齐】按钮，选择点云模型，一步步选择前面步骤 2）建立的参照平面及步骤 5）创建的直线，如图 7-18 所示设置参数和选项，确定后退出手动对齐模式。注意：用于辅助建立坐标系的参照平面 1 及草图 1 在建立坐标系之后可隐藏或删除。

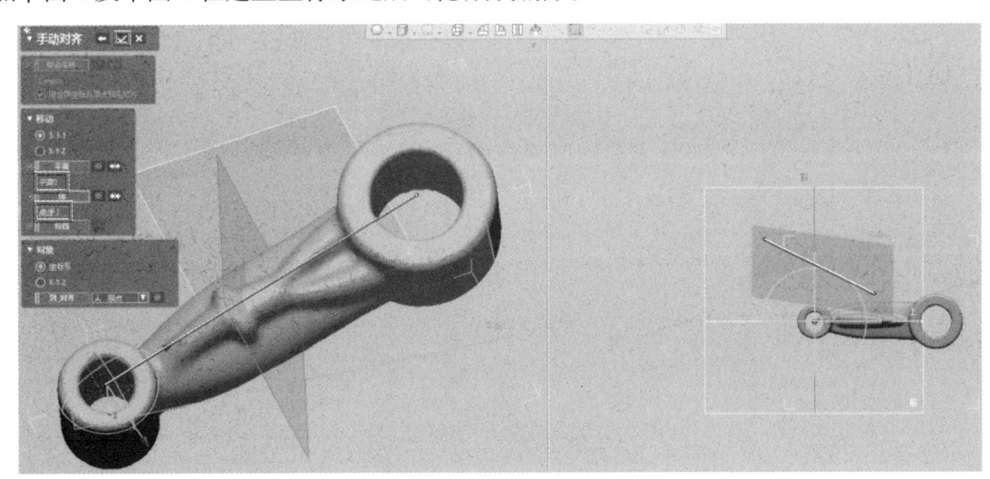

图 7-18　手动对齐操作

（2）建立分型面

1）单击【草图】按钮，进入草图模式，以【上】平面为基准平面，使用【3 点圆弧】命令，建立图 7-19 所示的一条曲线，确定后单击右下方【退出】按钮，退出草图模式。

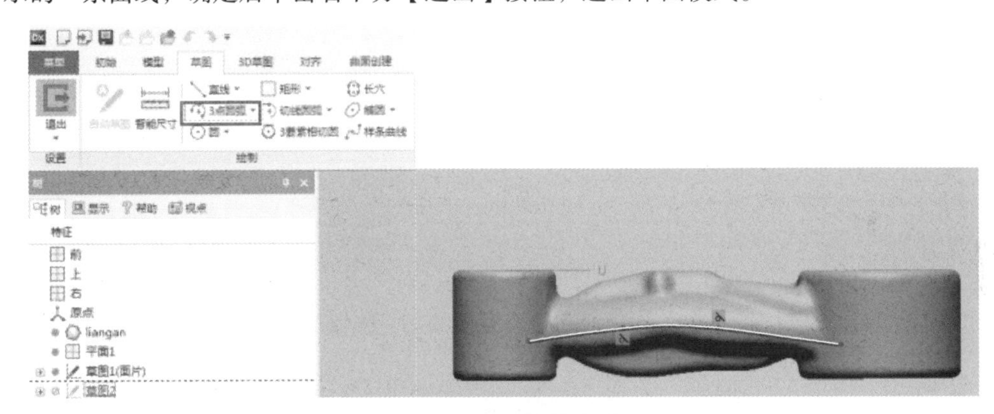

图 7-19　分型面曲线

2）单击【拉伸】按钮，进入拉伸曲面模式，以上步创建的草图为轮廓，如图 7-20 所示设置参数和选项，拉伸分型面。

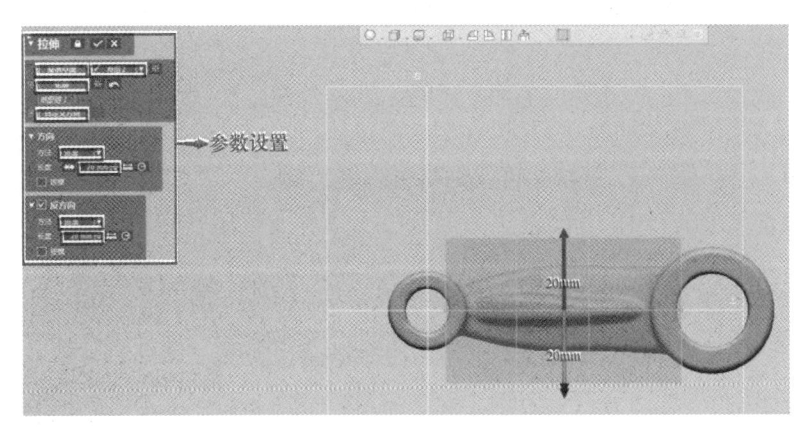

图 7-20　拉伸分型面

（3）中间部分建模

1）单击菜单栏【领域】按钮，手动划分领域组，在菜单栏选择【画笔选择模式】，创建领域，如图 7-21 所示。

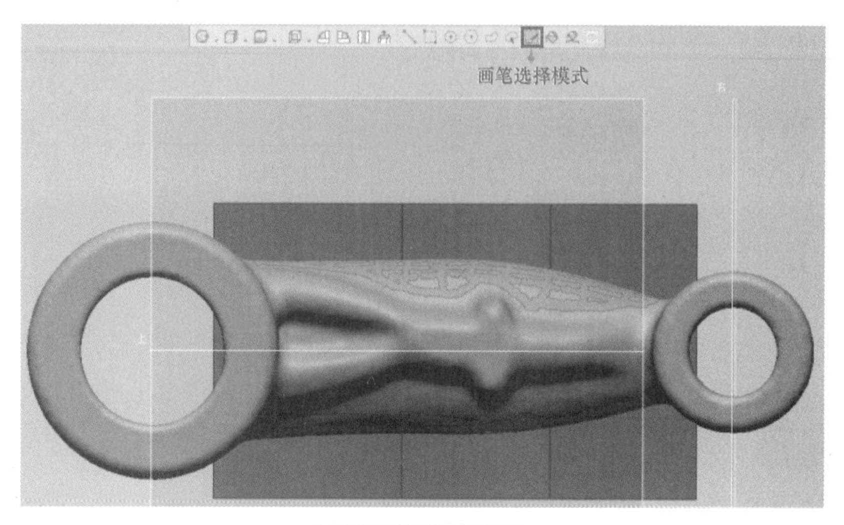

图 7-21 创建领域

2）单击【放样向导】按钮，如图 7-22 所示设置参数和选项，退出【放样向导】模式，效果如图 7-23 所示。注意：曲面的光顺程度可根据放样向导拟合出的 3D 面片草图进行调节。

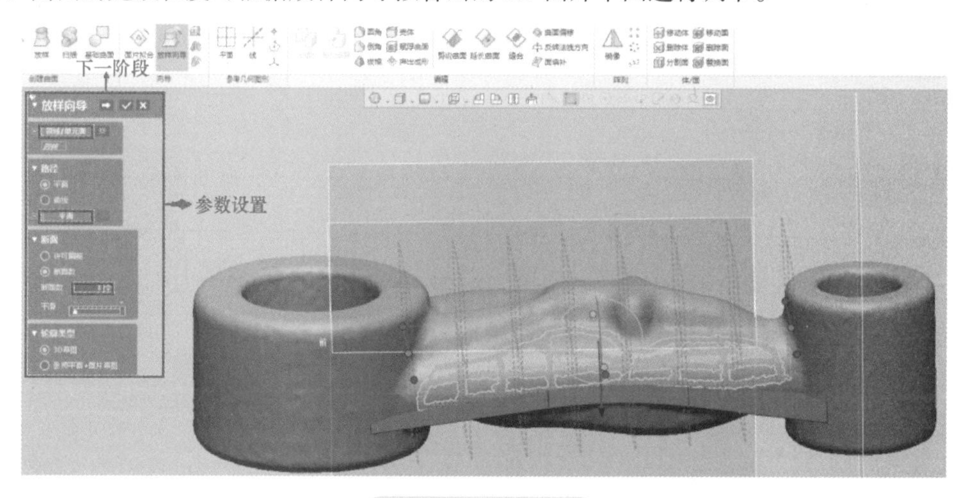

图 7-22 放样向导

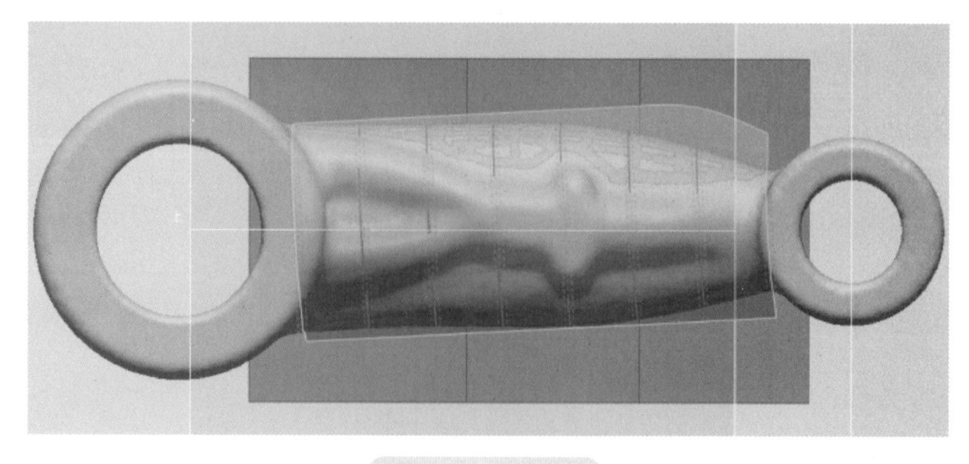

图 7-23 放样曲面

3）单击【3D 面片草图】按钮，进入【3D 面片草图】模式，使用【断面】命令，绘制断面线，如图 7-24 所示。注意：可通过控制点数来调节曲面的光顺程度。

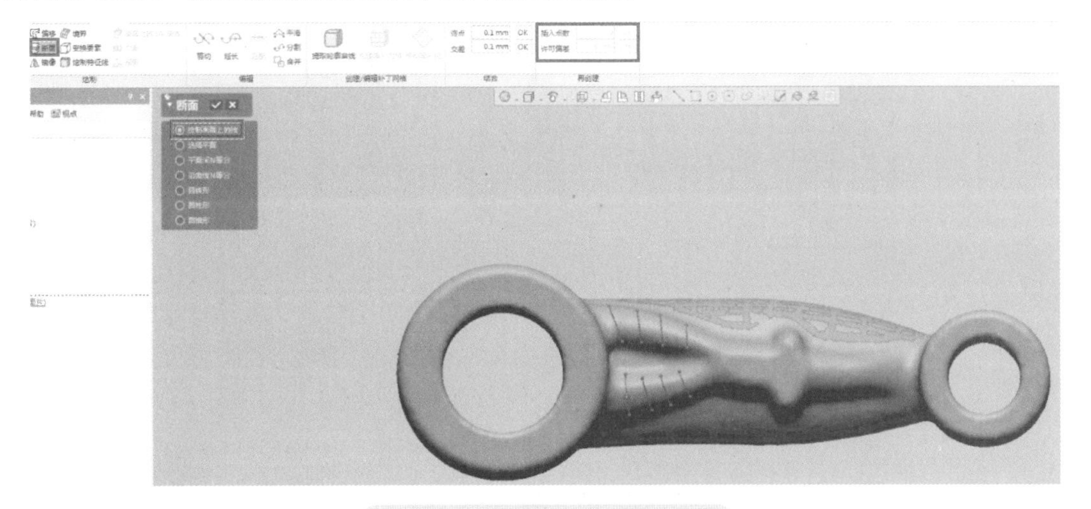

图 7-24　设置 3D 草图中的断面

4）单击【放样】按钮，对上步绘制的轮廓线分别进行放样曲面操作，如图 7-25 所示。单击【延长曲面】按钮，分别对放样的曲面进行延长，参数设置如图 7-26 所示。

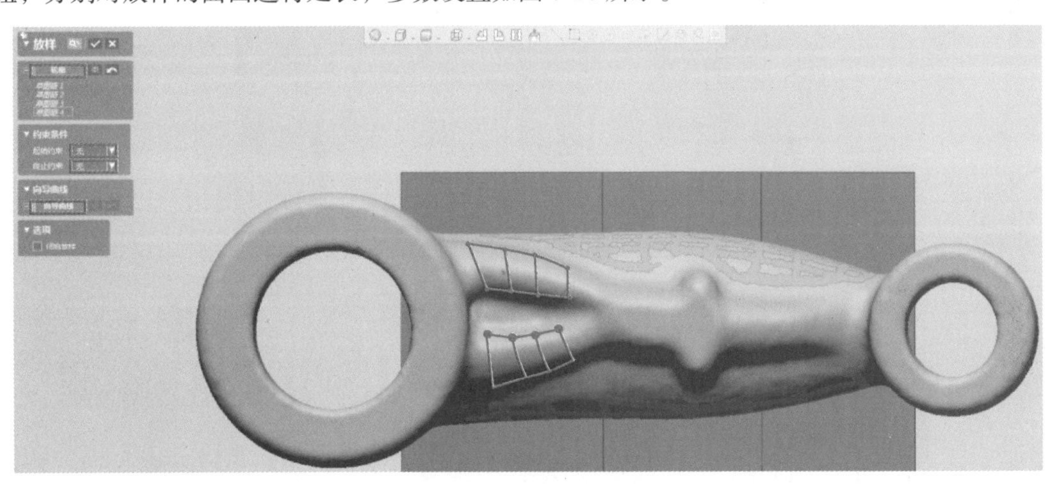

图 7-25　放样曲面

5）单击【领域】菜单栏，【手动划分】领域组，选择【画笔选择模式】，如图 7-27 方式创建领域。

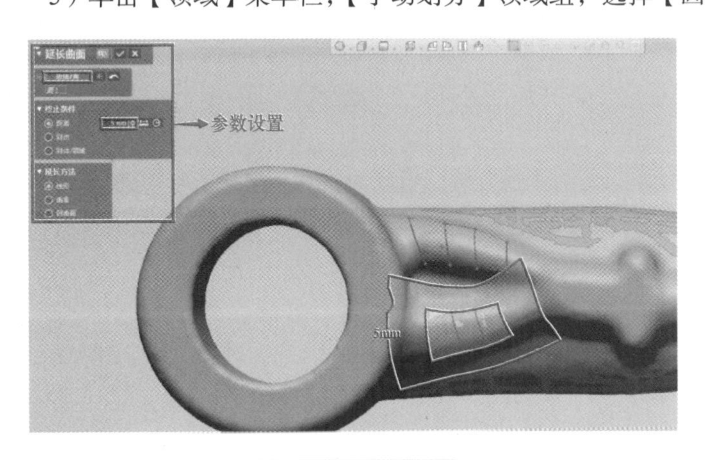

图 7-26　延长曲面

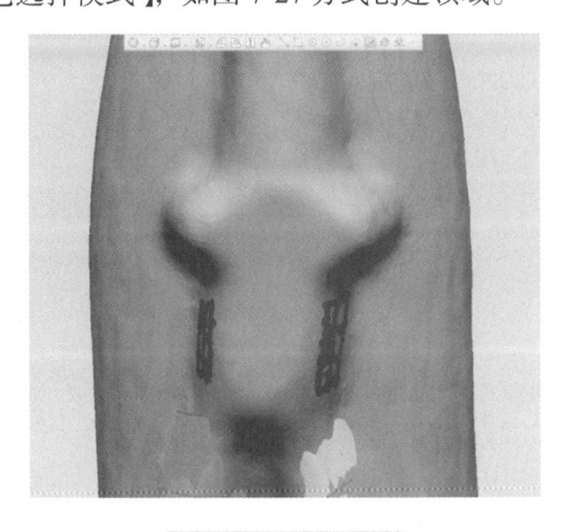

图 7-27　创建领域

6）单击【面片拟合】按钮，进入【面片拟合】模式，以上一步划分的领域进行拟合曲面，参数设置如图 7-28 所示。

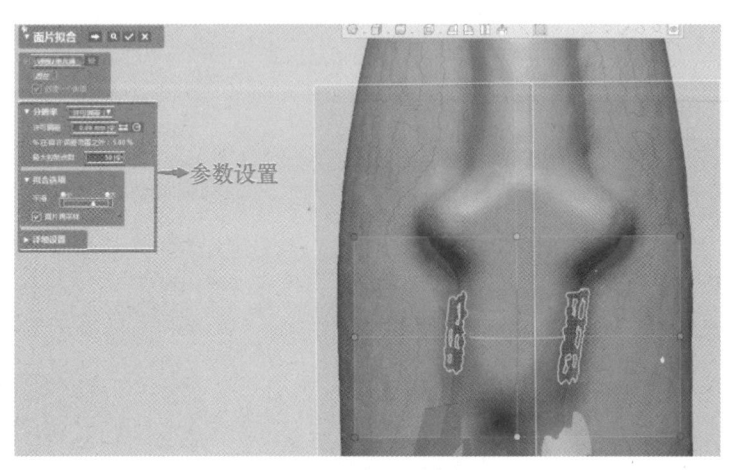

图 7-28　面片拟合

7）同理分别创建两个拟合曲面，参数设置如图 7-29 所示。

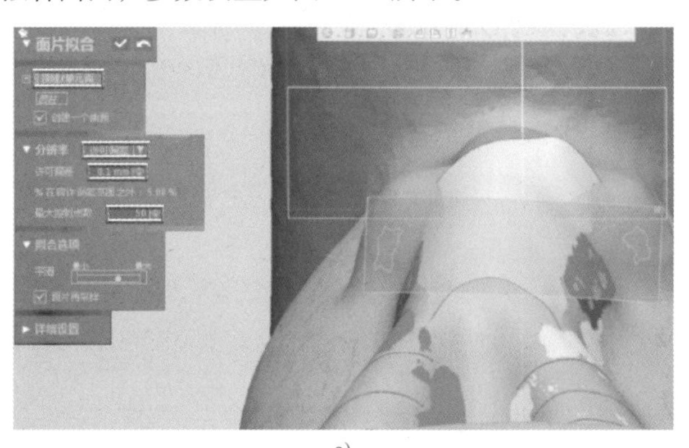

a)

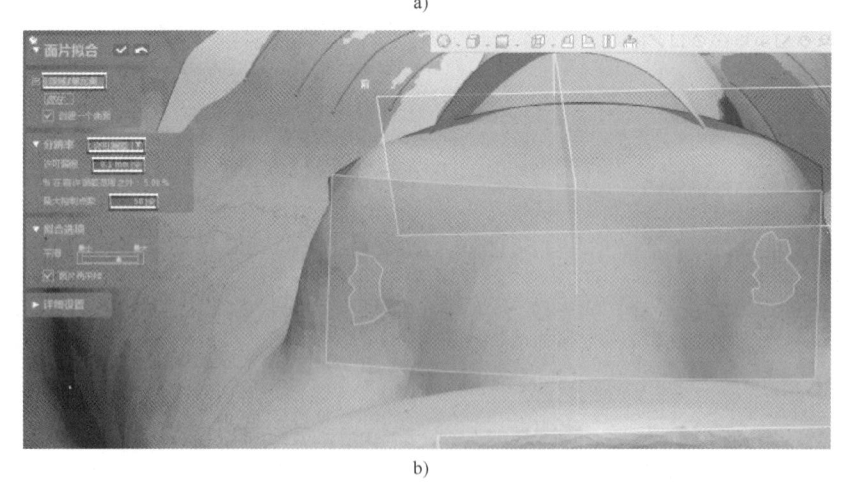

b)

图 7-29　创建两个拟合曲面

8）单击【圆角】按钮，对上一步创建的两个拟合平面进行【面圆角】操作，参数设置如图 7-30 所示。

9）创建拟合曲面，参数设置如图 7-31 所示。

10）单击【参照平面】按钮，以【右】平面为要素，偏移出平面 2。单击【剪切曲面】按钮，进入剪切模式，对步骤 4）放样出的两个曲面进行修剪，参数设置如图 7-32 所示。注意：根据情况对参照平面进行适当的位置偏移。

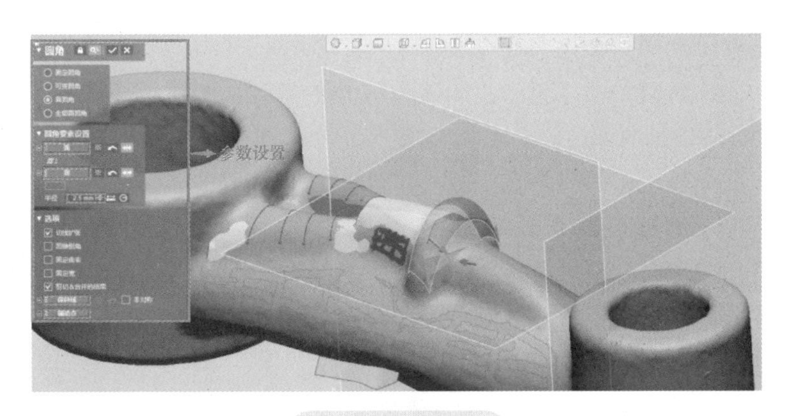

图 7-30　面圆角

图 7-31　面片拟合

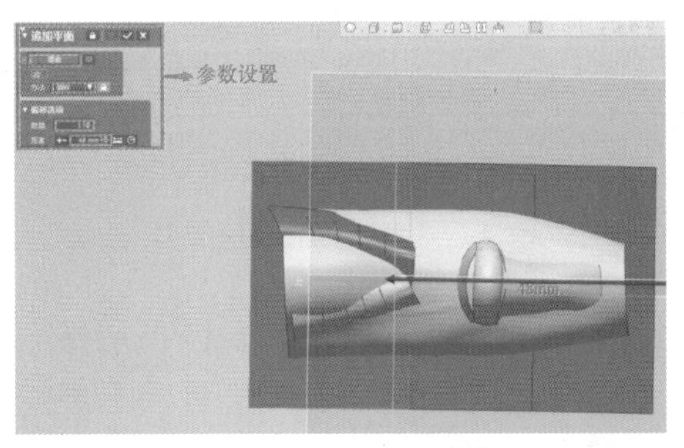

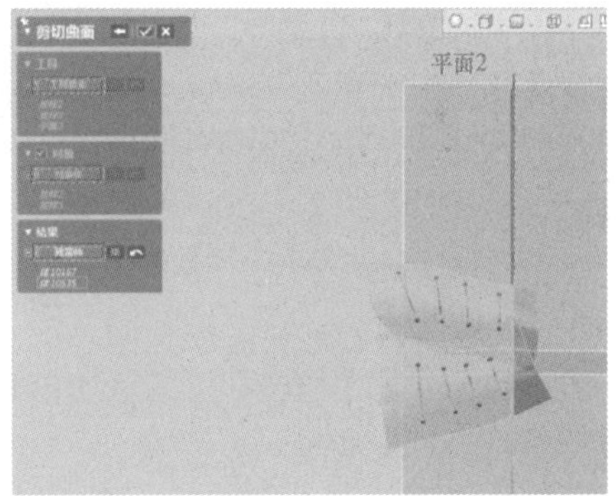

图 7-32　追加平面与修剪

11）同理步骤 10），单击【参照平面】按钮，以【右】平面为要素，偏移出平面 3 和平面 4。单击【剪切】按钮，进入剪切模式，对步骤 6）拟合出的曲面进行修剪，参数设置如图 7-33 所示。

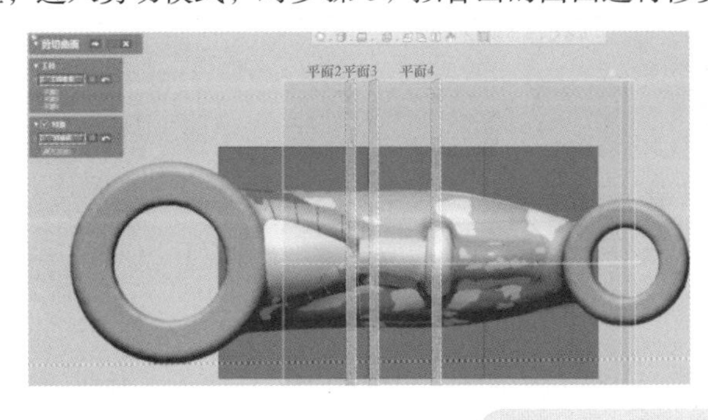

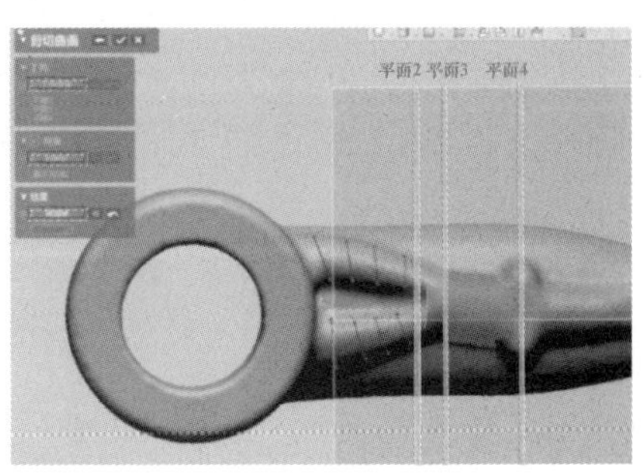

图 7-33　剪切曲面

12）单击【圆角】按钮，对步骤 10）剪切过的两个放样平面进行【面圆角】操作，参数设置如图 7-34 所示。

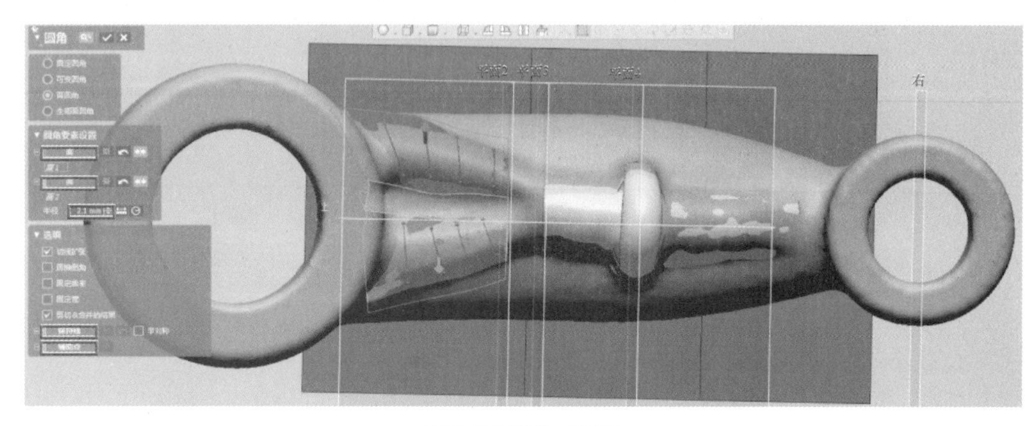

图 7-34 面圆角

13）单击【放样】按钮，对步骤 11）剪切过的曲面和步骤 12）倒角后的曲面进行放样曲面操作，参数设置如图 7-35 所示。

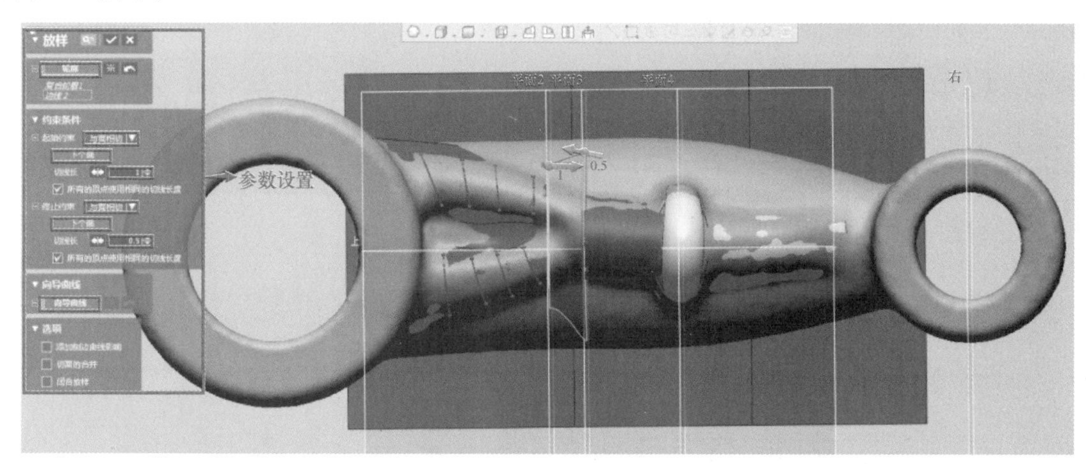

图 7-35 放样曲面

14）单击【剪切曲面】按钮，进入剪切模式，对步骤 8）倒角过的曲面和步骤 11）修剪过的曲面进行修剪，参数设置如图 7-36 所示。

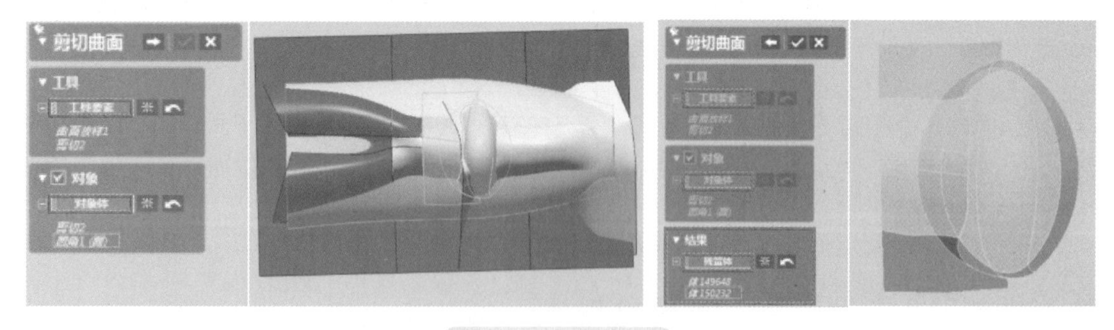

图 7-36 剪切曲面

15）单击【剪切曲面】按钮，进入剪切模式，对步骤 9）拟合出的曲面进行修剪，参数设置如图 7-37 所示。

16）单击【剪切曲面】按钮，进入剪切模式，对步骤 8）倒圆角后的曲面进行修剪，参数设置如图 7-38 所示。

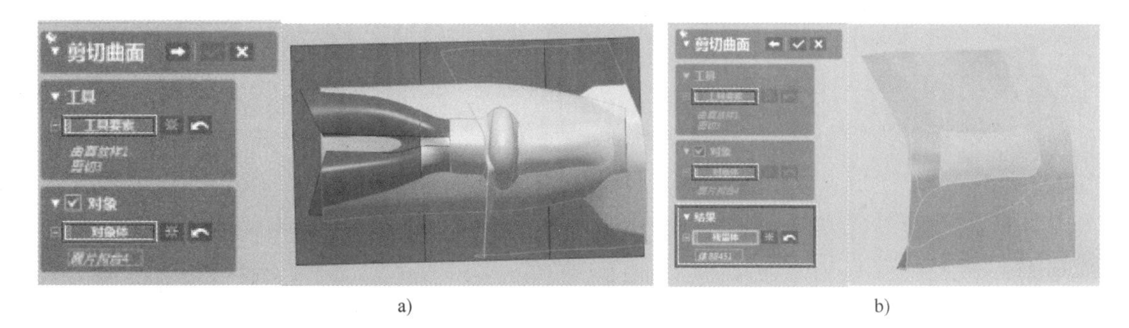

a)　　　　　　　　b)

图 7-37　剪切曲面

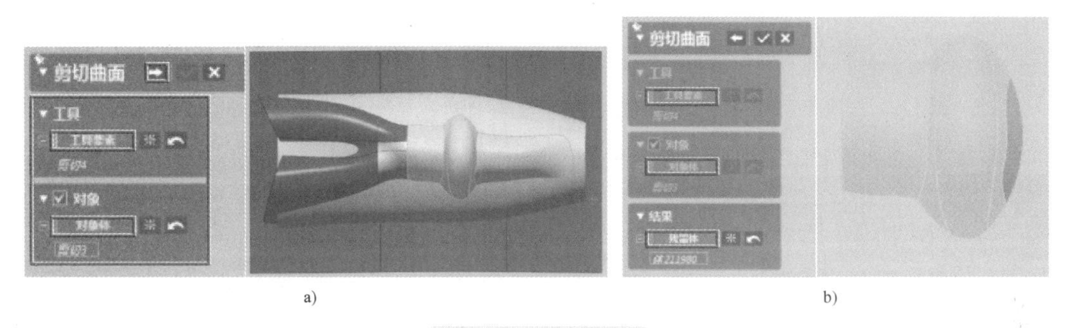

a)　　　　　　　　b)

图 7-38　剪切曲面

17）单击【缝合】按钮，进入缝合模式，将以下几个曲面进行缝合，如图 7-39 所示。

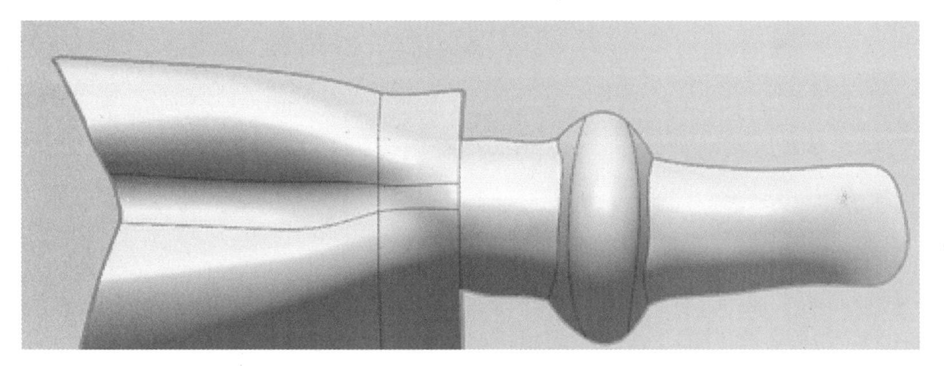

图 7-39　曲面缝合

18）单击【剪切曲面】按钮，进入剪切模式，将步骤 17）缝合后的曲面和步骤 2）放样曲面互相进行修剪，参数设置如图 7-40 所示。

19）单击【延长曲面】按钮，对步骤 18）剪切后的曲面进行延长，如图 7-41 所示。单击【剪切曲面】按钮，进入剪切模式，用步骤 2）放样拉伸出的曲面对其进行修剪，参数设置如图 7-42 所示。

20）单击【3D 草图】按钮，进入 3D 草图模式，单击【变换要素】，提取出两条边线，如图 7-43 所示。

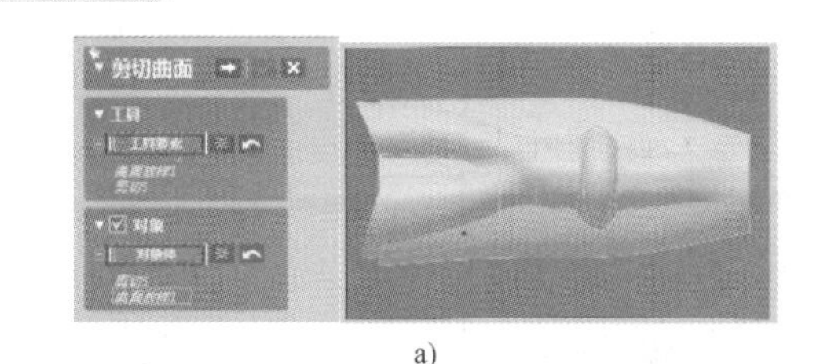

a)

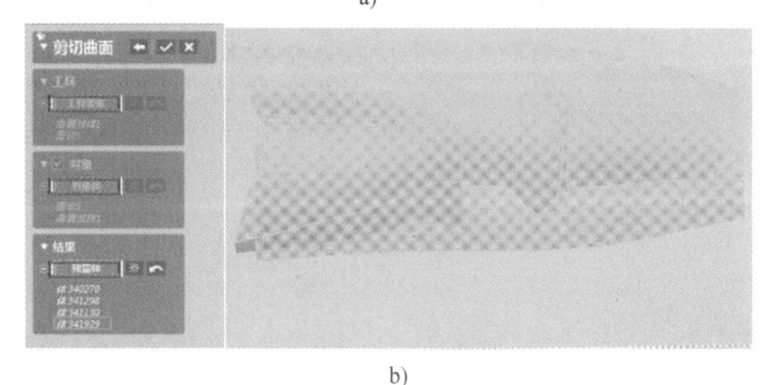

b)

图 7-40　剪切曲面

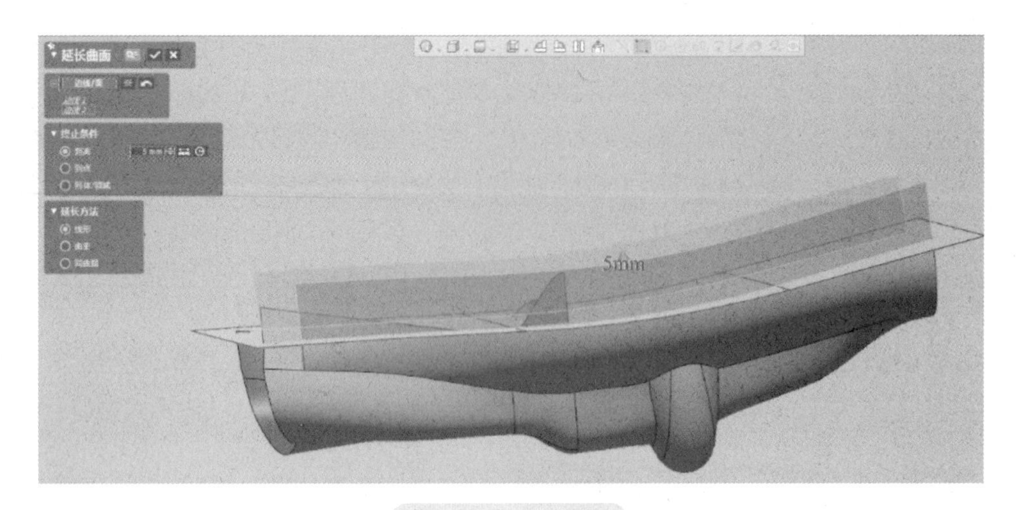

图 7-41　延长曲面

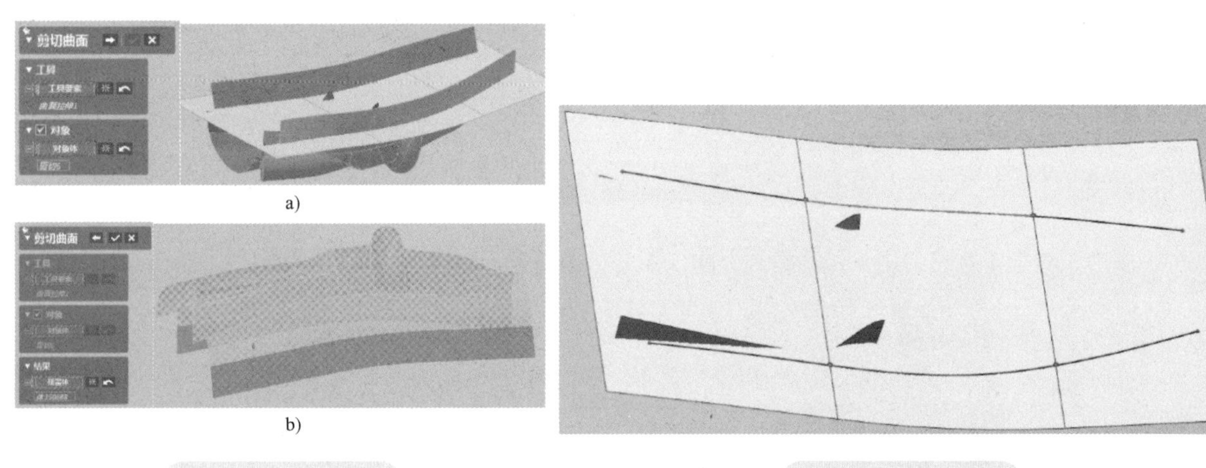

图 7-42　剪切曲面

图 7-43　变换要素

21）单击【拉伸曲面】按钮，进入拉伸曲面模式，以步骤 20）创建的 3D 草图为轮廓，如图 7-44 所示设置参数，拉伸拔模曲面。

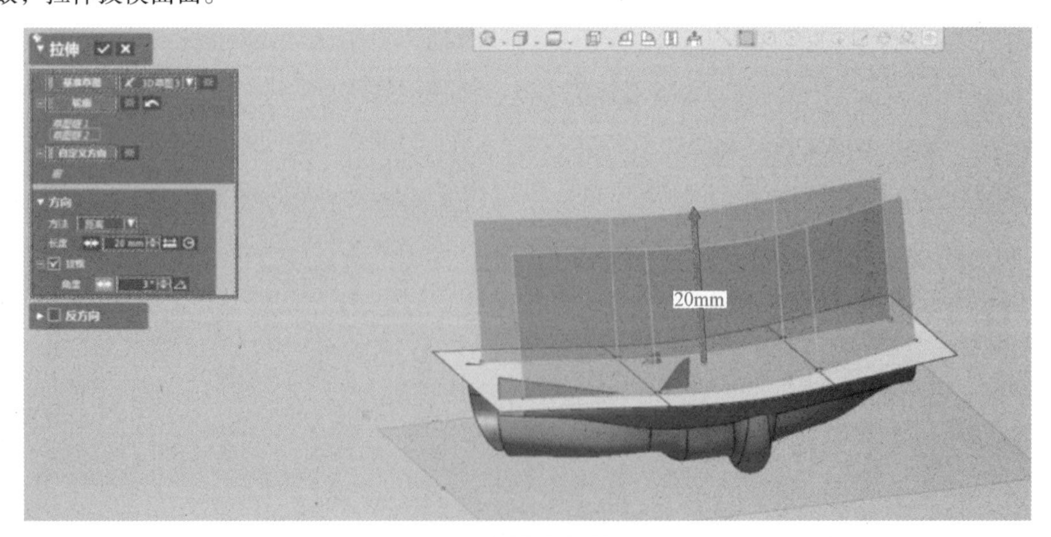

图 7-44　拉伸拔模曲面

22）单击菜单栏【领域】，手动划分领域，选择【画笔选择模式】，如图 7-45 方式划分领域。

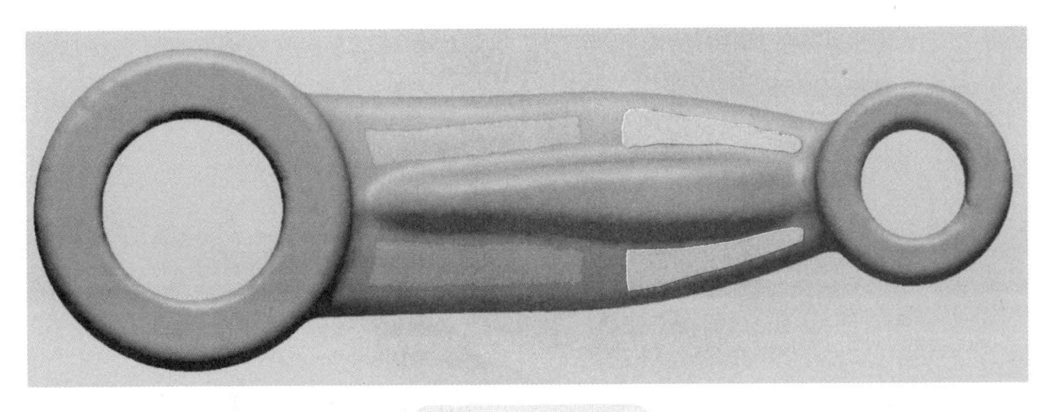

图 7-45　领域划分

23）单击【面片拟合】按钮，进入面片拟合模式，以步骤 22）划分的领域分别拟合曲面，参数设置如图 7-46 所示。

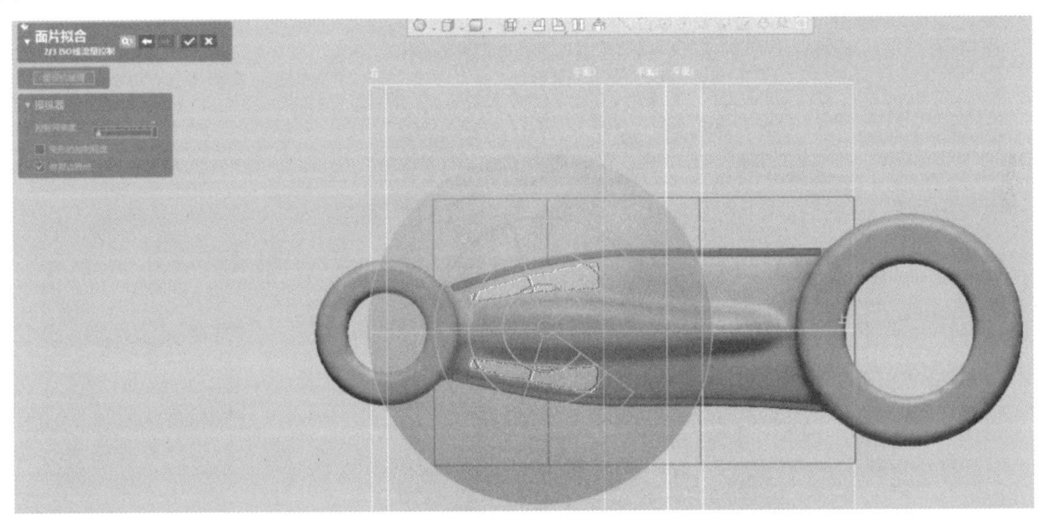

图 7-46　面片拟合

24）单击【圆角】按钮，对步骤 23）创建的两个拟合曲面进行【面圆角】操作，参数设置如图 7-47 所示。

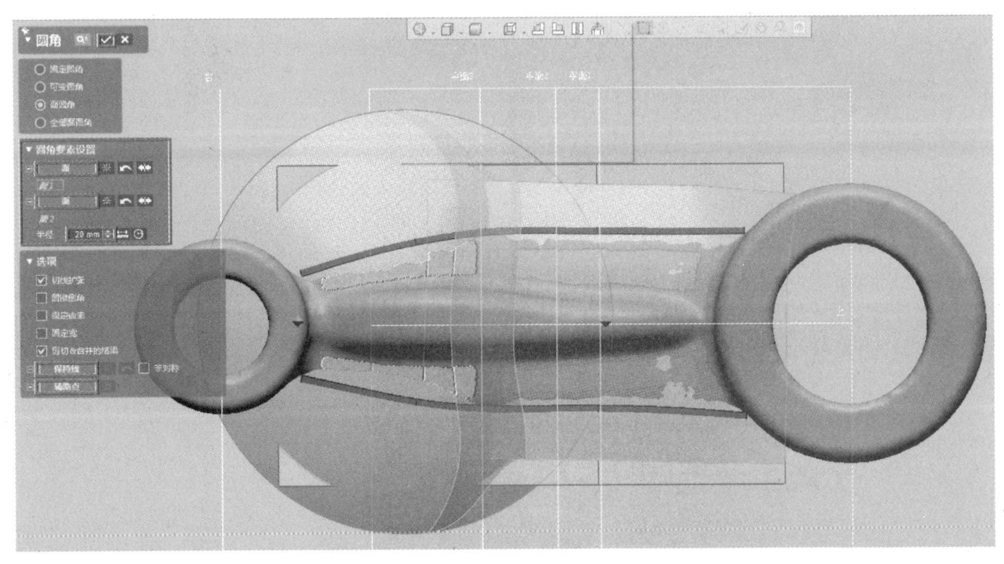

图 7-47　面圆角

25）单击【面片草图】按钮，进入面片草图模式，以【上】平面为基准平面，如图 7-48 所示创建草图。

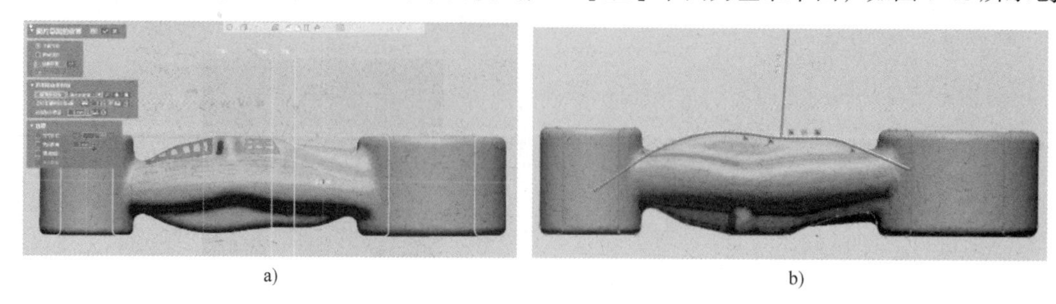

a)　　b)

图 7-48　面片草图

26）单击【拉伸曲面】按钮，进入拉伸曲面模式，以步骤 25）创建的面片草图为轮廓，如图 7-49 所示设置参数，拉伸曲面。

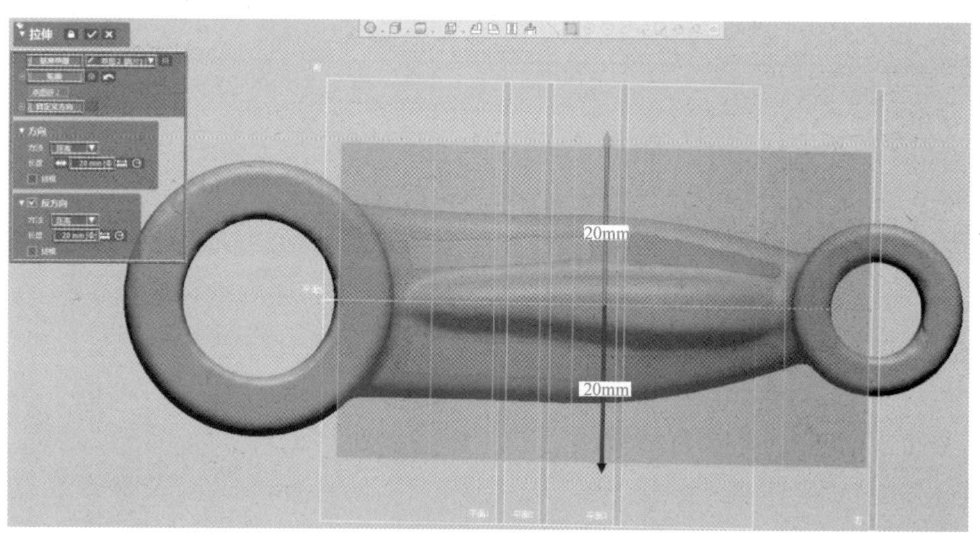

图 7-49　拉伸曲面

27）单击【3D 草图】按钮，进入 3D 草图模式，单击【样条曲线】，绘制样条曲线，如图 7-50 所示。

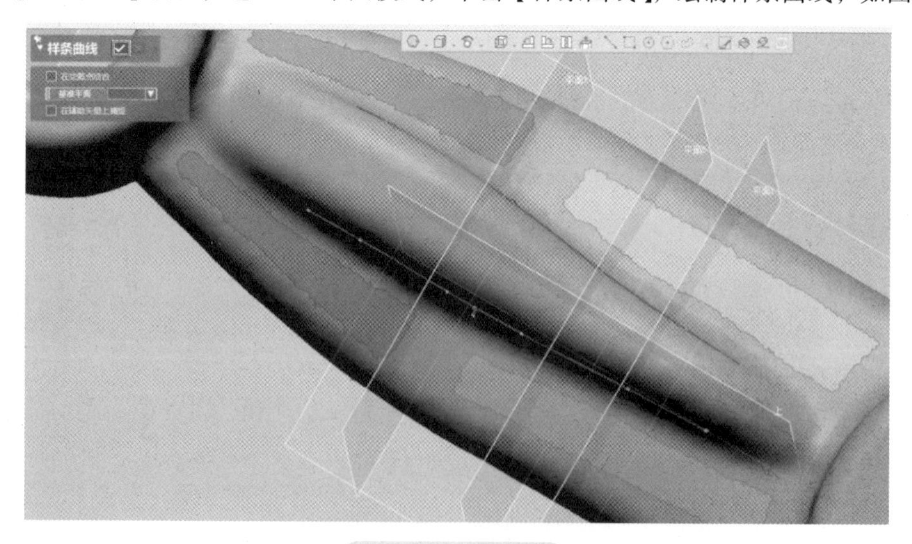

图 7-50　3D 草图

28）单击【扫描】按钮，进入扫描模式，对步骤 27）创建的 3D 草图分别进行扫描操作，参数设置如图 7-51 所示。单击【延长曲面】按钮，分别对扫描后的曲面进行延长曲面。

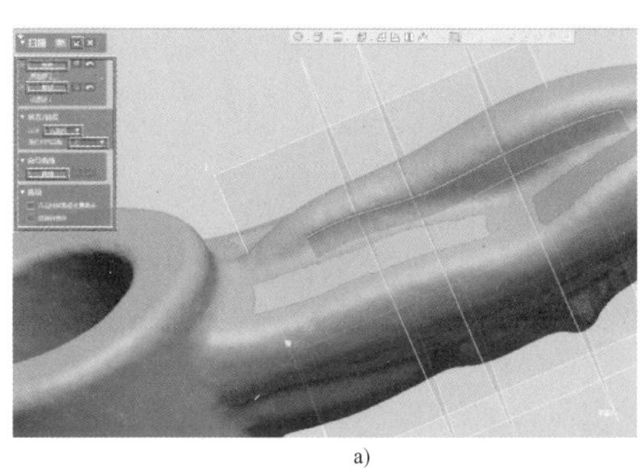

a)

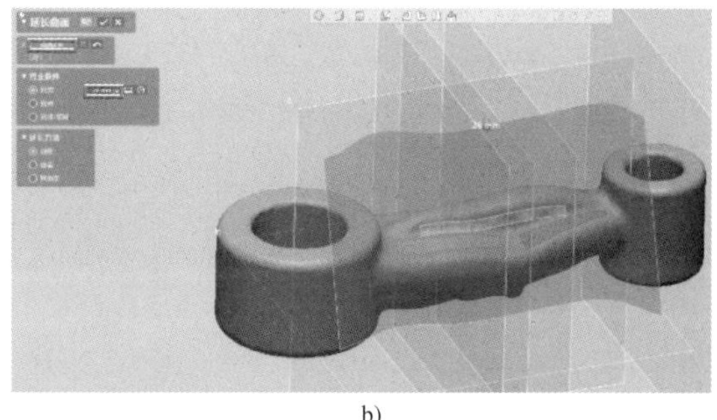

b)

图 7-51　扫描和延长曲面

29）单击【剪切曲面】按钮，进入剪切模式，对步骤 26）拉伸后的曲面和步骤 28）扫描后的曲面进行修剪，参数设置如图 7-52 所示。

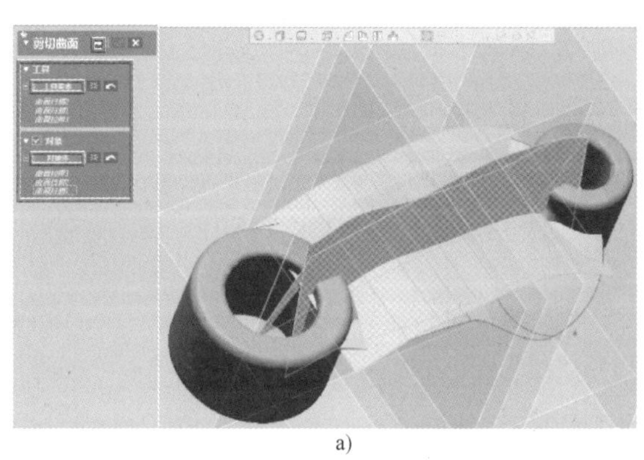

a)

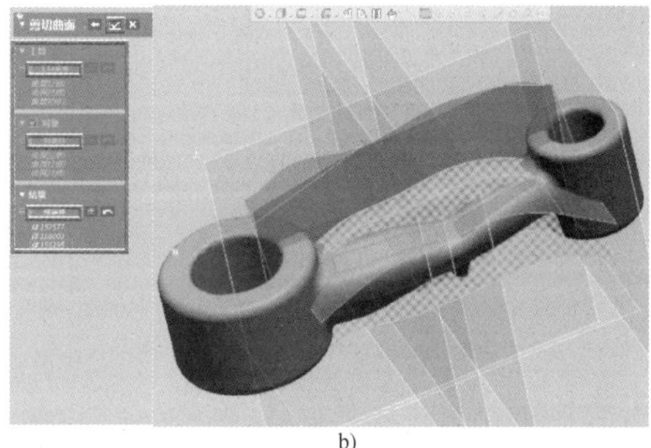

b)

图 7-52　剪切曲面

30）单击【剪切曲面】按钮，进入剪切模式，对步骤 24）倒角后的曲面和步骤 29）剪切过的曲面进行修剪，参数设置如图 7-53 所示。

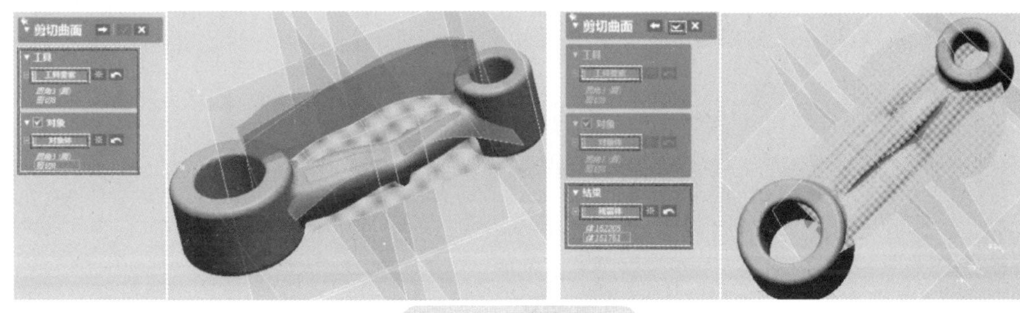

图 7-53　剪切曲面

31）单击【剪切曲面】按钮，进入剪切模式，对步骤 21）拉伸拔模后的曲面和步骤 30）剪切过的曲面进行修剪，参数设置如图 7-54 所示。

图 7-54　剪切曲面

（4）圆柱和整体建模

1）单击工具栏中【面片草图】按钮，进入面片草图模式，选择步骤（1）中2）创建的参照平面作为基准平面，如图7-55所示设置参数，单击【确定】按钮，进入草图模式。

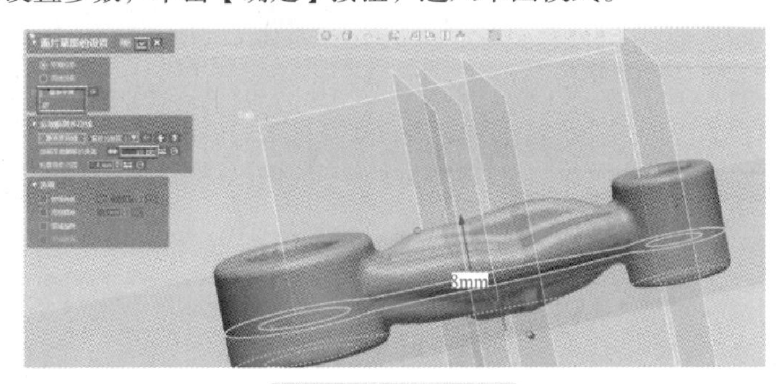

图7-55 面片草图

进入草图模式，使用【自动草图】命令，单击两个圆柱的内外轮廓线创建草图，确定后退出当前自动草图模式，如图7-56所示。

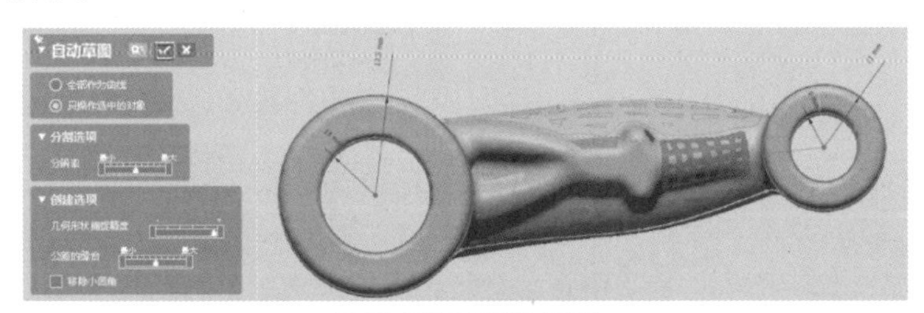

图7-56 自动草图

2）单击【拉伸】按钮，进入拉伸模式，将步骤1）创建的面片草图拉伸成实体，参数设置如图7-57和图7-58所示。

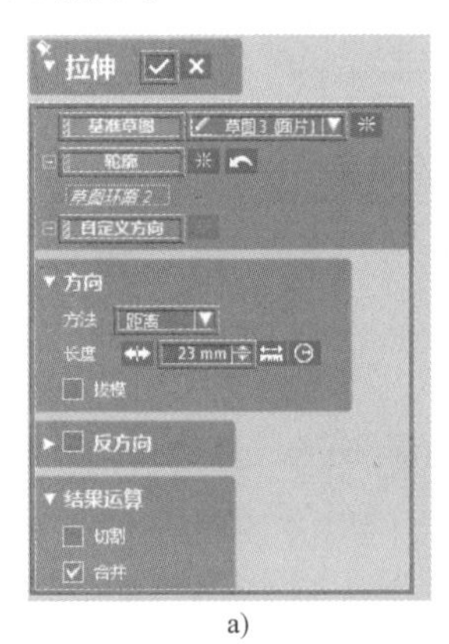

a)

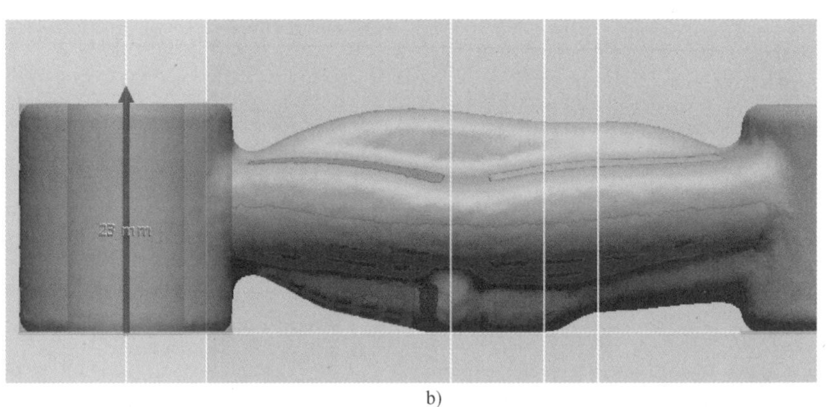

b)

图7-57 小圆柱拉伸

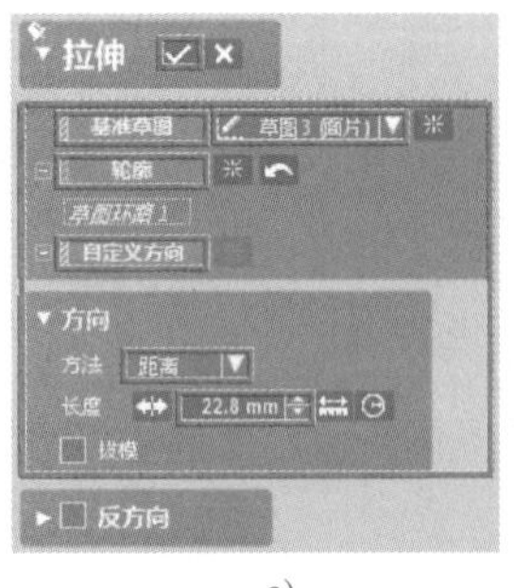

a)

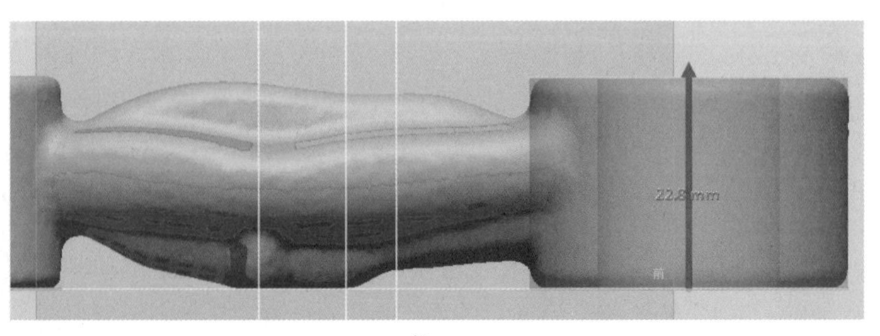

b)

图7-58 大圆柱拉伸

3）单击【曲面偏移】按钮，进入曲面偏移模式，将步骤 2）创建的实体圆柱表面进行【0】曲面偏移，参数设置如图 7-59 所示。

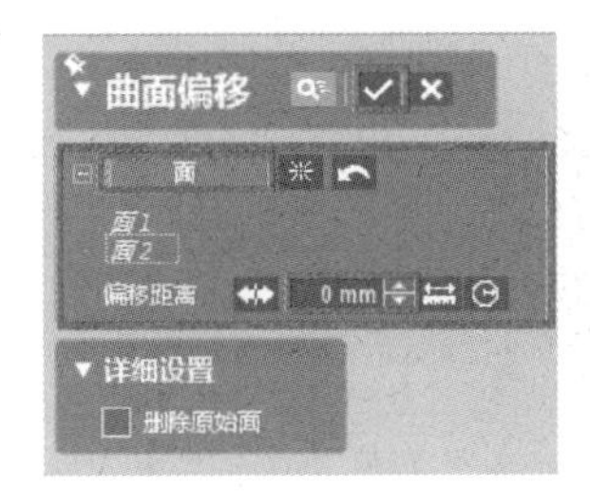

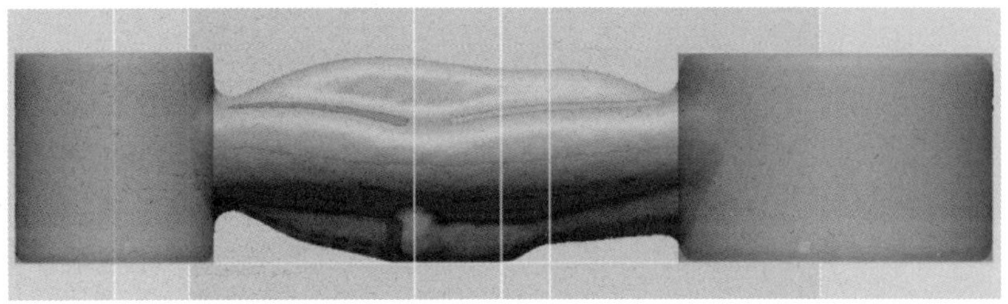

图 7-59　曲面偏移

4）单击【缝合】按钮，进入缝合模式，对以下曲面体进行缝合操作，如图 7-60 所示。

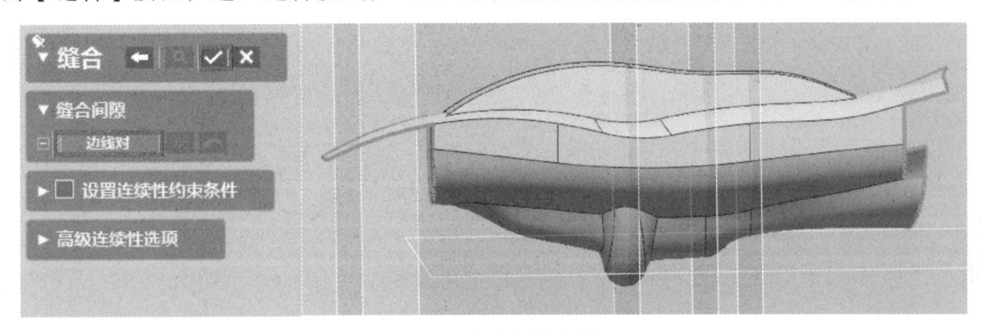

图 7-60　曲面缝合

5）单击【延长曲面】按钮，对步骤 4）缝合后的曲面进行延长，参数设置如图 7-61 所示。

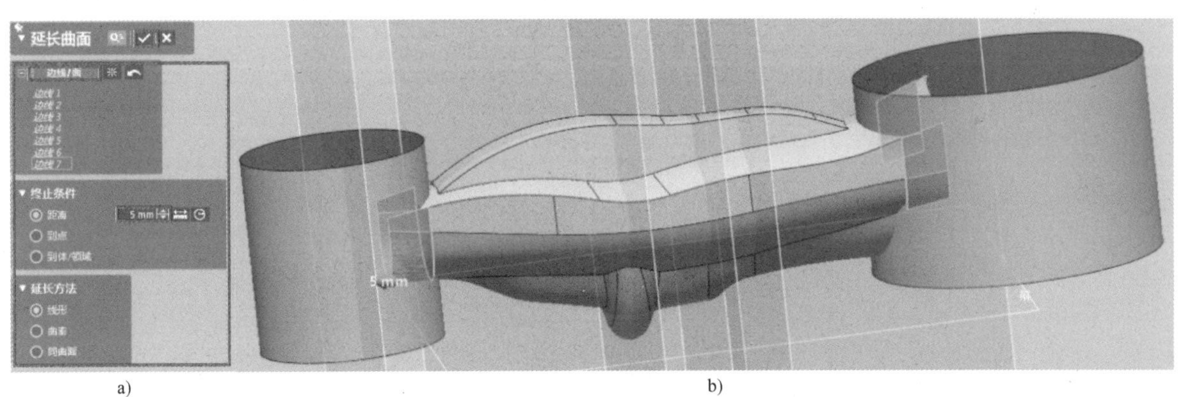

a)　　　　b)

图 7-61　延长曲面

6）单击【剪切曲面】按钮，进入剪切模式，对步骤 5）延长后的曲面和步骤 3）偏移的曲面进行修剪，参数设置如图 7-62 和图 7-63 所示。

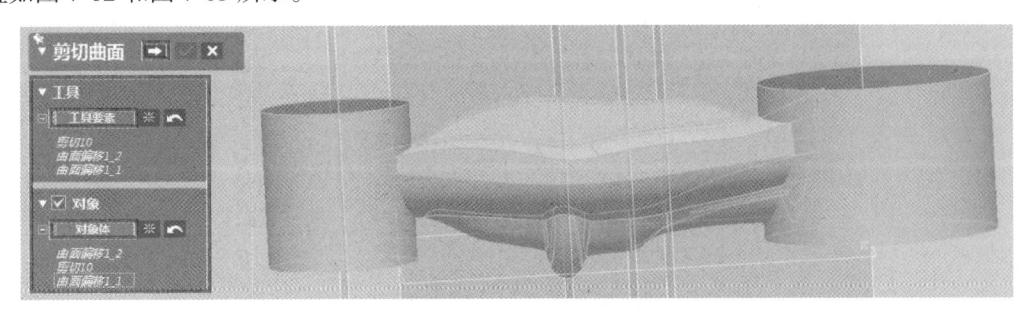

图 7-62　剪切曲面（一）

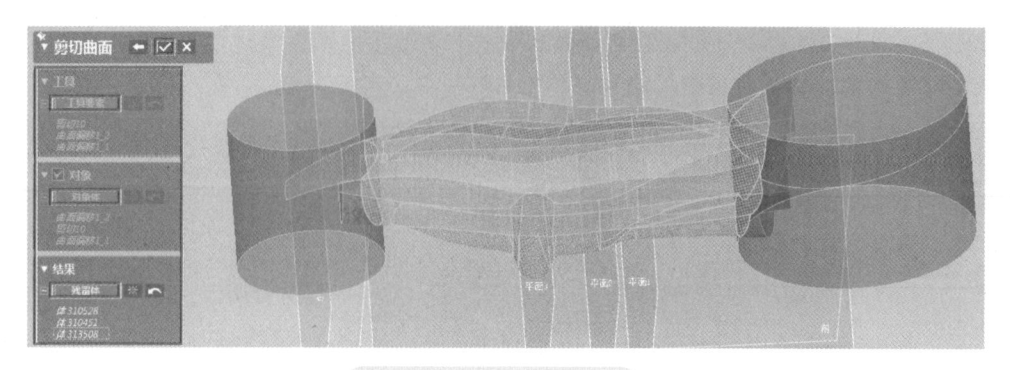

图 7-63　剪切曲面（二）

7）单击【布尔运算】按钮，进入布尔运算模式，将步骤 2）拉伸后的实体和步骤 6）修剪成的实体进行布尔求和，如图 7-64 所示。

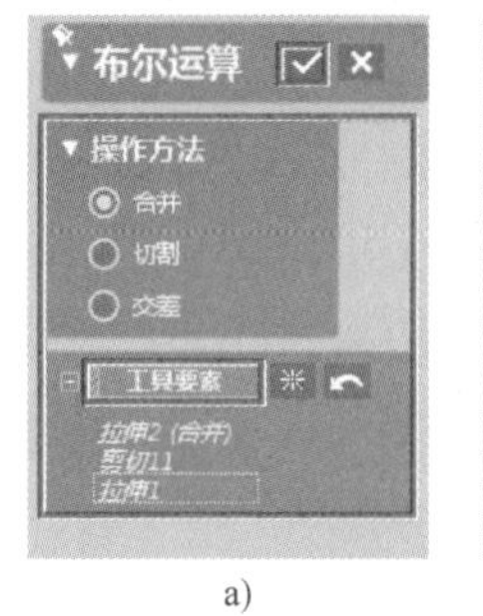

a)

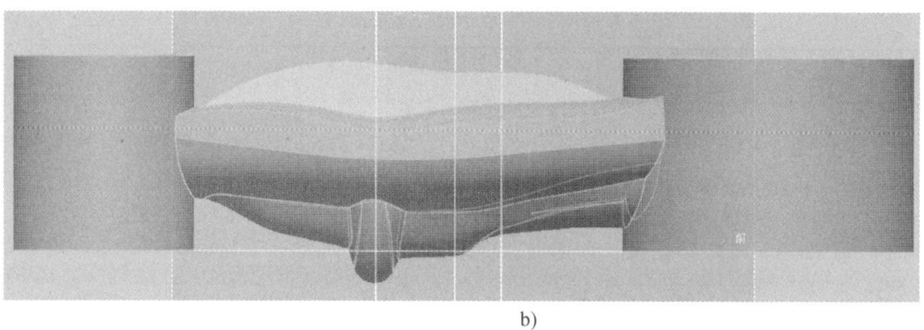

b)

图 7-64　布尔求和

8）单击菜单栏【领域】按钮，手动划分领域，选择【矩形选择模式】，如图 7-65 所示方式创建领域。

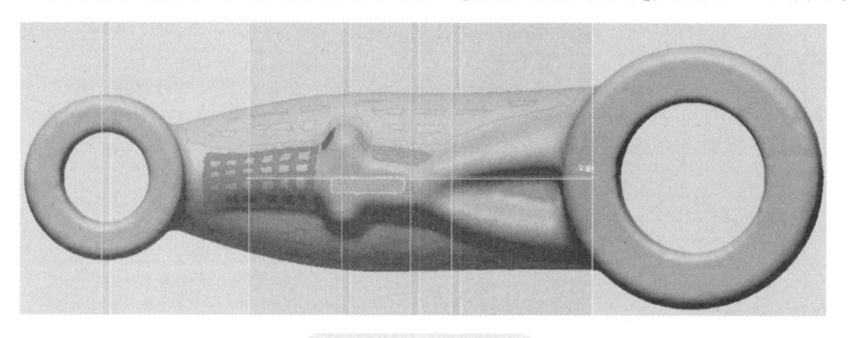

图 7-65　创建领域

9）单击【面片拟合】按钮，进入面片拟合模式，以步骤 8）划分的领域进行拟合曲面，参数设置如图 7-66 所示。

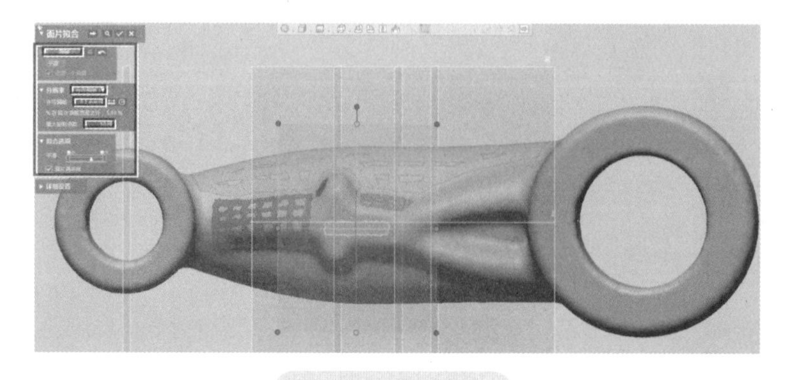

图 7-66　面片拟合

10）单击【切割】按钮，进入切割实体模式，用步骤 9）拟合出的曲面切割步骤 7）合并后的实体，如图 7-67 所示。

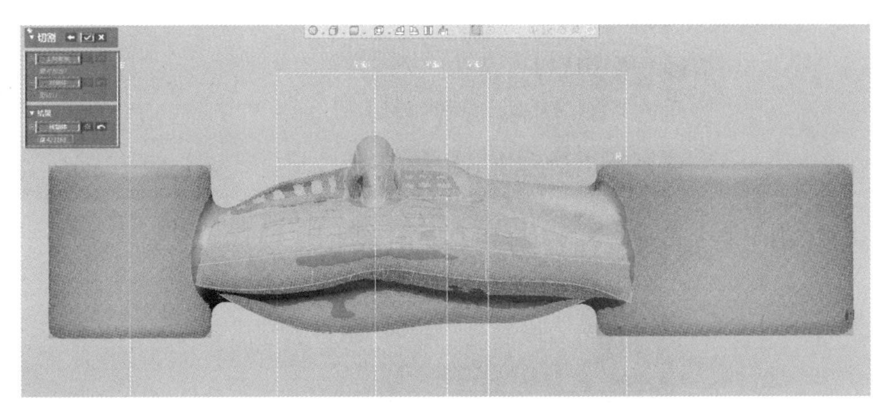

图 7-67　切割实体

11）单击【圆角】按钮，对步骤 10）切割后的实体进行【固定圆角】操作，如图 7-68 ～图 7-71 所示。

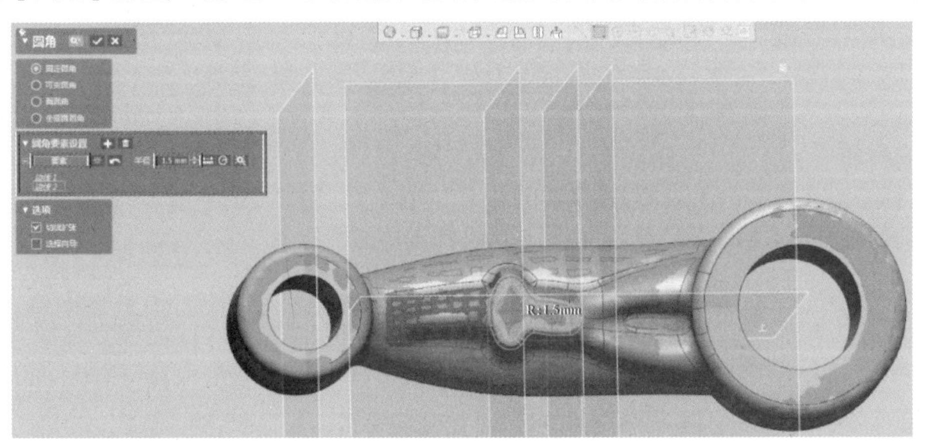

图 7-68　倒圆角（一）

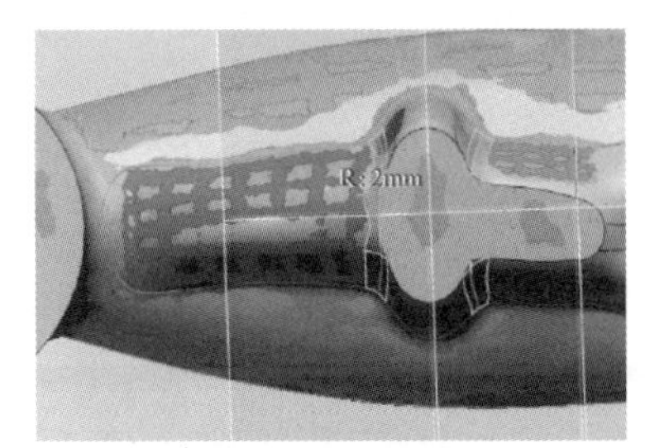

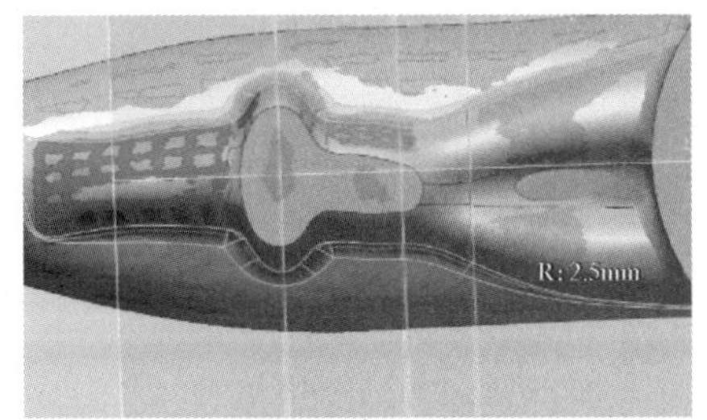

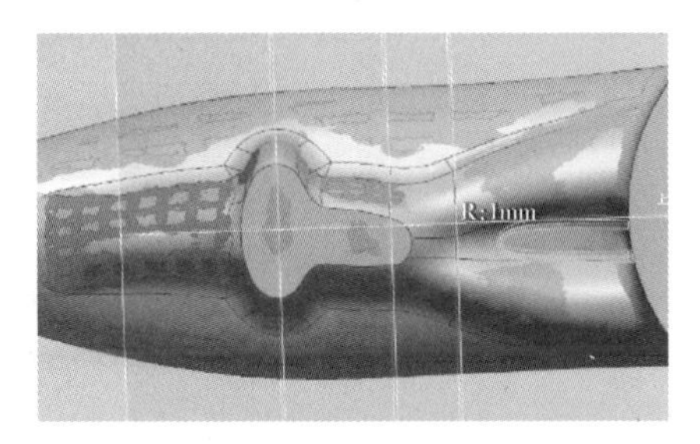

图 7-69　倒圆角（二）

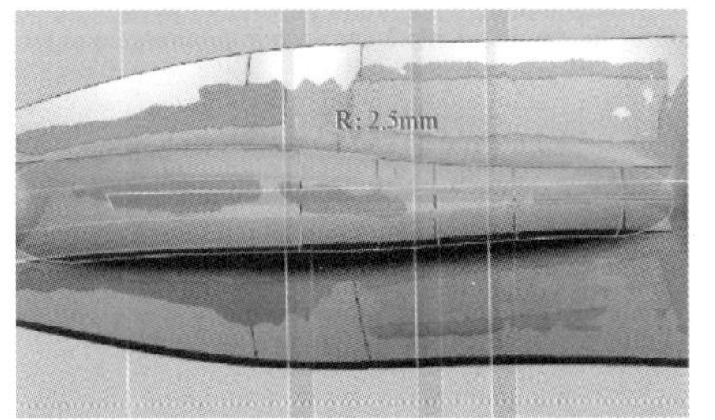

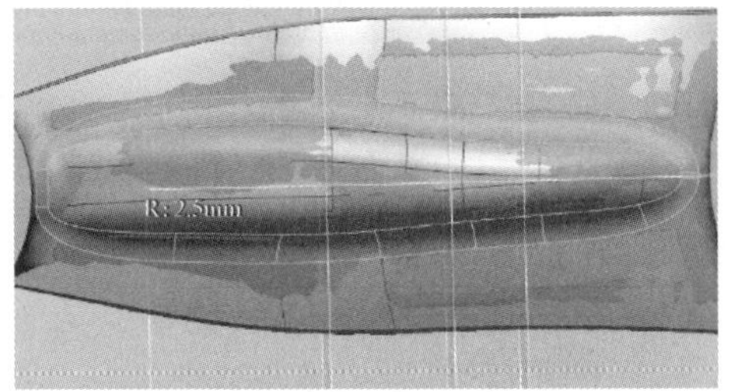

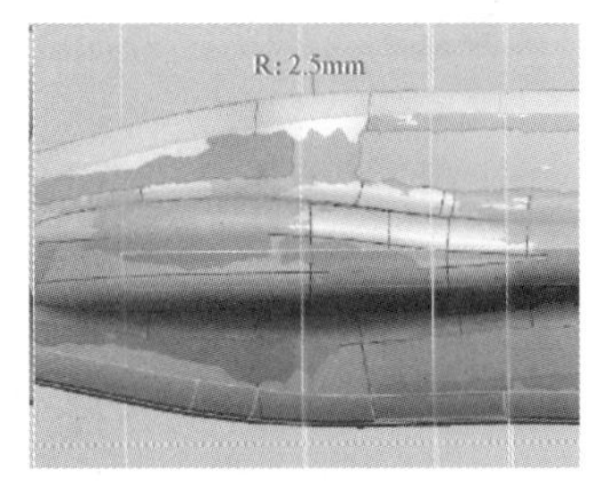

图 7-70　倒圆角（三）

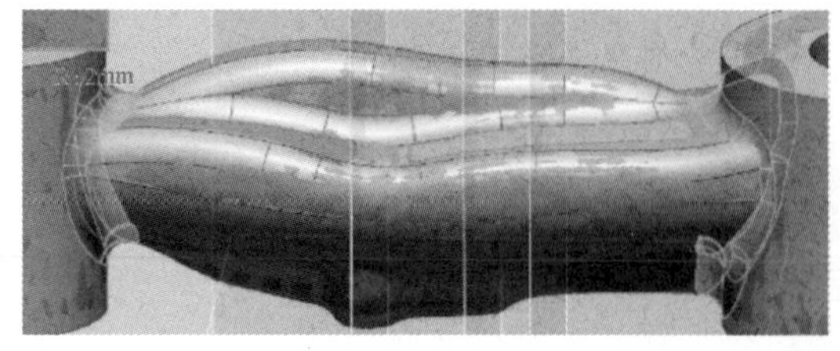
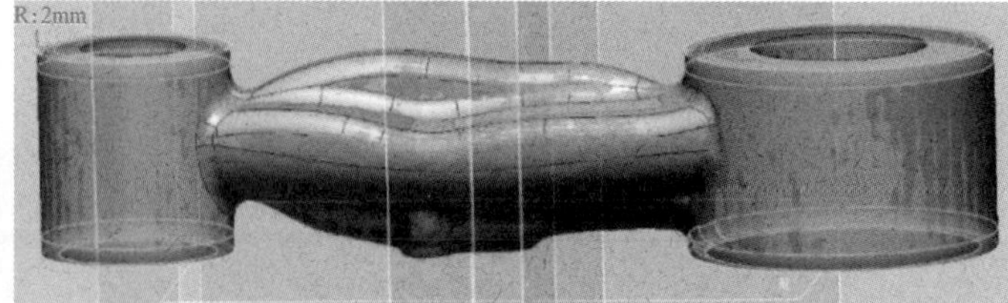

图 7-71 倒圆角（四）

12）单击【圆角】按钮，对步骤 10）剪切后的实体进行【倒角】操作，如图 7-72 所示。

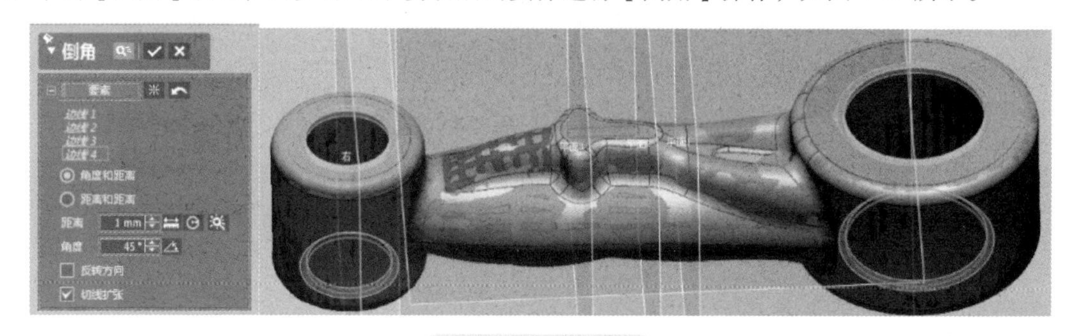

图 7-72 孔口倒角

6. 建模精度分析

Geomagic Design X 内置的【Accuracy Analyzer】工具可以让用户实时查看零件设计的准确性，以彩色图谱显示 CAD 模型对比扫描数据偏差。默认公差值颜色条绿色的范围是 ±0.1mm，如果需要改变允差范围可以双击 0.1mm 的数值进行修改。

图 7-73 所示零件表面大部分区域为绿色，在 ±0.1mm 的精度允许范围内，少部分区域为黄色，表示表面在点云外大于 0.1mm 且小于 0.2mm，极少部分为浅蓝色，表示表面在点云内部大于 0.1mm 且小于 0.2mm 的区域，说明逆向建模精度良好。

通过【环境写像】功能，可以检查曲面部分表面连续性的质量。零件表面将反射条纹，观察曲面部分的条纹没有畸变，说明曲面比较流畅，质量合格，如图 7-74 所示。

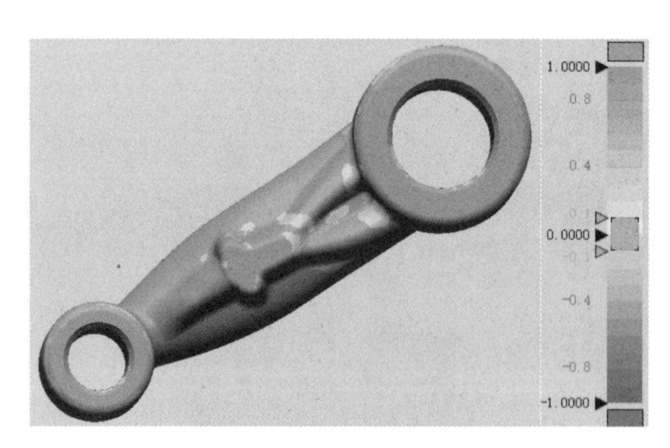

图 7-73 精度检查结果

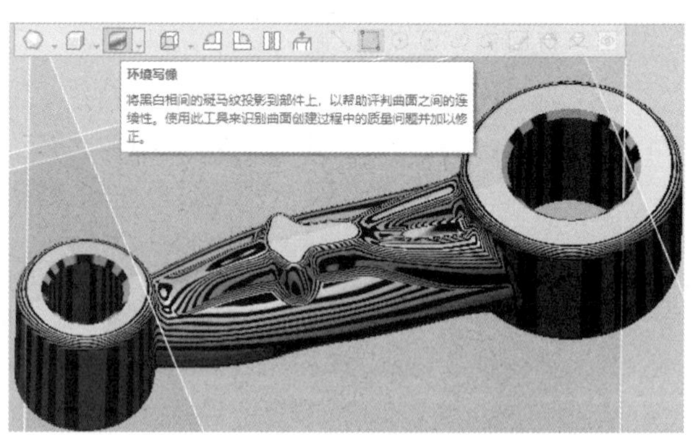

图 7-74 曲面流畅度检查结果

7. 导出实体数据

单击【菜单】→【文件】→【输出】按钮，【要素】选择实体模型，确定后选择输出位置，格式为【*.x_t】【*.stp】等常见实体数据格式，方便后续进行设计、装配、加工或分析，也可以导出为【*.stl】格式，方便导入 3D 打印前处理软件。输入文件名完成导出，如图 7-75 所示。

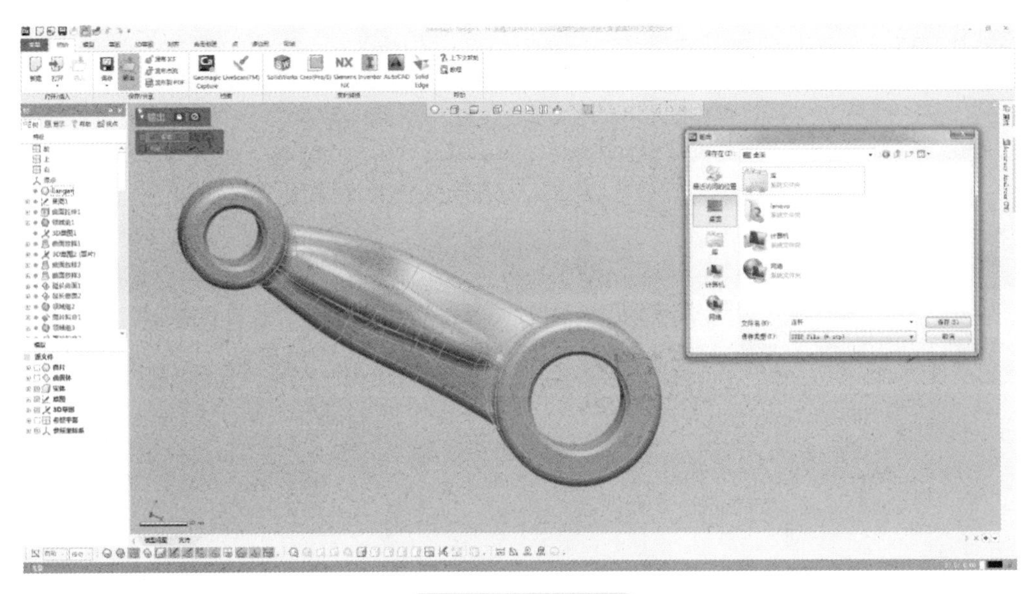

图 7-75　文件导出

任务二　连杆 FDM 打印前处理

无论是 FDM、SLA、SLS、DLP 还是 PolyJet 等 3D 打印成型技术中的哪一种，模型都需要通过前置软件进行处理。以最常见的 FDM 打印来说，常见的通用切片软件有 Cura、Simplify 3D、Repetier-Host 等，其功能都是将实体进行切片操作形成打印机所能识别的代码。

图 7-76　设备配套软件

这里以使用较为广泛的 Cura 软件（图 7-76）为例进行简单说明。Cura 是一款开源的 3D 打印切片软件，应用时间比较长，应用广泛，很多打印机厂商在 Cura 的基础上开发出设备配套软件。如图 7-76 所示。

FDM 打印前处理一般流程如图 7-77 所示。

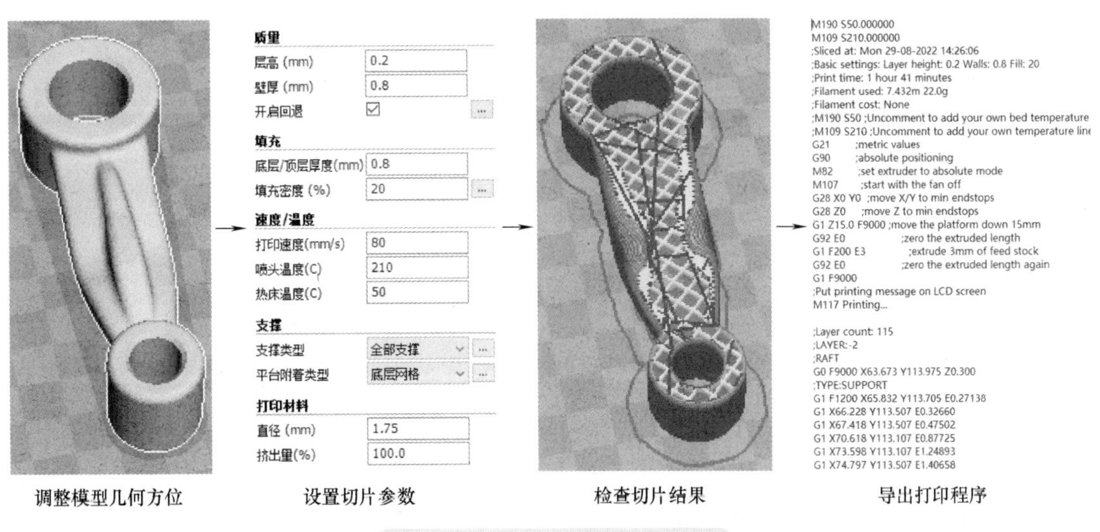

图 7-77　FDM 打印前处理流程

1. 熟悉软件界面

打开 Cura 软件后，看到图 7-78 所示界面。软件界面分为左右两部分，左部为参数设置面板。右部是三维模型浏览区域，可以载入、修改和保存模型，可以多种方式来观察模型。

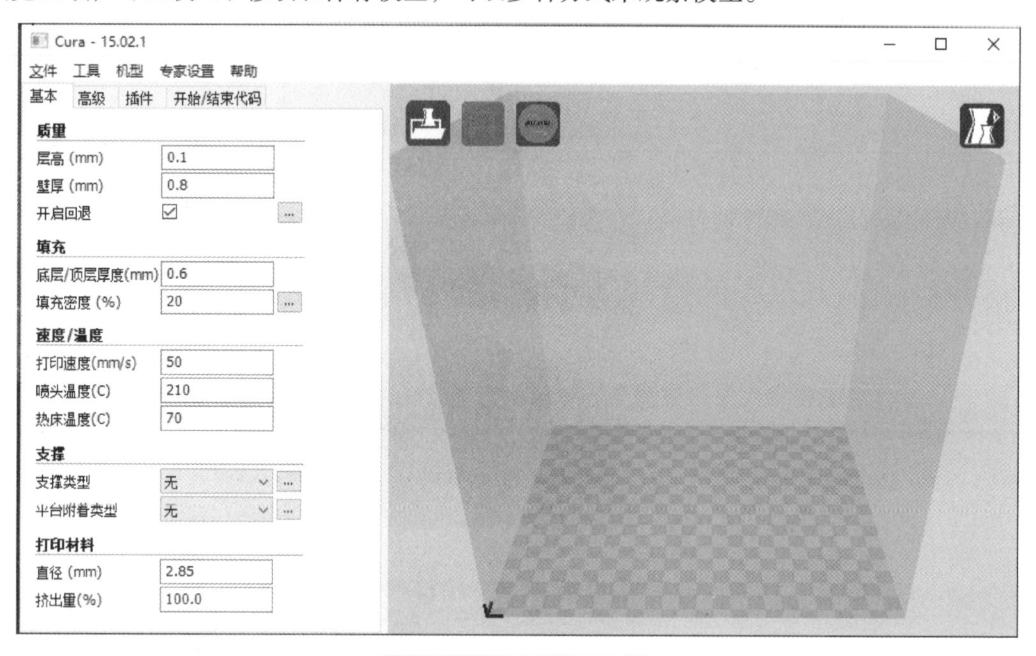

图 7-78　Cura 软件界面

2. 添加机型

单击菜单栏【机型】，通过【运行添加新机器向导】或者【机械设置】完成对最大宽度尺寸、深度尺寸、成型高度尺寸、是否有热床功能、构建平台形状、挤出机数量等关键参数设置，然后进行小零件的打印测试确认，最后将机器名称改为设备型号或者自己熟悉的名称，如图 7-79 所示。

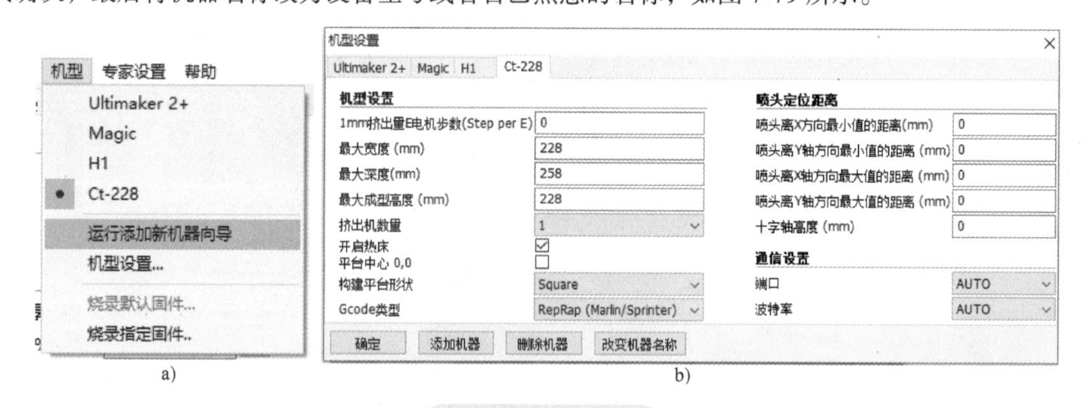

图 7-79　添加机型

3. 模型载入与观察

单击三维模型浏览窗口左上角的【载入】按钮，浏览目录，选择载入一个模型，可以打开的格式有 STL、OBJ、DAE、AMF 面片文件，BMQ、JPG、JPEG、PNG 图像文件，G、GCODE 代码文件，最常见的还是 STL 格式。模型载入后如图 7-80 所示。

载入模型后，在右侧浏览窗口的左上角区域可以看到计算进度条，达到 100% 计算完成时，就会显示在当前模型、打印参数和打印机型情况下，打印预估时间、耗材长度和耗材克数。单击【保存】按钮变为可用状态。

在三维模型浏览区域，按住右键移动鼠标可以旋转观察视角，按住〈Shift+ 右键〉移动鼠标可以平移观察视角，滚动滚轮为有级缩放视角，按住中键移动鼠标为无极缩放视角。

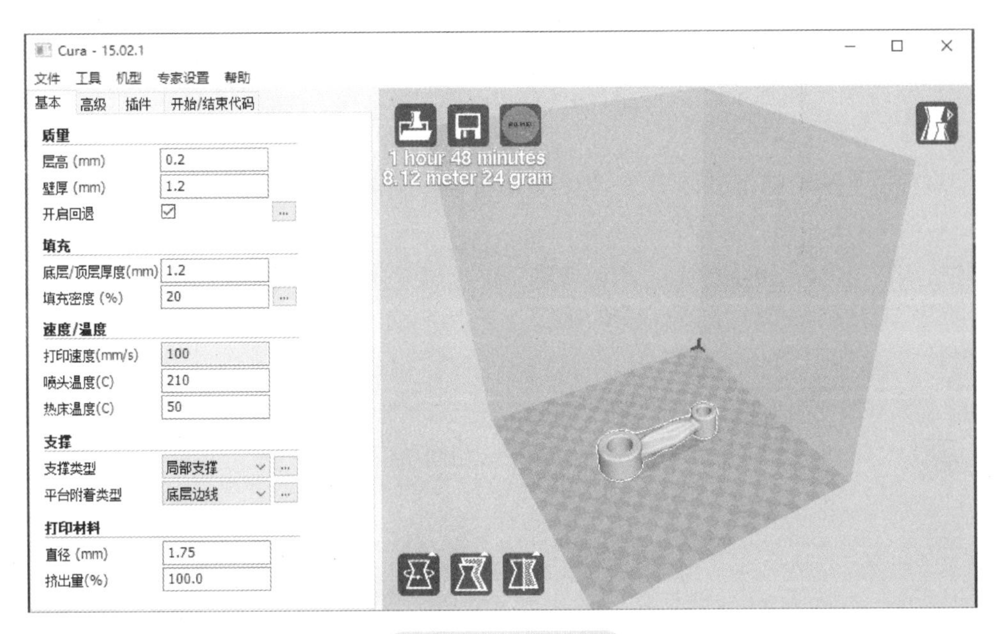

图 7-80　载入模型

在三维模型浏览区域的右上角有观察模式（View mode）的选择，单击按钮，模型截图在默认普通（Normal）、悬垂（Overhang）、透明（Transparent）、X 射线（X-Ray）和层（Layers）5 种模式中选择一种作为观察方式，如图 7-81 所示。

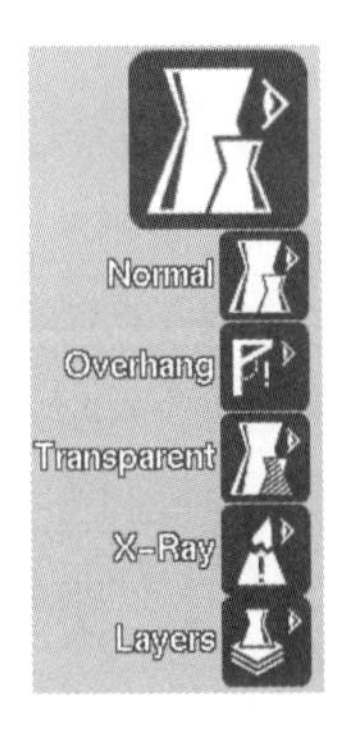

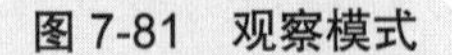

图 7-81　观察模式

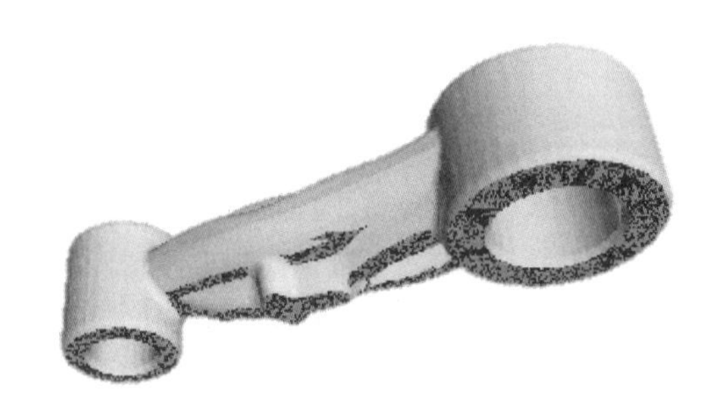

图 7-82　悬垂模式

在图 7-82 所示【悬垂】模式下，3D 模型悬垂出来的部位会用红色表示，和底板接触的部位可以忽略。在图 7-83 所示【透明】和【X 射线】模式下显示模型，可以方便地观察模型内部结构。

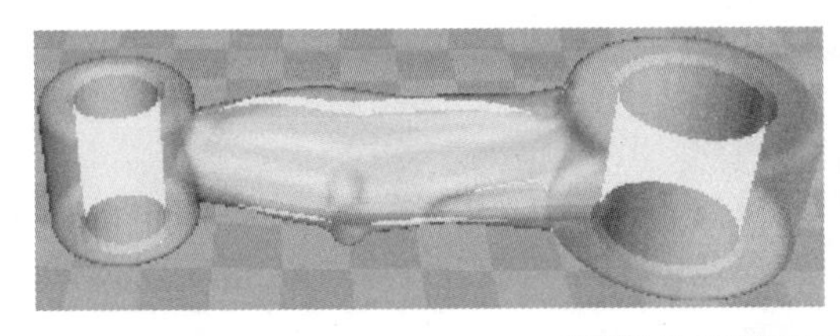

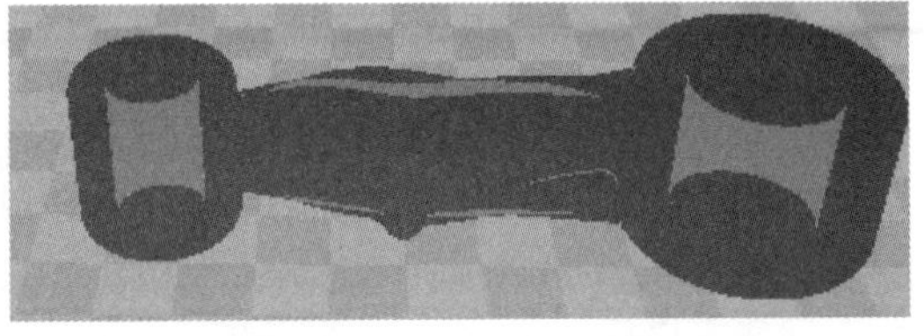

图 7-83　透明和 X 射线显示模式

【层】模式下右侧会显示该模型的打印层数，拖动条可以选择根据需要观察显示打印层，如图 7-84 所示为检查第 68 层的打印路径，下方还有显示单层还是多层的切换按钮。

4. 模型编辑与摆放

对于导入的模型零件首先要观察打印是否超出打印范围，模型外侧浅蓝色的区域为打印机的打印空间范围。如果模型未超出打印范围，模型显示为亮黄色，如果超出范围模型显示为灰色，如图 7-85 所示。通过平移和旋转调整摆放位置，有的时候还需要进行缩放、镜像和复制操作，其中右下方的按钮分别代表旋转、缩放、镜像操作。

【旋转】功能：单击按钮后，3D模型周围就出现了红、黄、绿三个圆圈。分别代表沿X、Y、Z轴旋转。如图7-86中所示，选择绿色圆控制模型绕X轴进行旋转，默认旋转单位为15°。如果按住Shift键，这时就可以按照1°为单位旋转。

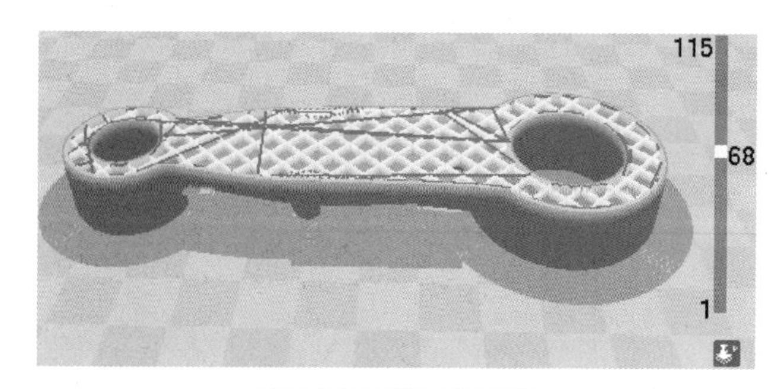

图7-84　打印层观察

【Lay flat】功能：可以选择零件上某一平面贴平至成型平台。

【Reset】功能：可以复位恢复模型至原始状态，如图7-86所示。

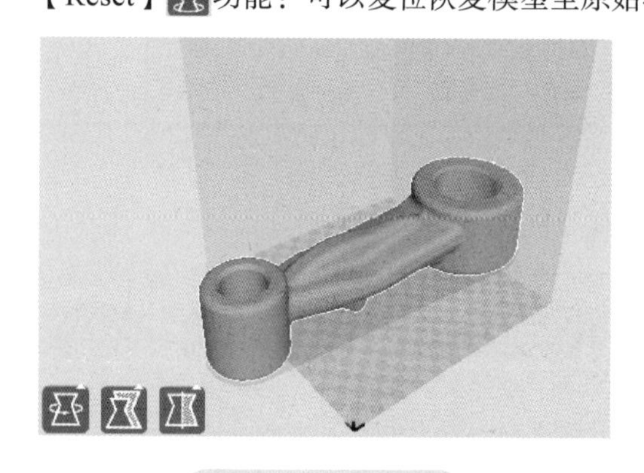

图7-85　打印范围

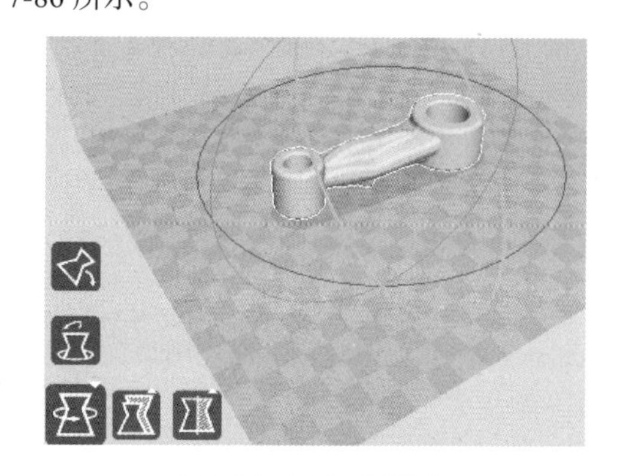

图7-86　旋转功能

【缩放】功能：单击按钮后，出现图7-87所示界面，可以看到零件模型目前在X、Y、Z方向的外形尺寸。通过输入ScaleX、ScaleY、ScaleZ比例参数进行缩放，也可以在3D视图上拉动红绿蓝小方块缩放，按住Shift键可以无极缩放，默认下方Uniform scale为锁住状态，表示X、Y和Z方向等比例缩放，如果解锁后可以X、Y和Z方向不等比例缩放。【To max】功能表示将模型放大至最大打印尺寸，【Reset】功能表示可以复位恢复模型至原始状态。

【镜像】功能：单击按钮后，出现图7-88所示界面，单击左边的按钮分别是选择X轴左右方向、Y轴前后方向、Z轴上下方向镜像。

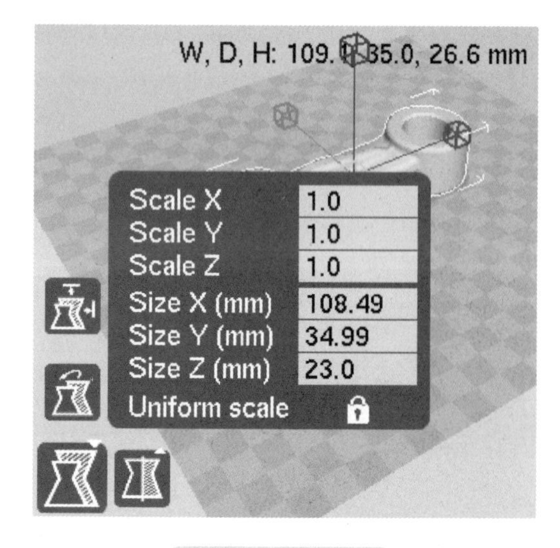

图7-87　缩放功能

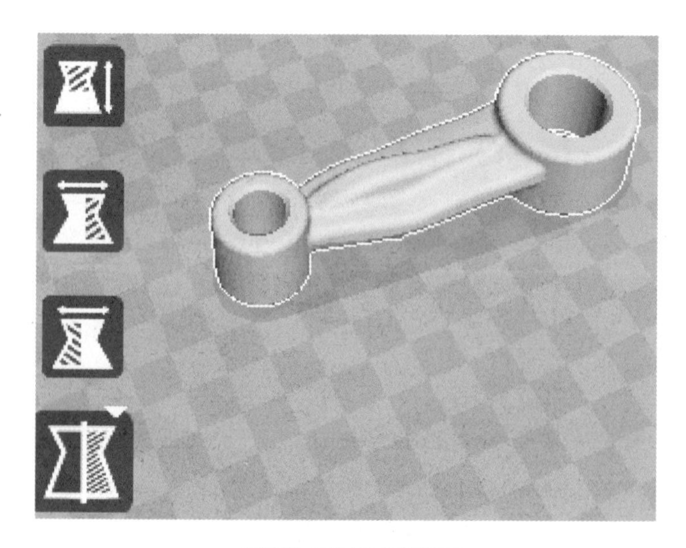

图7-88　镜像功能

在模型上单击右键会弹出快捷菜单，如图 7-89 所示，可以对模型使用【平台中心】命令移动至平台中心，使用【删除模型】命令删除单击的模型，使用【复制模型】命令复制多份模型等。模型在平台上的位置可以单击后直接拖动至摆放位置。

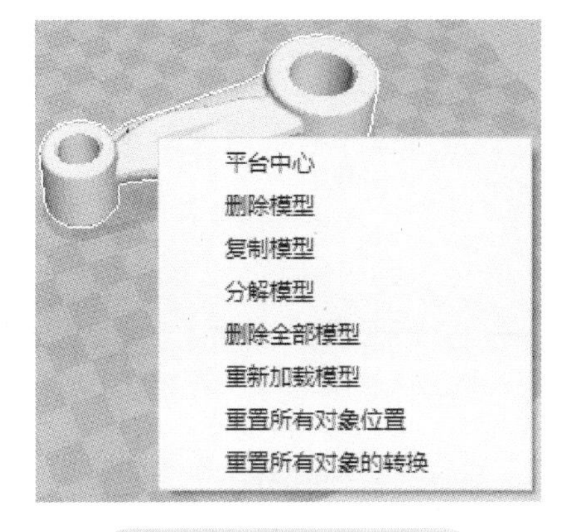

图 7-89　右键快捷菜单

提示：一般情况下，需要把模型放置在成型平台中心，较大的平面放平至平台，或者悬空较少的方向放置在平台以减少支撑数量，外观重要的平面向上保证打印的外观效果。如果零件尺寸长度略微超过平台长度尺寸，可以通过斜放置来保证能容纳，以完成打印。

5. 切片数据与参数

（1）基本参数　在软件左侧区域为参数设置区域，【基本】选项卡如图 7-90 所示，需要按照模型打印的要求设置切片参数。

为了节约材料、提高打印速度，一般实体打印是一个壳状结构内部以网格等形式进行填充与增强。

【质量】栏。层高是切片每一层的厚度，它直接影响打印的速度和精度，薄的层高，会增加打印层数量，打印精度高，但是时间长，厚的层高则相反。壁厚是实体模型打印过程中在其侧面向内部生成实体的厚度，其值越厚，打印件越坚固。【开启回退】控制在两次打印间隔中间将塑料丝回抽，以避免拉丝，单击【…】按钮可更改参数。

【填充】栏。底层 / 顶层厚度是顶部和底部向内打印生成实体厚度，类似壁厚。填充密度是实体打印时内部中空区域填充的密度，默认为 20%，单击【…】按钮可更改参数。

【速度 / 温度】栏。打印速度是每秒挤出多少毫米的材料。需要采用打印机的推荐参数。喷头温度是需要根据耗材类型选择一般 PLA 材料，可以设置为 200℃左右。热床温度在打印平台有加热功能时，提高材料在平台上的粘附性，如图 7-90 所示设为 50℃。

【支撑】栏。【支撑类型】中【无】选项将不生成支撑，【局部支撑】选项会在与平台对应局部悬空的地方生成支撑，【全部支撑】选项会在模型内外所有悬空的地方生成支撑，单击【…】按钮可更改参数。【平台附着类型】中【无】选项将不生成辅助附着体，【底层边线】选项会在第一层外生成若干圈辅助附着体，【底层网格】选项会在模型下面产生一个有高度的基座，黏附情况最强，单击【…】按钮可更改参数。

【打印材料】栏。直径按照实际使用的材料情况进行设置，常见的为 1.75mm 耗材。挤出量可以根据实际打印情况进行微调，增大或者减少挤出量。

注意：层高和壁厚选项，与打印机的挤出孔直径密切相关。外壳厚度不能低于挤出孔直径的 80%，而层高不能高于挤出孔直径的 80%，通常设置为层厚和喷嘴直径的倍数。

（2）高级参数　【高级】选项卡如图 7-91 所示，这里可以设置更多的切片工艺参数。

【机型】栏。喷嘴孔径按照实际喷嘴尺寸输入。

【回丝】栏。可以设定回退速度和长度，一般默认值设置。

【质量】栏。一般默认值设置，【初始层厚】在提高第一层与平台的粘附力时，可以设置为非常小的值（如 0.05mm），【初始层线宽】设置为大于 100% 的值，可以加强这个粘合强度。【底层切除】用于一些不规则形状的模型其底部与热床的连接点太少时，将此项设置为大于 0，模型底部会剪平，提高粘附效果。【两次挤出重叠】是双头打印机两个挤出头的挤出材料重叠量的控制。

【速度】栏。指定打印机各种打印阶段的各项运行速度。

【冷却】栏。控制风扇的参数，一般默认值设置。

（3）插件　【插件】选项卡用于插件的选择和使用，如图 7-92a 所示，单击插件列表启动插件，然后在下方插件参数栏输入参数内容。可以在打印的过程中执行一些有规律的辅助动作或者输入输出操作，可以通过指定目录导入 Python 编写的 Cura 插件，如图 7-92b 所示。

图 7-90 【基本】参数

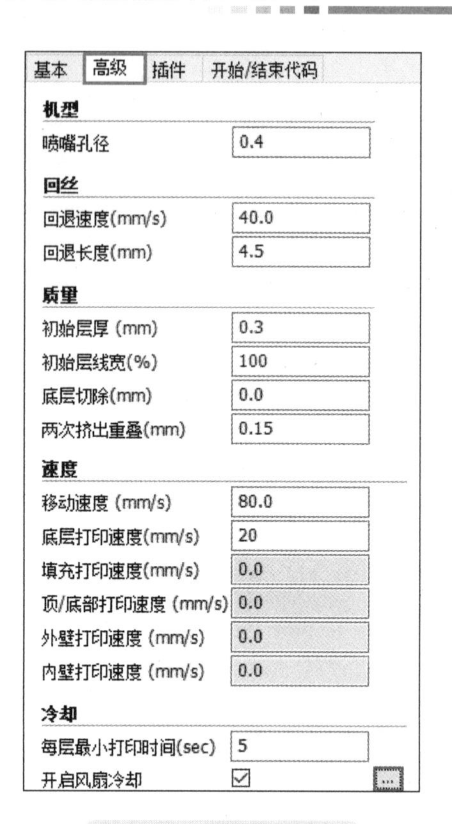

图 7-91 高级切片参数

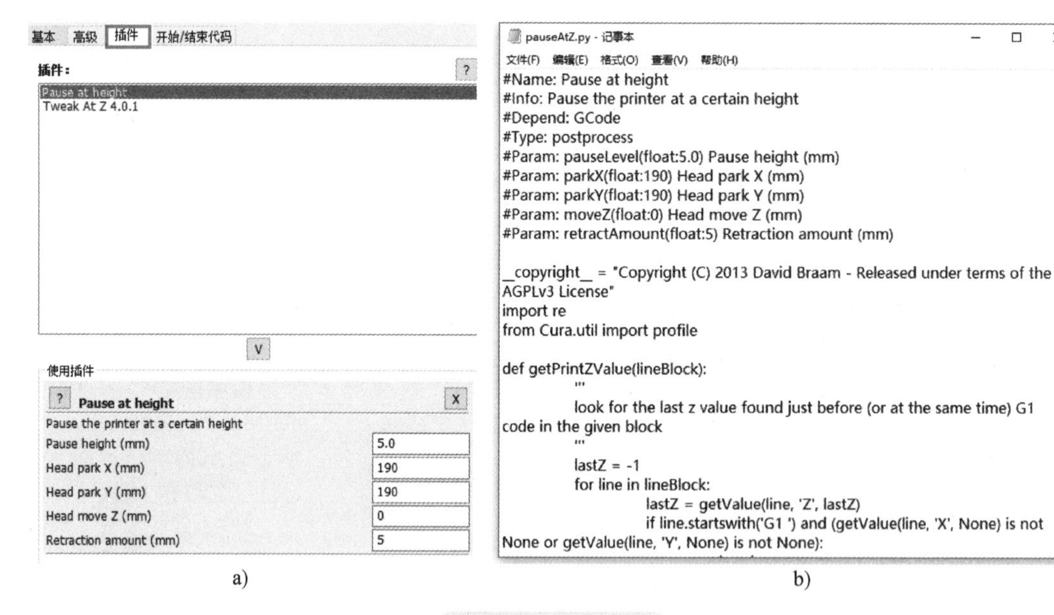

图 7-92 插件功能

（4）开始 / 结束代码　在【开始 / 结束代码】选项卡，单击【start.gcode】或【end.gcode】选项可以对 G 代码的开始和结束部分进行修改，如图 7-93 所示。

6. 导出 GCode 文件

最后需要将完成切片的数据文件也就是 GCode 文件输出或者保存，如图 7-94 所示。使用菜单栏【文件】→【保存 GCode】命令就可以。在弹出的对话框中，选择路径位置和输入文件名进行保存，一般通过将 SD 卡插入打印机执行打印。

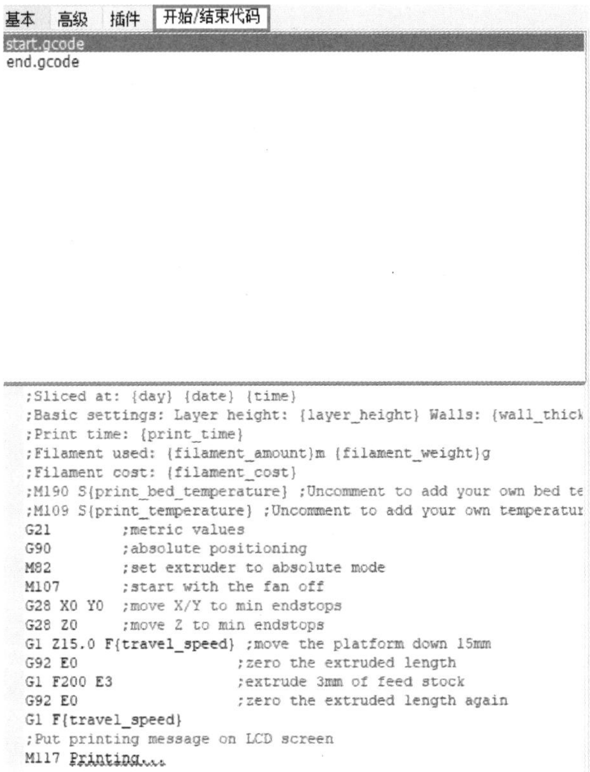

基本 高级 插件 开始/结束代码

start.gcode
end.gcode

```
;Sliced at: {day} {date} {time}
;Basic settings: Layer height: {layer_height} Walls: {wall_thick
;Print time: {print_time}
;Filament used: {filament_amount}m {filament_weight}g
;Filament cost: {filament_cost}
;M190 S{print_bed_temperature} ;Uncomment to add your own bed te
;M109 S{print_temperature} ;Uncomment to add your own temperatur
G21        ;metric values
G90        ;absolute positioning
M82        ;set extruder to absolute mode
M107       ;start with the fan off
G28 X0 Y0  ;move X/Y to min endstops
G28 Z0     ;move Z to min endstops
G1 Z15.0 F{travel_speed} ;move the platform down 15mm
G92 E0                  ;zero the extruded length
G1 F200 E3              ;extrude 3mm of feed stock
G92 E0                  ;zero the extruded length again
G1 F{travel_speed}
;Put printing message on LCD screen
M117 Printing...
```

图 7-93 开始 / 结束代码

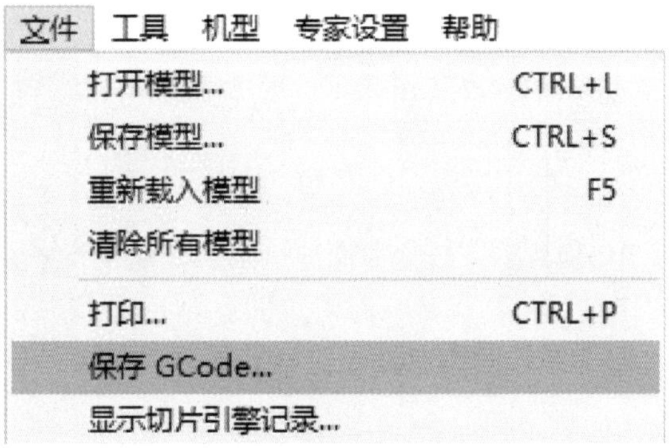

文件 工具 机型 专家设置 帮助

打开模型... CTRL+L
保存模型... CTRL+S
重新载入模型 F5
清除所有模型
打印... CTRL+P
保存 GCode...
显示切片引擎记录...

图 7-94 保存 GCode 文件

〖项目总结〗

曲面零件一般逆向建模过程：

点云处理→面片处理→坐标对齐→曲线建模→曲面建模→实体生成→处理细节特征→精度检验

逆向建模是基于现实中存在的实物进行逆向重构的一种方式。通过对实物原形进行 3D 扫描、数据采集，经过数据处理、三维重构等过程，构造具有相同形状结构的三维模型。然后在原形的基础上进行再设计，实现创新。

逆向建模建模思路需要有正向建模的基础，以实物来推断正向建模的步骤，还原出正向建模的过程，才能获得有意义的设计参数。

曲面构建时要对曲面区域进行合理的划分，先主后次，先大后小，保证曲面和曲面之间高质量的连续性和整体曲面的光顺性，同时还要保证曲面的构建精度。

模型 3D 打印前的切片操作：

不同类型的 3D 打印最大的共性是分层制造、逐层叠加，大部分 3D 打印成型工艺都会对零件模型进行切片操作，不同的打印设备、不同的材料在切片和成型工艺参数设置方面会有很大区别，需要按照推荐值并且依据经验和实际情况再做不断的调整，达到优化效果。

〖课后练习〗

基于图 7-95 所示一款花洒的面片数据完成外形逆向建模。

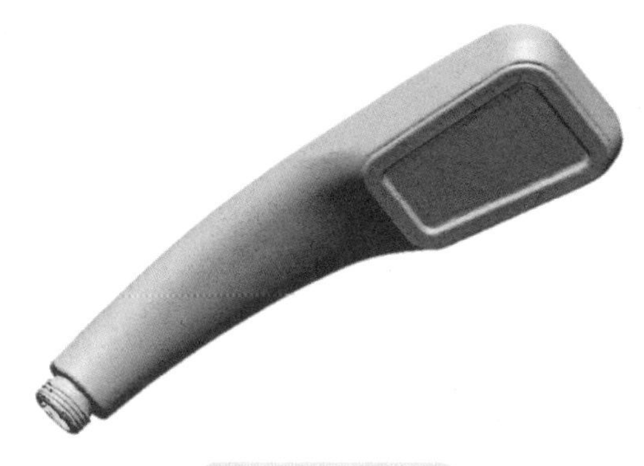

图 7-95　练习题

参 考 文 献

[1] 杨晓雪，闫学文 .Geomagic Design X 三维建模案例教程［M］. 北京：机械工业出版社，2016.
[2] 成思源，杨雪荣 .Design X 逆向设计技术［M］. 北京：清华大学出版社，2017.
[3] 石皋莲，吴少华 .UG NX CAD 应用案例教程［M］. 北京：机械工业出版社，2017.
[4] 陈雪芳，孙春华 . 逆向工程与快速成型技术应用［M］. 北京：机械工业出版社，2015.
[5] 麓山文化 .UG NX 10.0 中文版从入门到精通［M］. 北京：机械工业出版社，2015.
[6] 廖兴展，陈国贵 . 复杂曲面的拆面接面建模方法研究与应用［J］. 机械工程与自动化，2021（8）: 208-210.
[7] 彭秋霖 . 基于数字化逆向建模的三维打印实验课教学［J］. 机械制造，2022（4）: 36-40.
[8] 白宇翔 . 基于 Geomagic Design X 的航空活塞发动机机匣逆向建模［J］. 机械工程师，2021（9）: 11-16.